U0227965

决策咨询系列

国家科学思想库

中国海洋与海岸工程生态安全中若干科学问题及对策建议

中国科学院

科学出版社
北京

图书在版编目(CIP)数据

中国海洋与海岸工程生态安全中若干科学问题及对策建议／中国科学院编.—北京:科学出版社,2014.6
ISBN 978-7-03-040549-4

Ⅰ.①中… Ⅱ.①中… Ⅲ.①海岸工程-影响-海洋-环境-生态安全-研究-中国 Ⅳ.①X145

中国版本图书馆 CIP 数据核字(2014)第 091686 号

责任编辑:侯俊琳 牛 玲／责任校对:胡小洁
责任印制:徐晓晨／封面设计:黄华斌

科学出版社 出版
北京东黄城根北街 16 号
邮政编码: 100717
http://www.sciencep.com

北京凌奇印刷有限责任公司 印刷
科学出版社发行 各地新华书店经销
*
2014 年 6 月第 一 版 开本:720×1000 B5
2021 年 3 月第四次印刷 印张:13 3/4 插页:4
字数: 175 000
定价: 78.00 元
(如有印装质量问题,我社负责调换)

课题组成员

课题组组长：

苏纪兰　中国科学院院士　国家海洋局第二海洋研究所

课题组成员：

王　颖　　中国科学院院士　　南京大学地理与海洋科学学院
唐启升　　中国工程院院士　　中国水产科学院黄海水产研究所
秦蕴珊　　中国科学院院士　　中国科学院海洋研究所
冯士筰　　中国科学院院士　　中国海洋大学
张　经　　中国科学院院士　　华东师范大学河口海岸学国家重点实验室
汪集暘　　中国科学院院士　　中国科学院地质地球物理研究所
李永祺　　教　授　　　　　　中国海洋大学
杨作升　　教　授　　　　　　中国海洋大学
申倚敏　　主　任　　　　　　中国科学院学部工作局

课题组秘书：

刘　慧　研　究　员　中国水产科学研究院黄海水产研究所

专题组成员

专题 1   我国海洋与海岸工程开发现状

杨　辉　谢钦春　史宏达　梁丙臣

专题 2   沿海产业集聚的生态安全问题

张振克　张云峰　符跃鑫　傅光翮

专题 3   河口、海湾大型航运工程的生态安全问题

丁平兴　陈亚瞿

专题 4   大规模海水养殖的生态安全影响

刘　慧　方建光

专题 5   海洋石油开发与储运的生态安全问题

黄良民　黄小平　李　磊　江志坚　张景平

专题 6   海岛开发工程的生态安全问题

王　蔚　汝少国

专题 7   课题综合报告与政策建议

苏纪兰　李永祺　汝少国　刘　慧　王　蔚
黄良民　张振克　杨　辉　丁平兴

序　言

生态文明建设是关系我国人民福祉、关乎民族未来的长远大计。党的十八届三中全会提出:紧紧围绕建设美丽中国深化生态文明体制改革,加快建立生态文明制度,健全国土空间开发、资源节约利用、生态环境保护的体制机制,推动形成人与自然和谐发展现代化建设新格局。海洋生态文明是我国生态文明建设的重要组成部分,而海洋生态安全是海洋生态文明的底线,是海洋经济可持续发展的基础。

我国拥有约300万平方千米的海洋国土和1.8万千米的大陆海岸线,在海洋上有着广泛而深远的战略利益。改革开放30多年来,我国海洋经济取得举世瞩目的成就,2012年全国海洋生产总值50 087亿元,其中,主要海洋产业增加值20 575亿元。但是海洋经济发展不平衡、不协调、不可持续的问题依然突出。沿海地区依托建设大港口实施大而全的产业规划和空间布局,但港口腹地重叠现象严重,区域之间竞争剧烈,不仅浪费了投资还造成严重的空间海洋资源浪费。各地竞相发展海洋经济之际,工程项目高消耗、低水平、重复建设的问题也较为普遍,忽视了海洋生态系统的保护与管理。加之大量海洋与海岸工程构筑在河口、海湾、滩涂和浅海,多种工程及其后续产业的生态影响相叠加,使海洋生态灾害集中呈现。新中国成立以来,我国已经丧失了50%以上的滨海湿地,天然岸线减少、海岸侵蚀严重,没有协调好沿海开发与生态保护的关系。目前,我国近海生态环境恶化的趋势仍未得到有效遏制,富营养化严重,赤潮、绿潮和水母灾害不断,海上溢油事故频发,海洋生态安全前景十分堪忧,已经成为海洋经济可持续发展的隐患。

陆地生态安全已引起我国政府高度重视,并且自1999年开始相继开展了"退耕还林"、"退牧还草"、"退田还湖"等多种生态建设工程,使陆地生态状况得到改善。但社会各界对海洋生态系统服务功能的重要性和海洋生态系统的脆弱性认识不足,对海洋生态安全缺乏足够重视,海洋的生态价值被明显低估。殊不知,海洋生态系统一旦受到破坏就难以修复。海洋与海岸工程的生态安全问题必须引起高度关注。为此,中国科学院地学部于2010年设立了"中国海洋与海岸工程生态安全中若干科学问题及对策建议"咨询项目,由苏纪兰院士牵头,国家海洋局第二海洋研究所、中国海洋大学、南京大学、华东师范大学、中国水产科学研究院黄海水产研究所、中国科学院南海海洋研究所等单位20多位专家参与。

为完成项目研究任务,课题组实地考察了长江口深水航道整治工程、舟山钓梁围垦工程、象山港资源环境和渔业开发状况、广州南沙开发区南沙港与中船龙穴造船基地、珠海港珠澳大桥和横琴新区、深圳蛇口赤湾港、南海油气田开发后勤基地、威海"蓝色经济区"重点工程等。在实地调研与国内外相关文献分析的基础上撰写了《中国海洋与海岸工程生态安全中若干科学问题及对策建议报告》(科发学部字〔2013〕62号),经中国科学院学部工作局呈送国务院。报告扼要阐明了维护国家和区域海洋生态安全的重要性,通过典型案例分析了国内外海洋生态安全的现状和存在的主要问题,辨析了我国主要海洋生态安全问题产生的原因,提出了维护我国海洋生态安全的若干对策建议。

为了全面展示课题组的研究成果,为海洋开发利用和生态保护提供依据,更好地服务于我国海洋经济、社会的可持续发展,特将项目研究报告编纂为《中国海洋与海岸工程生态安全中若干科学问题及对策建议》一书。项目调研及成书过程中得到了中国科学院地学部申倚敏主任,以及上述相关政府部门及企业的大力支持和帮助,特此致谢。

维护国家海洋生态安全,建设海洋强国,是新时代我国海洋可持续发展的重大战略任务。本书汇集各领域专家的智慧和相关部门的建议,旨在推动政府、企业和公众对海洋生态安全的重视。海洋生态安全研究在我国刚刚起步,限于编者的水平,本书难免有疏漏之处,敬请批评指正。

苏纪兰

2013 年 11 月 18 日

前　言

　　海洋是人类生命活动的摇篮,除了调节全球气候,还为地球存蓄了约25%的基因资源和50%的油气资源。广袤的海洋还为人类提供了丰富多样的鱼、虾、贝等水产品,与陆地张弛互动造就了美丽宜人的滨海景观。然而,海洋又是一个相对脆弱的自然生态系统,它的资源并非取之不尽、用之不竭。虽然中国有约300万平方千米海洋国土,居世界第9位,但人均海域面积却只有世界沿海国家均值的11%,并且海域中尚有不少部分与邻国存在着争议,人均滨海湿地和人均海岸线甚至更少。可以说,中国的海洋国土资源"寸海寸金",弥足珍贵。

　　改革开放以来我国经济发展迅猛,海洋经济在其中起着关键的支撑作用,海洋产业增加值也一直在国内生产总产值(GDP)中占6%左右。但不少沿海地区不尊重自然规律地盲目开发,人类活动的干扰已大大超出了中国近海海洋生态系统自身的调整能力,海洋生态系统受到严重侵害。新中国成立以来,我国已经丧失了50%以上的滨海湿地,天然岸线减少、海岸侵蚀严重,而这些海域恰恰有着无与伦比的生物多样性,是众多渔业资源的关键生境。目前我国主要经济渔获物大幅度减少,赤潮、绿潮和水母灾害不断,近海富营养化严重,海上溢油事故频发,近海亚健康和不健康水域的面积逐年增加。

　　海洋开发利用离不开各种海洋与海岸工程,在各地竞相发展海洋经济之际,不少工程项目高消耗、低水平、重复建设,加之大量海洋与海岸工程构筑在河口、海湾、滩涂和浅海,多种工程的生态影响相叠加,致使中国海洋生态灾害集中呈现,海洋生态安全前景十分堪忧。

　　与陆地生态安全早已引起我国政府高度重视相比(自1999年开始,陆续采取了"退耕还林"、"退牧还草"、"退田还湖"等多种生态建设工程),社会各界对海洋生态系统服务功能的重要性和海洋生态系统的脆弱性认识不足,在海洋开发规划和建设中往往对海洋生态安全缺乏足够重视,近海海洋生态价值被大大低估。低估生态资本直接导致围填海成本低廉,大面积滨海湿地被侵占,近海生态系统受损严重。而与陆地生态系统相比,海洋与江河湖泊等水生生态系统一旦受到破坏,其损害往往是长期性的甚至是永久性的,生态修复十分艰难,太湖、滇池等富营养化水体治理的进程缓慢便已充分说明问题。

　　迫于人多、地少、资源紧缺的压力,海洋开发对我国未来经济发展将越来越重要,海洋与海岸工程也将会越来越多、规模越来越大,减少这些工程的生态安全问题,保证我国海洋生态系统服务功能和海洋资源的可持续利用,才能保障我国国力和国家安全。

党的十八大报告中对"建设海洋强国"做出战略部署,要求"提高海洋资源开发能力、发展海洋经济、保护海洋生态系统"。我们应重新反思海洋开发与保护的关系,正确认识海洋的生态价值及维护海洋生态系统安全的重要性。为了落实科学发展观,合理开发利用海洋,维护海洋和海岸工程的生态安全,咨询专家组经过深入广泛的考察和调研,特提出如下建议。

1. 增强海洋意识,确立海洋生态安全的法律地位

要对全民开展宣传教育,宣传海洋生态系统的价值及其安全的重要性,让海洋意识深入人心。在修订《中华人民共和国环境保护法》和《中华人民共和国海洋环境保护法》时,把维护海洋生态安全单独列入,明确海洋生态安全保护的基本原则、奖惩制度。

2. 划分生态红线区,维护海洋资源环境承载力

将海洋保护区、自然岸线、生态敏感海域及生态风险区划为生态红线区,作为海洋开发不可逾越的空间约束。可参照《关于建立渤海海洋生态红线制度的若干意见》的做法,根据海洋生态系统属性对全国沿海进行科学划分,全面实行分区管理。

3. 加强涉海大型工程生态安全评估和整改,改善海洋生态环境

对我国已经建成或即将建成启用的沿海重大工程项目进行生态安全检查和评估。对效益较差的工程项目实行关停并转,对集群产业结构进行优化集成。同时制定国家及地方海洋生态修复规划,对受损严重的海洋生态区进行系统修复。

4. 以海洋环境保护为本,积极发展滨海生态旅游

根据我国经济发展趋势和消费结构转型升级的要求,合理开发利用我国丰富、优良的海洋与海岸资源,发展滨海生态旅游业,提高公众的海洋生态安全意识。

5. 建立溢油等海洋灾害应急预案,减少海洋灾害损失

开展海上油气开采安全风险研究,加强预警、预报和应急机制建设,减少海洋灾害风险,以防患于未然。鼓励和支持海洋油气开发企业建立海洋生态环境基金。着力研发溢油监视监测、报警、溢油来源鉴别、溢油扩散预报和溢油回收处理等系列技术。

6. 加强海洋生态安全影响预测和对策研究,降低灾害风险

加强海洋生态安全基础理论研究,辨识不同海域海洋生态系统的特殊性,了解海洋生态系统的损害和恢复过程。在应对突发性事件时应采取适应性管理策略,通过对不确定性环境和事件的管理过程和结果进行动态学习,制定和不断优化管理战略。

目　录

第一章 绪　　论

人类生存依赖于生态系统的服务功能。生态安全是指与人类生产、生活相关的生态环境及资源不受威胁或破坏的状态，即人类的开发活动无损于生态系统健康、生态系统服务功能和资源的可持续利用。近年来，陆地生态安全已引起我国政府广泛重视，针对荒漠化、沙尘暴、水土流失和洪涝灾害频发等生态环境问题，我国采取了"退耕还林"、"退牧还草"、"退渔还湖"等措施，使陆地生态环境得到较大改善，生态安全得以维护。

对于生态系统服务功能远大于陆地的近海和滨海湿地，其生态安全和生态系统的脆弱性却尚未引起我国充分重视。最近 30 年来近海和滨海湿地的高强度开发和不合理的工程建设，使我国海洋生态环境质量每况愈下，自然岸线迅速消失，近海水质严重污染，赤潮、水母灾害频繁暴发，渔业资源和生物多样性不断下降。海洋生态环境问题已经严重威胁到沿海居民的福祉和我国海洋经济的可持续发展。

虽然我国海洋环境问题曾一度引起社会各界的关注，中央也反复强调"在发展海洋经济的同时要重视生态环境"，"在保护中发展"、"依靠科学发展"，但海洋环境质量下降的趋势并未得到彻底扭转。根据 2009 年的《中国海洋环境质量公报》，18 个中国近岸海域生态监控区中约 76% 的生态系统处于亚健康或不健康状态；全海域未达到清洁海域水质标准的面积为 146 980 平方千米，比上年增加 7.3%；73.7% 的入海排污口超标排放污染物，部分排污口邻近海域环境污染呈加重趋势；全年发生赤潮 68 次，累计面积 14 100 平方千米（国家海洋局，2011a）。2010 年，我国近岸海域生态系统健康状况仍在恶化，亚健康和不健康水域的比例增至 86%（国家海洋局，2011b）。目前，我国近海 90% 以上的海域已经无鱼可捕，"海洋荒漠化"、渔民失海几成为现实。根据国家海洋局海域使用管理公报所公布的发放《海域使用权证书》的数量进行估算，2002～2011 年，我国年均批准用海项目约 6000 项，年均确权海域面积约 210 平方千米，这些用海项目的建设呈现出规模大、速度快、强度高的特点，其造成的生态破坏难以在短时间内恢复。

由于经济发展迅猛而开发方式粗放，发达国家一两百年工业化进程所导致的生态破坏与环境问题，在我国短短二三十年的快速发展之后正集中暴露出来。生态系统的适应与恢复有其自然规律，无法与人为的高强度快速发展相适应；而海洋生态系统由于其连续性、流动性和脆弱性，受影响的程度更甚于陆地。

随着人口的增长和人均消费水平的不断提高，陆域所承受的粮食、资源、水源和环境等方面的压力越来越大，我国把拓宽生存空间的目标转向海洋，逐步加大对海洋的开发力度已成为必然选择。2008 年以后，我国政府开始部署"十二五"海洋开发规划，自北向南已批准了数十项国家和地方海洋开发利用战略规划①，其中包含大量的海洋与海岸工程建设项目。除传统的围海养殖、港口、造船和海洋运输外，现代海洋和海岸开发活动正向海上机场、海上人造城市、跨海大桥、海底隧道、海底仓储、海洋能源、海洋石化和钢铁等方面拓展。我国海洋与海岸工程建设在现代工程技术的助力下，将在建设规模和速度上实现新的跨越式发展。而与此同时，国家尚未具备强有力的法规、政策和措施，以解决海洋与海岸工程项目高消耗、低水平、重复建设的问题。可以预见，随着未来海洋发展规划的实施，我国海洋环境污染和生态恶化将不断加剧，宝贵的天然滩涂、海湾和海岛将继续遭受人为破坏并且越来越快地消失，海洋生态安全状况将日趋严峻。

"离开发展谈环保，是不现实的；离开环保谈发展，也是不可持续的。"② 因此，研究我国海洋与海岸工程开发活动对海洋生态的影响，揭示其主要生态安全风险与潜在的问题，对沿海地区乃至我国经济的可持续发展具有战略意义。

第一节　我国海洋与海岸工程的生态安全问题

近几十年来，人类活动导致全球生态环境剧变，海洋环境污染和海洋生态系统的破坏不断加剧，海平面上升、海洋酸化等问题日益严峻，给人类的生存和发展带来了极大压力，海洋生态安全问题成为世界各国关注的焦点。尤其是，人类不恰当的海洋开发活动和工程建设造成巨大生态灾难的事件频频发生，为全世界敲响了警钟。

2010 年美国墨西哥湾溢油事件、日本福岛核泄漏事件，以及屡见不鲜的油轮泄漏事故等，都造成了巨大的经济和生态损失。2010 年 4 月 20 日发生的墨西哥湾溢油事件，凸显了人类开发利用海洋过程中的生态安全问题：①造成大面积海洋石油污染。约 700 万桶原油泄漏，覆盖海面达 24 000 平方千米。②墨西哥湾生态系统遭受重创，生态损害至今未修复。已有大约 28 万只海鸟，数千只海獭、斑海豹等动物死亡，蓝鳍金枪鱼等 10 种动物的生存受到严重威胁，

---

①辽宁沿海经济带(2009 年)、天津滨海新区(2008 年)、河北沿海地区发展规划(2011 年)、山东半岛蓝色经济区(2011 年)、黄河三角洲高效生态经济区发展规划(2010 年)、江苏沿海地区发展规划(2009 年)、浙江海洋经济发展示范区(2011 年)、浙江舟山群岛新区(2011 年)、福建海峡西岸经济区(2009 年)、平潭综合试验区(2011 年)、广东海洋经济综合开发试验区(2011 年)、珠海横琴新区(2008 年)、广西北部湾经济区(2008 年)和海南国际旅游岛(2009 年)。

②李克强，在中国环境与发展国际合作委员会 2010 年年会开幕式上的讲话，人民日报，2010 年 11 月 13 日第 3 版。

部分珍稀动物可能灭绝。③经济受损，民众反应强烈。受漏油污染影响，墨西哥湾禁渔水域扩大至 228 000 平方千米，占该海域面积的 37%，渔业受到沉重打击，旅游业损失惨重。

我国近年来海洋与海岸工程的生态安全问题也十分突出，石油泄漏等灾害事件频繁发生，其频率之高举世罕见。仅大连一地 2010～2011 年就发生 5 起石油管道爆炸和起火事故；2011 年 6 月渤海中南部海域的蓬莱 19-3 油田连续发生溢油事故，累计使 5500 多平方千米海面遭受污染。2013 年 11 月，山东省青岛市发生输油管爆炸事故，海洋污染严重，大量鱼虾死亡（国际在线，2013）。生态影响具有隐蔽性和累积性，加之我国生态环境问题的历史欠账多，使得我国海洋生态安全问题呈现出多样性和不确定性，存在严重的海洋生态安全隐患和危机，主要包括以下几个方面。

一、围填海工程的生态安全问题

新中国成立至今，我国沿海已经历了 4 次围填海浪潮，特别是最近 20 年来填海规模越来越大、速度越来越快。1990～2008 年，我国围填海总面积从 8241 平方千米增至 13 380 平方千米，平均每年新增围填海面积 285 平方千米（付元宾等，2010）。据不完全统计，随着新一轮沿海开发战略的实施，到 2020 年我国沿海地区还规划了超过 5780 平方千米的围填海面积（中国环境与发展国际合作委员会，2011）。虽然国家已开始从政策上限制围填海规模，并且国务院于 2012 年批复的沿海省（直辖市）2011～2020 年的海洋功能区划中所含围填海面积已压缩至 2469 平方千米（姚建莉，2012；易溯，2012），但如果做不到严格的监管和科学的规划，这样大规模的围填海仍将给沿海生态环境带来严峻影响和巨大损害。这主要包括以下几个方面。

1. 滨海湿地面积缩小，湿地生态服务价值下降

围填海使岸线平直、坡度增大，显著改变潮滩结构。据不完全统计，1949 年以来我国已丧失滨海滩涂湿地面积约 21 900 平方千米，约为沿海湿地总面积的 50%，其主要原因是围填海（张晓龙等，2005）。对厦门填海造地的初步估算表明，被填海域生态服务功能损失约为 1371 万元/（千米² · 年）（中国环境与发展国际合作委员会，2011）；以此方法估算，我国每年由围填海所造成的海洋和海岸带生态服务功能损失达到数千亿元，并且生态服务功能的损失并不是一次性的，而是持续性的。

2. 湿地鸟类栖息地和觅食地消失

自 1988 年以来，围填海侵占大面积湿地，使湿地鸟类的栖息地丧失，食源

减少，鸟类数量和种类明显下降。例如，深圳围填海占用了大批红树林，甚至包括福田鸟类保护区红线范围内 1.47 平方千米的土地，使得鸟类由 87 种（1992年）减至 47 种（1998 年），减少了 46%（徐友根和李崧，2002）。上海崇明东滩于 1956～1998 年经历了多次围垦，使湿地鸟类的生活空间大部分被围占，食源大量丧失，候鸟数量明显下降（Ma et al.，2002）。

3. 底栖生物多样性降低

围填海工程大量采、挖海底砂土，吹填、掩埋等造成海底生境剧变，是底栖生物数量减少、群落结构彻底改变、生物多样性降低的最直接和最主要的原因。例如，1998 年开始长江口深水航道治理，工程建设 4 年后，作业区底栖生物种类比 1982～1983 年减少 87.6%，生物量下降 76.5%（沈新强等，2006）。

4. 海岸带景观多样性受到破坏

围填海后，人工景观取代自然景观，很多有价值的海岸景观资源和海岛资源在围填海过程中被破坏。海岸线人工化程度增高，滨海湿地景观破碎化严重。目前天津地区已无天然岸线；辽宁、山东莱州湾和上海崇明东滩等地区滨海湿地总面积下降、景观破碎化指数增高，人类活动干扰特征强烈。海岸带景观多样性的破坏导致生态环境脆弱性加强。

5. 鱼类生境遭到破坏

许多经济鱼类及其饵料鱼的产卵场和早期索饵场都集中在近岸浅水区或河口附近，而我国围填海工程也大多聚集于这类区域。大型围填海工程不仅会彻底破坏鱼类产卵场和育幼场、破坏鱼群的栖息环境，还会改变海域水文特征、影响鱼类洄游。施工时高浓度悬浮颗粒也会伤害较大范围内的鱼卵和仔稚鱼，造成渔业资源锐减。

二、沿海产业集聚的生态安全问题

产业集聚发展是区域经济快速崛起的重要途径，也是一个国家和地区核心竞争力的关键所在。产业聚集是国际发展的趋势，有利于技术创新和提高资源利用率。至 2012 年，我国沿海地区已形成了"三大五小一海岛"的产业发展格局，即珠江三角洲、长江三角洲、京津冀等三大产业集聚区，辽宁沿海、山东半岛、江苏沿海、海峡西岸、北部湾等五小产业集聚区和海南国际旅游岛。

沿海地区在发展过程中，不约而同地重视沿海地带开发、重视重化工业发展、重视大型项目落地，特别是沿海地区主导产业都相对集中在钢铁、石化、装备制造上，而先进的节能减排技术和污染、生态风险防范措施又没有落实到位，这必然产生一些问题。以环渤海三省一市滨海产业集聚为例，近年来，曹妃甸工业园、天津临港新区、山东蓝色经济区等港口经济和临港产业集聚蓬勃发展，其产业形态都侧重于钢铁、石化、造船、装备制造等重化工类型。产业趋同化发展导致产能过剩、竞争加剧、资源过度利用、环境风险增加，给我国海洋生态安全造成了巨大的压力。

沿海产业集聚的生态安全问题主要包括以下内容。

(1) 石油化工产业集聚造成油田及船舶溢油污染事故频发，危及周边地区和海域的生态安全，石油类污染在沿海重要城市沿岸、河口污染严重，环渤海地区尤其严重（国家海洋局，2012a）。

(2) 临海工业集聚可能向水体排放更多的重金属和有毒、有害物质，造成环境污染严重，致使生物病变或暴发性增长，造成渔业损失；许多沿海产业聚集区仓促上马，环保配套设备没有跟上，生态环境问题尤为突出；群众存在不满情绪，多次引发由环境造成的群体性事件，已威胁到当地的社会稳定，如江苏启东市因上马外资造纸企业引发的群体性上访、围攻政府部门事件。

(3) 产业集聚需要围填相当大的海域，占用大片的滨岸浅滩区（如曹妃甸）或海湾（如天津滨海新区），导致海洋生态系统结构失衡，严重影响海洋渔业资源的持续发展、珍稀鸟类的迁徙和生存等。例如，曹妃甸大规模港口建设和围填海工程，对障壁岛以内的滨海湿地生态环境造成了巨大的破坏，这一天然的生态系统已不复存在。

三、河口、港湾大型航运工程的生态安全问题

我国交通运输部于 2006 年 9 月公布了《全国沿海港口布局规划》，在现有布局的基础上，全国沿海港口将在区域上逐步形成环渤海、长江三角洲、东南沿海、珠江三角洲、西南沿海 5 个规模化、集约化、现代化的港口群体。河口与海湾港口航道等大型工程的建设，一方面着力推动了我国社会经济的快速发展，加速了我国融入经济全球化的进程，另一方面不可避免地对生态环境造成影响。

例如，山东省规划到 2020 年建设或扩建滨州、东营、广利、潍坊、烟台、龙口、威海、青岛、董家口、日照、岚山港等九大港口，占用滩涂和填海总面积数百平方千米，估计港口总吞吐能力将达到 18 亿吨/年。随着港口运力增加，航道疏浚工程作业量也将大幅度增加。这样的发展态势可能会带来区域的重复建设和海洋资源的严重浪费，更可能带来诸多的生态安全问题。

港口和航道工程的生态影响主要表现在以下几个方面。

(1) 港口建设涉及不同程度的围填海，除占用湿地外，还会引起局部水动力、泥沙场和冲淤条件的变化，影响当地及邻近水域的生态与环境。

（2）对疏浚物的挖抛运移将影响底栖生物的栖息环境，还会造成海水透明度下降，影响浮游植物的光合作用，导致初级生产力下降。

（3）在施工期，水中悬浮物增加、饵料生物减少，从而降低鱼卵的孵化率，对仔鱼和幼鱼的生长和生存带来不利影响。

（4）过往船只增多，对生物的机械损伤和噪声影响加大；船舶排放"三废"增加，影响周边海域水质，污染水产品。例如，长江口深水航道整治工程因河床深挖和底泥搬运、倾倒改变了河口区局部河床的底质、地形分布，并对周边水域的水质和沉积环境造成影响；主航道疏浚加上南/北导堤等工程的建设，直接导致底栖生物损失达千吨以上，倾倒区内底栖生物年损失量达数百吨，经济鱼类的饵料显著减少；潜堤、南/北导堤、丁坝等构筑物改变了刀鲚、凤鲚、鳗苗、白虾、中华绒螯蟹、中华鲟等经济鱼类及珍稀鱼类的洄游通道，造成渔场迁移。多种因素叠加，对渔业资源造成了严重影响。

四、大规模海水养殖的生态安全问题

海水养殖一直是我国海洋经济的支柱产业之一，在保障国家粮食安全、增加出口创汇和扩大就业方面作用巨大。改革开放 30 多年来，全国海水养殖总产量增加了 30 多倍，2011 年达到 1550 万吨。我国海水养殖面积约 200 万公顷，占用了大面积的海岸、滩涂湿地和浅海（中华人民共和国农业部渔业局，2011）。近年来，随着海水养殖业的快速发展，一些地区产业发展规模失控、经营和管理方式落后，对沿海生态环境造成了一定的负面影响。海水网箱养殖每养成 1 吨鱼排入环境的氮（N）、磷（P）负荷量分别为 161 千克和 32 千克；池塘养虾每养成 1 吨虾排入环境的 N、P 负荷量分别达到 45.8 千克和 10.1 千克（杨宇峰等，2012）。以此计算，2010 年我国网箱养鱼（不含工厂化养殖）和对虾池塘养殖的产量分别为 70 万吨和 83 万吨左右，估计排海 N、P 总量分别为 15 万吨和 3 万吨，说明我国沿岸海水营养盐含量的变化与水产养殖业的发展有一定关系。海水养殖的生态影响主要表现在以下几个方面。

（1）养殖动物的残饵、粪便及渔药等产生环境污染，养殖技术水平越落后，环境污染越严重。

（2）养殖设施挤占野生生物种群栖息地，或与之竞争食物和资源，导致养殖海域生物多样性下降。

（3）养殖动物逃逸，特别是引进种的逃逸，有可能导致生物入侵。

（4）渔药和消毒剂进入环境可能会严重破坏周边的生物群落，鱼药滥用而导致的食品安全问题也时有发生。

（5）养殖设施、人工渔礁的不合理布局，会改变海域的水动力环境，造成淤积、侵蚀等地形、地貌改变。

与此同时，随着新一轮海洋经济开发，海水养殖业日趋弱势，海洋与海岸工程的挤压、工农业污染的危害已成为养殖业必须应对的问题。

五、海洋石油开发与储运的生态安全问题

到 2010 年，我国渤海、南海、东海崛起 80 余个油气田，中国海洋油气产量约占全国油气年产量的 1/4（安蓓和胡俊超，2010），到 2020 年，我国深海石油年产量预期达 4000 万～5000 万吨，将再造一个"海上大庆"（杨青，2011），同时还将在沿海兴建更多大规模的战略性石油储备基地。随着国内石油需求的节节攀升，我国成为仅次于美国的第二大石油进口国，其中的 90% 均通过海上船舶运输完成（张瑞丹，2010）。海上油轮石油运输过程中的溢油事故在过去几十年中不断增加，仅 1998～2008 年，中国管辖海域就发生了 733 起船舶油污染事故（张瑞丹，2010）。

溢油的生态环境影响主要包括：油膜阻碍空气中的氧气溶入水体，抑制水中浮游植物和藻类的光合作用；油膜还能堵住鱼虾和贝类的鳃，造成生物、尤其是底栖生物缺氧死亡；石油中含有多种有毒物质，可使海洋生物急性、慢性中毒。石油还能在水产动物体内积累，使其具有"油味"，丧失经济价值。总之，油污染能影响海洋生物的生长、发育及群落结构，破坏食物链，使海洋生态系统失调，其直接与潜在的影响巨大，并具有长期性和持久性。

2008 年以来，我国不但发生溢油事故多，而且影响越来越大。例如，2010年 7 月大连中石油国际储运有限公司原油罐区输油管道发生爆炸，造成原油大量泄漏并引起火灾。渤海康菲公司蓬莱 19-3 油田于 2011 年 6 月发生溢油事故，单日溢油最大分布面积达 158 平方千米，使 840 平方千米的海区由一类水质变为四类水质；污染最严重的海区海水石油类平均浓度达到历史背景值的 40.5～86.4倍，沉积物样品的石油类含量最高达到历史背景值的 37.6 倍（李翊，2011）。蓬莱 19-3 溢油事故对渤海海洋生态环境造成严重的污染损害，康菲公司和中海油总计支付了 16.83 亿元人民币的生态损失赔偿（蔡岩红，2012）。虽然海上石油开采和储运导致的溢油事故大多仅发生在开采平台、港口、储油罐区等高危溢油地点，但相对于陆地而言，海洋生态系统更为脆弱，由于海流等的影响，一个环节的破坏就可能导致整个海洋生态系统的损害。因此，在海洋石油开发和储运过程中海洋生态保护的紧迫性和必需性应该引起足够的重视。

六、海岛开发工程生态安全问题

我国共有海岛 10 100 多个，其中常住居民岛屿有 460 余个，无居民海岛大约有 9600 个（吴桑云和刘宝银，2008）。近年来，我国海岛除了发展传统的耕海牧

渔、海港运输、海岛旅游外，还加快推动了陆岛通道建设、城镇建设和海岛临港工业发展；无居民海岛的开发利用也进入新阶段，至 2012 年，全国已经利用的无居民海岛达 1900 多个（国家海洋局，2012b）。绝大多数海岛与大陆分离，面积狭小，地域结构简单，资源构成相对单一，生态系统特别脆弱，极易遭受损害，导致海岛资源开发与生态环境保护之间的矛盾日益突出。

（1）填海围垦及炸岛炸礁，致使大量海岛人为消失，环岛礁的海洋生态系统受到严重破坏。908 专项调查数据显示我国海岛消失数量达 806 个。其中，浙江省海岛数量减少了 217 个，占原海岛总数的 7%；辽宁海岛消失 48 个，减少 18%；河北消失 60 个，减少 46%；福建消失 83 个，减少 22%；广东消失 300 多个，减少 21%（张娜，2011）。

（2）连岛工程改变了海洋水动力条件，影响水交换、引发新的冲淤变化，不利于生态系统的稳定，并可能影响邻近海域的鱼类栖息地。

（3）有些海岛开发粗放，严重破坏脆弱的海岛生态环境和自然景观，红树林、珊瑚礁等珍贵自然生态系统和文昌鱼等珍稀野生动物迅速消失，同时也加剧了自然灾害风险。

（4）海岛开发建设的城镇和工业排污入海，或违规填埋垃圾，使海岛空气、土壤和沿岸水体污染严重。总之，高强度开发很容易毁灭脆弱的海岛生态系统，海岛保护必须加强。

第二节　我国海洋与海岸工程生态安全问题产生的原因分析

我国海洋与海岸工程生态安全问题产生的原因有以下几个方面。

1. 海洋生态价值认识不足，海洋生态安全意识淡薄

正确认识和评估海洋生态价值是合理开发利用海洋的前提，而全面平衡经济发展和生态保护则是维护海洋生态安全的必要条件。生态系统的演变具有累积性、非线性和隐蔽性特点。对于陆地生态系统而言，海洋这类水生生态系统的恢复一般十分艰难，湖泊富营养化治理的进展缓慢已充分说明问题。虽然近年国家已经加大了海洋环境与生态保护的力度，但见效甚微，近海亚健康和不健康水域的面积仍居高不下。生态问题产生的根源一般在于资源开发过度和经济增长方式不合理。多年来，我国一些地方行政部门海洋生态安全意识淡薄，在海洋开发规划和建设中片面突出短期经济效益，无视长期海洋生态安全，结果导致资源的过度消耗和海洋自然生态系统的严重破坏。主要表现在以下几点。

（1）我国各界对陆地上产业开发与生态环境保护的辩证关系已有共识，但对海岸带功能和服务价值的认识严重不足，尚未认识到滨海湿地和近海的生态系统

服务功能远高于其他生态系统，至今还将"滨海湿地"视为"盐碱荒地"，随意围填。不科学地计算生态系统服务价值，导致围填海土地价格严重偏低，在一定程度上助长了填海造陆行为。以环渤海地区为例，在过去 5 年内辽宁、河北、天津和山东累计围填海的面积超过 500 平方千米，造成渤海的海洋鱼类、贝类和甲壳类渔业资源的产卵场、育幼场和鸟类觅食场严重萎缩，加剧了海洋渔业资源的衰竭和滨海湿地生态系统的破坏；湿地环境净化功能的丧失，也使渤海水污染状况日趋严峻。

（2）对海岸建筑和旅游设施规划建设对生态影响的重视不足，漠视野生动植物的存亡和自然景观的破坏。我国沿海许多地区的城市化和旅游项目开发方式原始，缺乏配套的垃圾和污水处理条件，导致滩涂污染严重；一些滨海城区以拥有高楼大厦为傲，对天然、健康的海洋生态环境的丧失考虑不周，长此以往将损害这些地区的旅游价值。

（3）片面追求经济利益，港口、产业集群、养殖业规模无限扩张，或违规扩繁引进物种，无视环境影响。例如，我国部分地区海水养殖秩序混乱，养殖规模超过环境负荷，导致病害增加，滥用渔药现象严重，食品安全问题突出；养殖废水直接排放，水域环境污染加剧；许多引进的海水养殖动植物不按规定进行隔离，而是直接扩繁，生物入侵风险加大。

2. 海洋生态安全维护力度不足，管理不到位

首先，我国目前的海洋法规中，对维护海洋生态安全并没有明确规定。例如，《中华人民共和国海洋环境保护法》第三章就加强海洋生态保护和建立海洋生态保护区等问题做了规定，但尚未涉及海洋生态安全的概念。由于没有把海洋生态安全提升到相应的高度，此类问题未能引起管理部门和相关行业的足够重视。

其次，我国海洋管理政出多门，各部门之间的协调成为海洋管理的顽疾，致使跨行政区域、跨行政部门的海洋生态环境保护问题难以解决，难以根据海洋生态系统的整体性进行综合管理。

最后，我国目前对中长期的海洋功能区划和规划执行不严，导致许多重要生态功能区受到破坏。例如，当围填海和临海产业规划与海洋自然保护区、海洋风景名胜区、水产种质资源保护区等生态敏感区相冲突的时候，不是调整建设规划，而是通常采取调整自然保护区范围和功能的方法，致使海洋开发直接危及重要保护物种和海洋生态环境。此外，在海洋工程设计和建设中只注重单个项目环境影响的评价和可行性，而没有考虑到区域内布局的所有项目对海洋的累积和综合影响。这些问题也相当普遍。

3. 海洋开发方式粗放，滨海产业布局不够合理

在新一轮沿海开发战略实施的进程中，中国沿海区域经济和海洋经济基本上沿袭了以"高投入、规模扩张"为主的外延式增长模式。与此同时,因为缺乏高技术产业的引领,部分"滨海高新区"其实是重复建设,工程项目大多粗放、低水平复制、高强度开发。部分滨海产业集聚区内的产业关联度不高、产业链分割的状态也不利于产业园区节能、减排、降耗。这些现象导致我国海洋与海岸自然生态环境严重破坏、资源保有量急速下降。

由于缺乏对资源配置和环境承载力的科学分析,近年来我国各地制定的一系列海洋发展规划并不十分科学合理,缺乏区域间的协调,产业趋同化发展态势明显。加之我国土地资源紧张,而填海造陆成本低,许多沿海地区采取"掠夺式"填海,抢占滩涂土地资源。

4. 海洋基础调查不足,海洋综合研究薄弱

近30年来,我国进行了多次海洋综合调查,但尚未从基于海洋生态系统的角度进行综合的、长期的调查,对海洋重要生态系统的认识不足,使得基于海洋生态系统的管理缺乏科学依据。

基于生态系统的海洋与海岸带综合管理已被国内外学术界和管理界认为是解决跨行政区域、跨部门的海洋环境与生态问题的有效途径;而我国在此领域的研究,特别是解决国家海洋生态安全战略需求问题的研究尚需进一步加强。例如,除了个别经济海洋生物种群外,我们并不十分清楚有哪些鱼虾贝类利用滨海湿地作为产卵场或育幼场;而对于依赖滨海湿地进行产卵和育幼的中国对虾等种类,当产卵场消失时,它们是如何延续种群的,我们也不得而知。这使得我们的海洋渔业资源恢复工作缺乏科学指导。

5. 陆海统筹不够,加剧海洋生态环境压力

沿海城市、港口和产业集聚的快速发展给沿海环境保护带来巨大的压力,而海洋开发过程中的环境保护投入明显落后于产业的投入。一些旅游基础设施和产业园区在环境保护措施没有配套实施的情况下仓促上马,大量废水、废物、废气排放,给毗邻海区生态环境带来巨大的损害。以环渤海地区为例,其环境保护基础设施建设投入不足,工业和生活污染比较突出:2007年,天津、大连、烟台等13个渤海沿岸城市有4000万吨污水未经处理直接排放入海,这13个城市的34个经济开发区中,有15个开发区未建成污水集中处理设施,有358个建设项目未按要求进行环评,727个已竣工项目未进行"三同时"[①] 验收。此外,渤海16个临时性海洋倾倒区中,有7个已超过使用期限而未按规定封闭。受此影响,

---

①三同时,即同时设计、同时施工、同时投产使用。《中华人民共和国环境保护法》第26条规定:"建设项目中防治污染的措施,必须与主体工程同时设计、同时施工、同时投产使用。防治污染的设施必须经原审批环境影响报告书的环保部门验收合格后,该建设项目方可投入生产或者使用。"

我国环渤海地区海水近年来都劣于四类水质，主要污染物中化学需氧量（COD）、无机氮、活性磷酸盐等超标严重（钮东昊，2009）。随着我国沿海、沿江工农业的快速发展，陆源污染物排海有增无减，我国近岸海域环境污染形势依旧严峻，海洋生态系统恶化的趋势尚未得到有效缓解。

在我国沿海陆源污染问题尚未得到有效解决的同时，一批高能耗、高污染的重化工又在沿海布局，给近海海域生态环境带来前所未有的压力。从2003年开始，把"大码头、大化工、大钢铁、大电能"布局在沿海地区，呈现布局分散、集约化程度较低的特点，这与国际上对重污染工业实行的"集中布局、集中治理、循环经济"的原则背道而驰，突增了环境事故发生的概率。

第三节　维护和建设我国海洋生态安全的若干建议

正确认识和评估海洋的生态价值，以及海洋生态系统的脆弱性，是合理开发利用海洋的前提。目前，我国海洋生态安全面临两个突出问题：一是广大公众和管理部门对滨海湿地和近海海洋生态系统的功能价值和这些海洋生态系统本身的脆弱性认识不足；二是围填海获取土地的成本低，使其成为沿海地区耕地占补平衡和工业化、城市化拓展的首选。两个问题归根结底是海洋意识不足的问题，需要下大力气进行宣传和教育。近年来，我国内陆地区的"退耕还林"等措施在恢复生态环境、治理水土流失方面已取得明显效果。比较而言，水生生态系统的恢复一般十分艰难，因此湖泊富营养化的治理进展缓慢；而海洋生态系统一旦受损，恢复起来也同样艰难。面对广阔而又有限的海洋空间和资源，涉海部门需要正确认识以下几个问题。

（1）滨海湿地具有巨大的生态服务价值，对维护生物多样性、渔业资源及净化环境等都有重要意义，并非荒滩和荒地，不应随意围垦和开发。

（2）海洋和海岸生态系统十分脆弱，生态环境容量和环境承载力有限，不能在沿海无限扩张超大型城市、港口和产业带。

（3）海洋环境具有特殊性，生态影响波及范围广且具有滞后性，一旦受损，恢复比陆地更困难，代价更大。因此，对于有可能破坏或改变海洋生态系统的开发活动应非常谨慎。

借鉴荷兰鹿特丹港、日本"三湾一海"和美国"绿色港口"的建设和管理经验，应在海洋开发过程中突出生态和谐、绿色发展，采取周密论证、稳步推进的策略。例如，荷兰鹿特丹港扩建20平方千米的围填海项目，在1990年提出方案，完成6000余页的工程生态环境影响评估报告，反复论证和征询各方意见，2008年动工，到2013年启用，前后用了约20年时间，项目配套工程包括7.5平方千米休闲自然保护区和250平方千米生态保护区（Stolk and Dijkshoorn，2009）。同时，在立法层面可参考欧盟水域生态保护相关法规和管理措施，把重要海洋生物栖息生境保护作为一切海洋生态环境保护的核心。

国家"十二五"规划纲要提出"推进海洋经济发展",要"统筹海洋环境保护与陆源污染防治,加强海洋生态系统保护和修复。控制近海资源过度开发,加强围填海管理,严格规范无居民海岛利用活动"。这说明中央政府已经充分认识到海洋生态安全的重要性。与此同时,中国沿海经济高速发展数十年,环境欠账积弊日深;随着民众环境意识的提升,由环境问题而引发的群体性事件更不容忽视。必须提高认识、强化法规、切实管理、创新发展,才能从根本上解决我国海洋生态安全问题。为了应对我国海洋与海岸工程中的生态安全隐患,又好又快、健康协调地发展我国的海洋事业,现提出如下对策建议。

1. 增强海洋意识,确立海洋生态安全的法律地位

在我国海洋大开发的背景下,环境损害加剧,海洋生态安全形势十分严峻。2012 年,我国提出大力推进生态文明建设的目标,号召全社会树立尊重自然、顺应自然、保护自然的生态文明理念。海洋生态安全的强化需要全社会的观念转型、体制改革、技术创新、科学的生态系统管理,需要把海洋生态文明融入海洋经济建设的全过程,要全面提升海洋生态保护意识,更要把海洋生态效益纳入经济社会发展评价体系。生态安全是生态文明的底线,核心是生态系统的协调。

滨海湿地和近海的海洋生态系统有着巨大的服务功能,是我国今后一段时间经济发展乃至子孙后代生存与发展的重要依托。海洋生态安全是国家生态安全和国家安全的重要组成部分,破坏海洋生态安全的行为也将威胁到国家安全,需要承担法律责任。因此,应该把具体的海洋生态安全保护措施和规定写入我国法律,建议在《中华人民共和国环境保护法》和《中华人民共和国海洋环境保护法》修订的时候,把维护海洋生态安全作为一条法律单独列入,明确海洋生态安全保护的基本原则、法律制度等内容。

在确立海洋生态安全的法律地位的基础上,需加大立法进度和执法力度,完善相关法规、标准、技术指南和管理办法,用法律法规引导和规范施工和生产活动,依法保护海洋环境资源,切实加强对海洋生态系统和生物栖息地的保护。

我国法律层面尚没有完善的海洋生态补偿机制和章程,对于各类开发活动造成的海洋生态损害的补偿和赔偿大多停留在口号上。长期以来,主管部门在代表国家主张赔偿和补偿要求时,往往难以执行。对于海洋生态损害赔偿和补偿的法律机制,我国业内已经呼吁多年。2010 年 8 月 13 日,山东省财政厅、海洋与渔业厅联合下发了《山东省海洋生态损害赔偿费和损失补偿费管理暂行办法》,将海洋生态损害赔偿和损失补偿合并做出规定,这在我国尚属首创。目前各地海洋开发活动高涨,已经对海洋生态造成巨大压力和威胁,需要从法规制度上对保护海洋和海岸带生态环境予以规范,真正做到有法可依,同时要加大处罚力度,以改变"守法成本高、违法成本低"的局面,依法保护海洋生态环境及渔业资源,

保障渔民的合法权益。建议认真总结 2011 年渤海中部的蓬莱 19-3 油田溢油事故生态赔偿的经验，完善我国海洋生态损失赔偿制度与机制，使之上升为法律。

2. 划分生态红线区，维护海洋资源环境承载力

滨海湿地是近岸生态系统最重要的组成部分，具有巨大的生态服务价值。为维护海洋生态系统的服务功能、保障海洋生态安全，海洋与海岸工程建设应坚持"环境准入不降低、生态功能不退化、资源环境承载力不下降、污染物排放总量不突破"四条原则。应基于沿海区域生态系统功能、依据滩涂和近海的环境承载力，经科学论证，将我国需要重点保护的海岸与近海区域划为生态红线区。

生态红线区应涵盖各类法定的自然保护区、生态敏感性极高的海域和生态风险区，以及具有特殊意义的海洋生物关键栖息地，作为海洋经济发展不可逾越的空间约束。生态红线区一经划定，就应长期坚守，做到：生态红线控制面积不减少；主要生态红线控制区功能不退化，保护等级不降低；确保重要海岸带和湿地不被占用。要认真核查和规划各地需要保留的天然岸线数量，像固守 18 亿亩①耕地一样固守已经所剩无几的天然海岸线、海域和海湾，把保有数量分配到沿海各个省（自治区、直辖市），监督落实。

生态红线区之外的岸线和海区虽然可以进行适度的开发，但必须有严格的时间和空间限制，应限制进行对海洋生态环境影响较大的开发活动；如确有必要进行海洋与海岸工程建设，也应以资源和生态补偿措施到位为前提，谨慎和适度进行，并保证不破坏生态系统服务功能。特别是对围填海等生态影响较大的项目，务必要参照荷兰等发达国家的做法：严密论证、缓慢推进，开工之前、补偿到位。

2012 年 10 月 17 日，国家海洋局下发《关于建立渤海海洋生态红线制度的若干意见》，将渤海海洋保护区、重要滨海湿地和河口，以及重要渔业海域等区域划定为海洋生态红线区，以进一步强化渤海生态环境保护。我国应以此为起点，根据海洋生态系统属性对全国沿海进行科学划分，全面实行分区管理。

3. 加强涉海大型工程生态安全评估和整改，改善海洋生态环境

在国家战略规划框架下，沿海各省（直辖市）政府大力支持和推进海洋开发，大规模围填海、海上路桥、深水大港、产业集聚等海洋与海岸工程的规划超前、规模空前。规模如此庞大的海洋工程建设正在或即将带来诸多后患：部分已经围填海的地块长期闲置，而滨海湿地已经大范围消亡，丧失了环境自净能力和食物产出能力；港口和临港工业的分散布局有可能导致产能严重过剩，并且其大规模集聚发展还会加重附近海域的污染状况；一些石油开采和储运设备已经陈

①1 亩 ≈666.67 平方米。

旧，不具备安全生产条件，急需淘汰。鉴于大型海洋与海岸工程自身的发展问题，以及它们可能带来的生态安全问题，建议由全国人大环境与资源保护委员会牵头，组织有关专家对我国已经建成或即将建成的沿海重大工程项目进行生态安全检查和评估。评估内容包括以下几个方面。

（1）项目与我国海洋主体功能区划和区域性海洋功能区划的符合性，以及与生态控制区、海洋自然保护区、水产原良种保护区等生态敏感区的矛盾与冲突状况；

（2）项目的安全性和风险应急预案、"三废"排放和处置、生态补偿制度的执行和完成情况；

（3）项目自身及其所处行业的区域性产能情况，是否存在重复建设、产能过剩、设备大量闲置等情况，项目的资源利用效率及其与国内外同行业水平的比较。

通过对上述社会、经济和环境效益的全面评估，提出建议关停并转的工程项目名单，对正在规划或建设的重复性工程停工和整改，对已经造成严重生态影响或具有严重生态隐患的工程，建议关闭或拆除，施工区域恢复原貌。对于关停并转的用海项目占地进行盘活和再调配，以满足新增项目的用海需求，避免过度围填海对海洋生态系统的破坏；对集群产业结构进行兼并重组调整，严控低端重复，鼓励发展高端产业。制定国家及地方海洋生态安全修复规划，对受损严重的滩涂和海区进行系统修复。通过这一措施，将及时发现我国现有海洋与海岸工程中存在的主要生态安全问题，排除区域海洋生态安全隐患，加快产业升级和优化，为我国"十二五"海洋产业结构调整及海洋经济增长方式的转变奠定基础，也为"十三五"海洋发展规划作准备。

环境影响评价制度实施20多年来，仍存在一些不足。从环评有效性分析，主要表现在环评所关注的是拟建项目预测的影响，很少关注项目运营所产生的实际（或真实）影响；现有的环评行为是静态、线性的，在管理上没有信息和指令反馈途径，体系不完善，预测结果不能得到监测和评估。因此，加强环境影响监测调查及开展环境影响后评价十分必要。环境影响后评价其实是项目环评工作的继续和深入。通过评估开发建设活动实施前后污染物排放及周围生态环境质量的变化，全面反映建设项目的实际生态影响和环境补偿措施的有效性，分析项目的合理性，找出问题及其原因。对建成项目进行检查和后评价，有利于提高决策水平，为改进建设项目管理和环境管理提供科学依据。

4. 调整海洋产业结构，积极发展滨海生态旅游

调整海洋产业结构，大力发展第三产业是沿海经济发展的战略需求。《国务院关于加快发展服务业的若干意见》（2007年）中提出，要围绕小康社会建设目标和消费结构转型升级的要求，大力发展旅游、文化、体育和休闲娱乐等面向民生的服务业。旅游业是第三产业的重要组成部分，是世界上发展最快的新兴产业之一；而第三产业所占比重（其增加值占 GDP 的比重）则能反映一个国家的经济发展状况、人民生活水平。进入 21 世纪，国家把扩大内需、促进消费确立为促进国民经济发展的长期战略，为旅游产业提供了前所未有的发展机遇。

海滨始终是令人向往的地方，全世界一半旅游者的目的地在海滨。我国国民经济和社会发展"十二五"规划纲要明确指出要"推进海洋经济发展"，主攻方向之一是加快发展滨海旅游业。从世界旅游经济发展来看，推进滨海旅游业也是发展趋势。我国海岸线绵长、岛屿众多，非常适合发展休闲度假式的滨海旅游业。我国滨海旅游业在 20 世纪 80 年代后期粗具规模，目前正处于快速发展期；但与内陆旅游业发展规模相比，滨海旅游产业接待能力仍显不足。2011 年，滨海旅游全年实现增加值 6258 亿元，占全国海洋产业增加值的 1/3，占国内旅游业总收入（2011 年约为 1.9 万亿元）的比重也为 1/3 左右。

旅游业是以旅游资源、设施、服务为产品的无烟工业和无形贸易。要发展滨海旅游业，也要全面提升其资源、设施和服务三大要素，把物质消费和文化消费有机结合起来。可持续地发展滨海旅游业，就要让旅游与自然、文化和人类生存环境成为整体，要让游客在美与和谐的自然生态环境中得到身心愉悦。滨海旅游资源和优美的海洋环境是滨海旅游发展的物质基础，如果不注意保护滨海生态环境，滨海旅游业就将成为无本之木、无源之水。因此，滨海旅游的开发与管理应突出环境保护，并注意以下几点。

（1）加强管理、统一规划、因地制宜、有序开发。资源和环境保护不仅是滨海旅游开发成功的保障，也是海洋生态系统免遭破坏的必要条件。要重视滨海旅游环境承载力，不要做"超负荷"的滨海旅游。各级政府要制定相关政策，用法律手段控制好滨海旅游建设的开发力度，结合地域生态特点对所有开发建设项目严格审批。开发海滩应以保护为主，以生态建设为主；保护优先、生态优先、适度开发。将公众旅游和海岸线保护相结合，平衡二者之间的关系。

（2）在滨海旅游开发中全面推行生态保护措施，包括搭建陆桥、设置隔离带、保护敏感栖息地；在以观赏为主的景区限制性地搭建通道，防止游客随意进出；对游钓活动设置最小捕捞长度和禁捕怀（抱）卵雌鱼（虾、蟹、贝），严防渔业生物卵和幼体损失等。

（3）强化滨海旅游的科技含量。一方面要突出科学指导，加强生态旅游的科研力量，充实生态旅游的科技内涵，使滨海旅游业的生态保护更加有的放矢，引导滨海旅游的可持续发展。另一方面是借旅游做科普，让游客在闲暇时光了解海洋知识，提高其自觉保护海洋的意识；要让旅游开发者、经营者及游客共同努力，保护海洋生态安全。

（4）政府适当扶持，积极发展滨海旅游业。发展滨海旅游业是利国利民、促进生态安全和可持续发展的有力措施。各级政府应适当投入资金，建设配套设施、增强开发力度、提升产业水平。滨海旅游开发要硬件和软件（服务）兼顾，特别要强化废物处理等配套建设，做到生态和谐、平稳发展。

5. 完善溢油等海洋灾害应急预案，减少海洋生态灾害损失

我国多年的海洋开发过程中，大规模的港口和产业在沿海集聚，众多污染严重的石油化工企业也向沿海转移，风险事故发生的概率日增。由于海水具有流动性和连续性，船舶、储油罐区及近海油田的溢油事故可以造成整个海洋生态系统的损害和局部区域无法挽回的生态灾难。我国不少地区发展临港石化，形成海滨油罐林立的局面，如宁波市甬江口、北仑港口、上海金山卫石化基地、大连港、青岛黄岛港区等。青岛黄岛油库爆炸、大连频发的油罐爆炸起火事故，以及渤海康菲公司石油钻井平台的溢油事件，已经拉响了我国沿海石油化工产业的生态安全警报。加之大型油轮频繁进出沿海港口，我国海域已成为突发性石油污染的隐患区，一旦发生超级油轮溢油事故，处置难度将非常大。在相对封闭的海区（如渤海），石油污染的灾害将更加严重，应给予特别的关注和重视。

应吸取美国墨西哥湾原油泄漏和日本福岛核辐射事故的教训，严防类似2010年大连中石油油库爆炸和2011年渤海蓬莱19-3油田漏油的事故在我国重演，坚决防止更加严重的事故发生。有必要开展各类工程的生态安全风险分析和应急机制建设，加强企业安全生产、清洁生产的管理，减少海洋灾害发生的风险，防患于未然。因为海上溢油事故发生突然、危害程度大，应根据国际惯例健全海洋溢油应急响应体系，要求海洋石油平台、有油类作业的港口、码头、装卸站和船舶按有关规定编制溢油应急计划，储备应急物资，合理配置环保设备和调度各方力量，快速、高效地开展海上溢油事故的处理工作，减少污染和损失。同时，鼓励和支持海洋油气开发企业建立海洋环境生态基金，为保护海洋生态安全承担更多责任。

溢油应急处置包括溢油监视监测、报警、溢油来源鉴别、溢油扩散预报和溢油回收处理等系列技术。与一些发达国家业已成套、成熟的溢油防治技术相比，我国的溢油应急技术系统尚不完善。目前在我国海域从事石油开采的中外公司，虽各自拥有自己的溢油应急设备和设施，但溢油应急反应能力只能应对一级以下的小规模溢油（国际上将溢油分级响应划定为三级）。因此，如何及时发现、回收溢油，提高污油的处理技术与水平，仍然是当前防治海洋石油污染工作的重要课题。总之，从防范和处置两方面加强石油产品储藏、运输、装卸过程中的科学规范管理，避免严重污染和爆炸事件的发生，对维系我国海洋生态安全具有十分重要的现实意义。

6. 加强海洋生态安全影响预测和对策研究，降低生态灾害风险

海洋与海岸工程生态安全问题是多因素的，具有系统性、复杂性和长期性。

因此，为科学地预测海洋与海岸工程对生态安全的影响，避免或减少工程引发海洋生态灾害的风险，应加强海洋生态安全基础理论研究，辨识海洋生态系统的特殊性，了解海洋生态系统的损害和恢复过程，从而保障我国海洋经济的持续、稳定、健康发展。在应对突发性事件中应采取适应性管理策略，通过对不确定性环境和事件的管理过程和结果进行动态学习，制定和不断优化管理战略。

提高海洋与海岸工程对海洋生态环境影响的认知和预测能力，是进行海洋生态安全建设的基础。①研究重点监控区海洋环境容量和生态平衡，以及海洋生态环境质量和海洋资源状况的评价技术，科学评估海洋环境承载力；②加强近岸和海湾生态环境调查，提出重要海洋生态敏感区的海洋生态环境保护底线和控制目标，为海洋生态安全建设提供技术支撑；③为有效预测和评价海洋与海岸工程建设对近岸海域生态系统的影响，有必要深入研究其生态影响的范围、指标、作用方式和预测方法，加强海洋生态预报研究，研究建立生态影响预测模型。

应根据不同性质的海洋与海岸工程项目的特点，有的放矢地进行生态安全对策研究。①对建设项目有可能产生的生态影响进行全面的环境影响评价，结合所在海域的环境功能要求，强化对各种风险事故源的分析，提出切实可行的风险防范措施和周全的应急预案；②推进创新型海洋环境监测、监控和评价体系，建立海洋生态环境监测监视网络和预报机制；③强化海洋环境突发事件的风险管理和对策研究；④研究建立海洋生态环境保护和修复的理论和技术体系、监测指标体系、效果评价方法、技术标准等。

主要参考文献

安蓓, 胡俊超. 2010. 我国建成海上"大庆油田"海油年产油气超过 5000 万吨. http：//news. xinhuanet. com/fortune/2010-12/24/c_ 12916054. htm［2013-07-02］.

蔡岩红. 2012. 蓬莱溢油事故海洋生态损害索赔取得重大进展. http：//news. china. com. cn/rollnews/2012-04/28/content_ 13958369. htm［2013-06-28］.

付元宾, 等. 2010. 围填海强度与潜力定量评价方法初探. 海洋开发与管理, 27（1）：27-30.

国家海洋局. 2011a. 2009 年中国海洋环境质量公报. http：//www. soa. gov. cn/zwgk/hygb/zghyhjzlgb/hy-hjzlgbml/2009ml/201212/t20121208_ 21653. html［2014-04-09］.

国家海洋局. 2011b. 2010 年中国海洋环境质量公报. http：//www. soa. gov. cn/zwgk/hygb/zghyhjzlgb/hy-hjzlgbml/2010ml/201212/t20121206_ 21292. html［2014-04-09］.

国家海洋局. 2012a. 2011 年中国海洋环境质量公报. http：//www. soa. gov. cn/zwgk/hygb/zghyhjzlgb/201211/t20121107_ 5528. html［2014-04-09］.

国家海洋局. 2012b. 全国海岛保护规划. http：//www. chinanews. com/gn/2012/04-19/3832043. shtml［2013-07-25］.

国家海洋局海洋发展战略研究所课题组. 2011. 中国经济发展报告. 北京：海洋出版社.

国际在线. 青岛爆燃事故 1 个月：海洋污染显现, 大量鱼虾死亡. http：//news. ifeng. com/mainland/spe-cial/qingdaobaozha/content-5/detail_ 2013_ 12/22/32368779_ 0. shtml［2013-12-24］.

李翊. 2011. 溢油危机和脆弱的渤海. 三联生活周刊, 30.

钮东昊. 2009. 审计署就《渤海水污染防治审计调查结果》答问. http：//www. china. com. cn/policy/txt/ 2009-05/22/content_ 17818759. htm ［2009-05-23］.

沈新强，陈亚瞿，罗民波，等. 2006. 长江口底栖生物修复的初步研究. 农业环境科学学报，(2)：373-376.

吴桑云，刘宝银. 2008. 中国海岛管理信息系统基础. 北京：海洋出版社.

徐友根，李崧. 2002. 城市建设对深圳福田红树林生态资源的破坏及保护对策. 资源产业，(3)：32-35.

杨青. 2011-05-24. 中国自主深海开采油气"船"昨日起航. 北京青年报.

杨宇峰，王庆，聂湘平，等. 2012. 海水养殖发展与渔业环境管理研究进展. 暨南大学学报（自然科学版），33（5）：531-541.

姚建莉. 2012. 国务院批复海洋功能区划：填海指标超21万公顷. http：//finance. sina. com. cn/china/ 20121017/030613388993. shtml ［2013-07-21］.

易溯. 2012. 国务院新批三地海洋功能区划. http：//finance. jrj. com. cn/2012/11/07035014633438. shtml ［2013-07-21］.

张娜. 2011. 我国海岛正以惊人速度消失已达806个. http：//gb. cri. cn/27824/2011/03/24/5187s3196424. htm ［2013-06-25］.

张瑞丹. 2010. 海洋溢油之痛. 新世纪周刊，30.

张晓龙，李培英，李萍，等. 2005. 中国滨海湿地研究现状与展望. 海洋科学进展，23（1）：87-95.

中国环境与发展国际合作委员会. 2011. 中国海洋可持续发展的生态环境问题与政策研究. http：//www. cciced. net/zcyj/ztbg/policyreport2011/ ［2013-06-27］.

中华人民共和国农业部渔业局. 2011. 2011中国渔业统计年鉴. 北京：中国农业出版社.

Ma Z J, et al. 2002. Shorebirds in the eastern intertidal areas of Chongming island during the 2001 northward migration. The Stilt, (41): 6-10.

Stolk A, Dijkshoorn C. 2009. Sand extraction Maasvlakte 2 Project: License, Environmental Impact Assessment and Monitoring. European Marine Sand and Gravel Group: a wave of opportunities for the marine aggregates industry. EMSAGG Conference, 2009. Frentani Conference Centre, Rome, Italy.

第二章　我国海洋与海岸工程开发现状

我国是海洋大国，拥有大陆岸线 1.8 万千米，其中深水岸线超过 400 千米；面积在 500 平方米以上的岛屿有 7300 多个，岛屿岸线有 1.4 万千米（国家海洋局，2012a）；我国主张的管辖海域面积约 300 万平方千米，其间蕴藏着丰富的海洋资源，如海洋石油资源量为 240 亿吨，天然气资源量为 14 万亿立方米（孟昭莉和黎晓白，2011），天然气水合物为 64.968 万亿立方米，相当于 649.68 亿吨油当量（中国地质调查局和国家海洋局，2004）；可供捕捞生产的渔场面积为 281 万平方千米，可供养殖的浅海和滩涂面积为 3.8 万平方千米，有 2 万多种海洋生物，1500 多处海洋旅游资源，另外，还有丰富的海水资源、滨海砂矿（于婷婷和张斌，2008）和海洋能资源（蒋秋飚等，2008）等。

自 20 世纪 90 年代以来，我国社会经济发展迅速，大力进行海洋资源开发利用，沿海省（直辖市）掀起海洋开发热潮。2002～2009 年，我国批准的用海项目年均约 6800 项，年均确权海域面积达 22 万公顷，实施港口、海洋油气、海水养殖、能源、跨海桥梁及海洋旅游、景观建设等不同类型的海岸和海洋工程建设，推动了沿海经济快速发展。进入 21 世纪后，国家发改委相继批准沿海区域海洋开发和海洋经济发展规划，并上升到国家战略高度，沿海地区成为中国对外开放先行区和经济最发达地区。"十二五"期间，我国新一轮海洋开发热潮正在掀起。随着海洋资源开发的不断深入，海洋经济已经成为国民经济新的增长点。2011 年全国海洋生产总值 45 570 亿元，比上年增长 10.4%，占 GDP 的比重为 9.7%（国家海洋局，2012b）。

我国海洋和海岸开发的主要类型和规模如下：港口物流工程，至 2010 年年底沿海港口拥有生产性泊位 5453 个，其中万吨级以上泊位 1343 个，年吞吐量超亿吨港口 22 个，超 100 万 TEU[①] 港口 18 个，2010 年沿海港口货物吞吐量 56.45 亿吨，至 2020 年，深水泊位将增至 2214 个，基本建成煤、油、矿、箱、粮五大专业运输体系（中华人民共和国交通运输部，2011b）；青岛海湾大桥、上海长江大桥、杭州湾大桥、宁波-舟山跨海大桥等大量陆岛连接工程（包括桥、隧、路）竣工，大大改善了港口的集、疏、运能力，为沿海综合交通网建设提供了条件；2010 年海水养殖面积为 2.08 万平方千米，养殖总产量为 1482.3 万吨，为人们提供了优质蛋白（中华人民共和国农业部渔业局，2011）；1990～2008 年，我国围填海面积从 8241 平方千米增加至 13 380 平方千米，平均每年新增 285 平方

---

①国际标准箱单位。

千米，为农业及滨海工业集聚拓展了发展空间，预计至 2020 年还有超过 5780 平方千米的围填海需求（付元宾等，2010）；海洋油气开采及储运工程虽起步晚，但发展迅速，2010 年开采海洋油气田 69 个，作业平台 180 个（国家海洋局，2011b），中国海洋石油总公司 2010 年宣布中海油国内年产石油天然气总产量首次超过 5000 万吨（安蓓和胡俊超，2010），占全国油气产量的 26%，并正在从浅海向深海拓展；为保证我国能源供应的战略安全，正在大力建立和完善能源战略储备体系，2008 年，我国石油储备总量 1400 万吨，至 2020 年可达 8500 万吨（汪孝宗和吴鹏，2011）；滨海旅游发展迅速，已成为海洋经济的主要产业，2011 年增加值 6258 亿元，比上年增长 12.5%（国家海洋局，2012a）。海堤（海塘）、护岸等海岸防护工程和河口水闸、防潮、蓄淡等水利工程的建造为沿海人民提供了生产和生活安全的保障。

　　海洋和海岸工程是国民经济和社会发展的基础工程，是发展沿海经济的重要支撑，也是海洋产业的重要项目。各类海洋和海岸工程的建设，在促进海洋经济快速发展的同时，也给海洋生态安全带来挑战：滩涂湿地剧减、海洋污染加剧、生物栖息地受损、海洋灾害频发、渔业资源衰退、生态平衡破坏等问题突显。因此，中国科学院设立"中国海洋与海岸工程的生态安全中若干科学问题及对策建议研究"咨询项目，研究海洋与海岸工程对海洋生态环境的影响，为海洋与海岸工程的合理布局和开发利用、风险控制提供政策建议。以"我国海洋与海岸工程开发现状"作为第一专题，简述中国海洋与海岸工程开发利用现状，初步分析其对海洋生态安全的影响，以作为后续专题详细分析研究的基础。

第一节　我国海洋与海岸工程建设概述

　　海洋和海岸工程是指在海岸带和海域新建、改建、扩建的工程，包括海岸防护、港口物流、围填海（含人工岛）、海水养殖、跨海桥梁（隧道）、取水排污管线、海洋油气、海洋旅游景观建设、河口海岸水利、海洋矿产资源勘探开发、海洋能开发利用及海水综合利用等工程。

　　海洋与海岸工程建设是我国沿海、海岛国民经济发展的重大基础设施建设，是拓展社会经济发展空间，构建沿海综合交通网，完善水利设施，建设能源保障、高速信息网络及沿海防灾减灾体系的重要工程项目。

　　近 20 年来，尤其是 21 世纪以来我国相继建成和开工一大批重大的海洋和海岸工程项目，推动了沿海国民经济稳定持续发展，同时也给沿海生态环境安全带来巨大的压力。对海洋生态环境问题影响较大的海洋和海岸工程主要包括：围填海工程、海洋油气开采及储运工程、海水养殖工程、港航物流工程、陆岛（岛与岛）连接（路、桥、隧）工程、水利工程及海底管线工程等。

一、围填海工程

为了缓解经济和人口急剧增长的压力，围填海造地成为解决人地矛盾、空间不足最为有效的方式之一，同时也是对海洋环境破坏最为严重的海洋开发利用方式之一。历史上，我国曾经经历了三次大的围填海热潮，第一次是新中国成立初期的围填海晒盐，第二次是 20 世纪 60 年代中期到 70 年代的围垦海涂增加农业用地，第三次是 20 世纪 80 年代中后期至 90 年代初的围填海养殖（刘伟等，2008）。进入 21 世纪，我国又面临着新一轮的围填海热潮，围海造地运动正在以数倍于过去的速度高速发展。2003 年的围海造地面积是 21.2 平方千米，2004 年达到 53.5 平方千米，2005 年超过 100 平方千米，2009 年为 179 平方千米。据国家海洋局统计，"十一五"期间，围填海解决工业和城镇建设用地 700 平方千米（王健君和尚前名，2011）。

20 世纪 50 年代以来，我国围填海的活动呈现如下特点：围填海工程遍及我国沿海，大规模围海造地主要分布在海洋环境较为隐蔽的河口、海湾海域，如辽河口、天津滨海、苏北沿海、长江口、珠江口及胶州湾、杭州湾、乐清湾、罗源湾等处；围填海面积不断扩大，围填海范围从过去高潮滩向低潮滩甚至水下岸坡延伸，如上海南汇半岛工程围填海水深达 2 米；工程以顺岸围填为主，也出现了建设人工岛围填海的情况；围填的目的也发生变化，由前期农业围垦、围海养殖转向满足港口、临港工业、城镇建设的需要。

全国建成和正在建设的大型围填海工程有辽东湾双台子河口围填海工程（266 平方千米），曹妃甸工业区（310 平方千米），天津滨海新区（约 100 平方千米），山东龙口湾人工岛（35 平方千米），福建漳州双鱼人工岛（2.2 平方千米），江苏洋口港人工岛工程（1.44 平方千米），东台、方南、弶东、梁南围涂工程，上海南汇半岛工程（73 平方千米），横沙东滩圈围促淤工程（78.43 平方千米）和东滩吹泥成陆工程（35.3 平方千米），浙江舟山东港围填海工程（7.5平方千米），温州瓯江口连接工程（80 平方千米），福建罗源湾，厦门西湾围填海工程，珠江口外南沙围填海工程等。2010 ~ 2020 年江苏将规划围填海面积1800 平方千米，第一阶段为 400 平方千米（江苏省海洋与渔业局，2010）。浙江省"十二五"期间规划围填海面积 666 平方千米（李正豪，2012）。

二、海洋油气开采及储运工程

海洋油气产业和开发技术属于国家战略性的新兴产业。目前我国油气开采主要集中在 200 米水深以浅的大陆架，钻井平台主要分布在渤海、东海大陆架，南海北部大陆架，珠江口外和北部湾区域。我国管辖的 300 万平方千米海域内，测算石油资源量240亿吨，占全国石油资源量的23%，天然气资源量14万亿立方米，占全国的30%（孟昭莉等，2011），天然气水合物远景储量64.968万亿立方米，相当于648.68亿吨油当量。我国海洋油气工程起步较晚，但发展迅速，海上石油产量1982年仅9万吨，至1997年达1629万吨，海上天然气产量40.5亿立方米，分别占1997年全国油气总产量的10.2%和18.1%，2010年海洋油气产量突破5000万吨（安蓓和胡俊超，2010），占全国油气产量（1.89亿吨）的26%。海上已开采油气田69个，生产作业平台180个及相应的油气管道（国家海洋局，2011b），建立了深圳赤湾石油基地和天津塘沽石油基地，为海上油气的勘探开发生产活动提供各种技术和仓储服务。目前我国海洋油气工程在技术水平、装备水平和管理能力方面处于亚洲同行前列。

2006年迈开了进军深海油气田开发的步伐，进行"深水半潜式钻井平台关键技术"研究，2011年5月中海油和中船集团共同打造的3000米深水半潜钻井平台"海洋石油981"在上海建成，最大作业水深3000米（刘全等，2011），钻井深度12 000米，该钻井平台可在我国南海进行海上油气田的勘探和开发作业。

近年来全国新增石油产量的53%来自海洋石油，"十二五"规划纲要提出开采深水油气资源将是我国获取未来潜在海洋油气资源的领域，要求加快海洋油气开发步伐，提高油气资源开发和勘探技术，促进油气产量快速增长，建立深海装备船队，掌握深海作业技术，预计未来10年，中国油气产量将以每年20%的速度递增。

从1996年起我国就已成为石油和石油产品的净进口国。目前我国的石油和石油产品进口已占全部供应量的1/3。国家信息中心2008年9月22日发表了题为"2000年以来中国能源经济形势分析"的报告，预测国内石油消费量到2020年将达5.72亿吨，对进口石油的依存度达66%。随着我国国内石油消费量不断增长，为保证能源供应的战略安全，我国正在大力建立和完善能源战略储备体系，自2003年起我国开始在浙江镇海、舟山岙山岛、山东黄岛、辽宁大连依靠深水港口，建设第一批战略石油储备基地，储备能力总计1400万吨。2007年12月中国国家石油储备中心成立，决定用15年时间，分三期完成石油储备基地的建设，2008年进行二期石油储备基地建设，将在辽宁锦州、天津、浙江舟山册子岛、宁波大榭岛、广东的湛江和惠州等地建设8个石油储备基地。三期战略石油储备也开始规划建设，至2020年整个项目一旦完成，国家石油储备能力将提升到8500万吨，相当于90天的石油净进口量（汪孝宗和吴鹏，2011）。

中国战略石油储备的来源除国内油田外，从国际市场上采购原油，将成为我国战略石油储备的主要方式，原油进口是沿海港口的重要战略功能之一。2010年前，环渤海地区依托大连、青岛、天津大型港口进口原油，接卸能力为3000万吨；长江三角洲依托上海、宁波、舟山为主港口组成中转运输系统进口原油，接卸能力为2500万吨；珠江三角洲依托惠州、深圳、珠海、广州等港口进口原油、成品油和液化天然气（LNG），进口原油接卸能力为 2400 万吨（国家发展和改革委员会交通运输司，2005）。

三、海水养殖

中国是世界上水产养殖量最多的国家，2010 年中国大陆水产养殖产量为 3828.84 万吨，约占世界水产养殖产量的 70%（中华人民共和国农业部渔业局，2011）。海水养殖为人类提供优质蛋白质，减缓捕捞压力，促进了沿海地区经济发展。

我国海洋生物技术和养殖技术的进步推动海水养殖业的快速发展，海水养殖遍及我国沿海港湾，养殖规模、品种和产量都迅速提高，海水养殖业总产量占海洋渔业的比重逐年增大，1988 年起已超过海洋捕捞产量，并持续至今。由于近海渔业资源的衰退，在未来一段时间内，中国海洋渔业增长仍将依赖于海水养殖。1990 年海水养殖面积为 42.8 万公顷，产量 162.4 万吨，产值达 16 亿元，至 1999 年海水养殖面积达 109 万公顷，产量达 974 万吨，产值约 780 多亿元。2003 年前国家确权的海水养殖海域面积达 164 万公顷，至 2010 年国家累积确权海水养殖面积为 418 万公顷，另有约 13.4 万公顷的围塘养殖（国家海洋局，2003～2010），2010 年海水养殖产量达 1482 万吨。

四、港航物流工程

海上交通运输作为国民经济基础性和服务性生产行业，对我国社会经济和对外贸易发挥了重要支撑和保障作用。港口、航道工程是海洋交通运输业发展的基础保障体系之一，也是港航物流的重要组成。

我国拥有 32 000 千米岸线，海岸曲折，港湾、岛屿众多（大于 500 平方米的岛屿 7300 余个），宜建中级以上泊位的港址 160 多处，其中深水港址 62 处，为港口建设提供了资源基础。

2010 年海洋交通运输业总产值达 3816 亿元，比上年增长 16.7%，占海洋经济总产值的 9.93%（中华人民共和国交通运输部，2011a），居我国海洋经济主要产业产值的第二位（国家海洋局，2011a）。我国目前处于世界海运大国地位，2010 年年底，我国在全球十大港口和十大集装箱港口中各占 6 席，2010 年我国沿海港口货物吞吐量达 56.45 亿吨，比上年增长 15.8%，其中超过亿吨的港口 22 个，其吞吐量占全国的 61.9%，超过 3 亿吨的有上海港、宁波-舟山港、天津港、广州港和青岛港。沿海港口集装箱吞吐量达 1.31 亿 TEU，其中超过万标箱的港口 18 个，其吞吐量占全国的 90%（徐祖远，2011）。2000～2008 年港口货物吞吐量以年均 12.3% 的速度增长，集装箱吞吐量以 23.7% 的速度增长。为适应港口物流业发展的需要，保障海洋交通运输快速发展，我国扩建、新建一批港口，增设矿石、煤炭、原油、石化、粮食及液体化工等大型专业码头及仓储、中转基地（中华人民共和国交通运输部，2011a），并实施长江口深水航道、舟山虾峙门航道、福建马尾港川石航道、广州珠江口等航道疏浚和航道整治工程。

"十一五"期间沿海新增万吨级泊位491个，专业化泊位314个（徐祖远，2011）。至2010年我国沿海港口生产泊位5453个，其中万吨级以上泊位1343个，5万~10万吨级泊位407个，10万吨级以上泊位191个（中华人民共和国交通运输部，2011b）。港口"十二五发展规划"提出港口码头结构进一步优化，深水泊位要增至2214个，基本上建成煤、油、矿、箱、粮五大专业化运输体系。建成或在建港口有秦皇岛港10万吨级煤码头，曹妃甸25万吨级矿石码头、30万吨级原油码头，青岛、宁波大榭岛、舟山册子岛、岙山岛10万~30万吨级原油码头及战略能源储运基地，大连30万吨级、舟山马迹山25万~30万吨级矿石码头，上海港洋山港区一期、二期、三期和宁波港北仑港区四期、五期集装箱码头，深圳赤湾、盐田港集装箱码头等。

"十一五"期间完成的航道整治工程主要有：一期、二期长江深水航道整治工程，出海口从水深不足7米增至12.5米（冯俊，2010）；珠江口伶仃洋航道疏浚和整治，航道水深从8.6米增至12.5米；深圳赤湾港铜鼓航道水深增加至15.8米；舟山虾峙门航道整治，水深从18米增至22.1米；连云港、福州马尾港川石航道整治工程等。

五、陆岛（岛与岛）连接（路、桥、隧）工程

陆岛连接工程包括跨海桥梁、隧道及堤坝道路等，是构建我国综合交通网、完善集疏运系统的重要项目，是拓展海洋经济发展空间的先导工程，也是综合开发海岛的纽带。建成陆岛通道，不断改善沿海、海岛地区生产和生活条件，对促进海洋经济的发展具有重要意义。

21世纪以来代表性重大工程有青岛海湾大桥和隧道工程，连接青岛沿海、黄岛和红岛，桥长41.58千米，隧道长7.8千米，分别于2010年12月22日和2011年6月30日通车；上海长江大桥（包括浦东至长兴的隧道，长兴至崇明的长江大桥和崇明至启东的崇启大桥），联通了上海浦东、长兴岛、崇明岛，连接苏北启东，长江大桥桥长10.3千米，隧道长8.95千米，隧道于2009年10月31日通车，2011年12月崇启大桥建成，并全线通车；东海大桥桥长32.5千米，联通上海芦潮港与洋山港区，2005年5月25日通车；杭州湾跨海大桥桥长36千米，连接嘉兴与宁波，于2008年5月1日通车；宁波至舟山大陆连岛工程，整个工程包括5座大桥，连接宁波大陆至金塘、册子、富翅、里钓和舟山本岛等5个岛屿，其中金塘大桥桥长26.8千米，2009年12月全线正式通车；温州（洞头）半岛工程，灵昆至霓屿大

坝（14.5千米）和5座桥梁连接，联通温州至洞头列岛（5个岛），于2006年4月全线通车；2005年建造东山岛跨海大桥，代替八尺门海堤通道；厦门市于2008年建造厦门至集美大桥及海沧大桥；翔安隧道长8.695千米，连接同安与厦门岛，2010年4月28日贯通；福建福清至平潭连接工程于2010年12月通车；宁波象山港大桥及接线工程于2012年12月通车。正在建设和规划的大型跨海桥隧工程有港珠澳大桥（桥、隧、岛工程，预计2016年竣工）、浙江甬台温高速复线跨海（包括三门湾、台州湾、乐清湾、瓯江口、飞云江口、鳌江口等）大桥及接线工程、广东南澳岛跨海大桥（8.3千米）、湛江海湾大桥、琼州海峡跨海大桥（公铁两用桥）、大连湾大桥、泉州湾跨海大桥等。

六、水　利　工　程

水利工程指河口水利工程和海岸防护工程。水利工程历史悠久，工程巨大，有效地保护了沿海人民的生命财产安全。

河口水利工程是在河流入海河口，因灌溉、挡潮、航运及蓄淡的需要，采用修建水闸、堤坝、疏浚挖槽和其他工程措施改造河流入海河口段的基本建设项目。代表性的重大工程项目有：辽河口盘山大闸，海河新港大闸，苏北除灌河、龙王河外的入海河口挡潮闸（流量>100米^3/秒的有58座）（李永祺，2012），浙江姚江大闸，曹娥江大闸，广西南流江河口水闸等；长江口、珠江口、闽江口等河口疏浚、挖槽及航道整治工程。

海岸防护工程是保护沿海工业、农业及岸滩，防止风暴潮入侵，抵御波浪和潮流的侵蚀与冲刷的各种工程设施，主要包括海堤（塘）、护岸和保滩工程、丁坝、导堤等工程。代表性的重大工程有浙江沿海100年一遇、50年一遇标准海塘工程，总长度超过700千米；江苏南黄海沿岸海岸防护工程，长达703.9千米，堤坝宽8.0米，高5.5~9.0米（李永祺，2012）；长江口护岸保滩工程（400余条丁坝群）（陈吉余，2000）；杭州湾北岸护岸保滩工程（40余条丁坝群）等。

第二节　典型海域海洋和海岸工程现状

一、环渤海地区海洋和海岸工程现状

（一）区位条件和资源基础

环渤海地区，包括辽宁、河北、北京、天津和山东（图2-1），整个大的范围占据中国国土的12%和人口的20%，是我国继珠江三角洲和长江三角洲之后又一经济快速发展的地区。环渤海经济圈于20世纪80年代中期提出，进入21世纪，京津区域经济联合发展日益受到各方重视，中国环渤海特别是京津冀地区

的机制、产业、物流三大"联合机遇"已初显端倪，"环渤海经济圈"正逐渐
完善。

环渤海地区是全国重要工业基地，已经形成了邻海沿边的地理区位、发达便
捷的海陆空交通、雄厚的工业基础和科技教育、丰富的自然资源、密集的骨干城
市群等五大优势。环渤海地区地理区位优越，位于我国东部沿海地带的北部，地
处我国东北、华北、西北、华东四大经济区的交汇处，又是内陆连接欧亚的要
塞，还是中国经济由东向西扩展、由南向北推移的重要纽带。

环渤海地区在我国参与全球经济协作及促进南北协调发展中所处的重要位
置，将使加快启动该地区发展成为必要选择。位于太平洋西岸的环渤海地区是日
益活跃的东北亚经济区的中心部分，也是中国欧亚大陆桥东部起点之一。

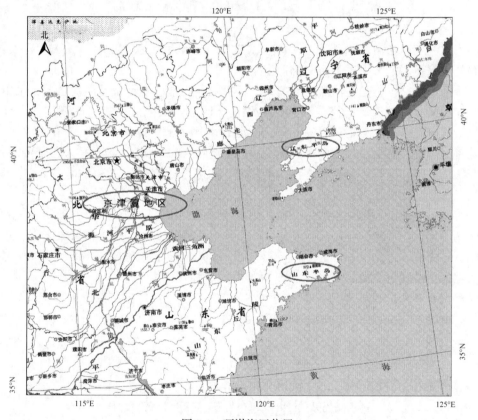

图 2-1　环渤海区位置

资料来源：根据 http：//219. 238. 166. 215/mcp/MapProduct/Cut/% E8% 87% AA% E7% 84% B6% E5%
9C% B0% E7% 90% 86% E7% 89% 88/400% E4% B8% 87% E8% 87% AA% E7% 84% B6% E5% 9C% B0%
E7% 90% 86% E7% 89% 88/Map. htm 修改

在环渤海海岸线上，跨国公司在我国北方战略布局多在北京建立研发中心和
营运总部，在天津、山东等地建立生产基地，客观上将推动经济合作。未来在东

北亚合作中，中国参与的主要地区就是环渤海地区。韩国把中国作为它的第二大内需市场，日本已是我国第一大贸易伙伴国。环渤海地区与日本、朝鲜和韩国等联系便捷，拥有天津、大连、青岛等大型商贸港口和秦皇岛、黄骅两个全国最大的能源输出港，海陆交通便利，有利于进行海陆联运，腹地范围广大，几乎包括半个中国。新时期中国北方经济结构调整集中在以京津冀为核心的环渤海地区，将与日本、韩国产业继续向外转移形成互动，其联合趋势将为环渤海经济区发展提供更多的机会。

环渤海地区自然资源丰富。拥有港口、水产、海洋油气、海盐及滩涂资源，该地区是我国第二大海洋油气资源开采区，最大的海盐生产基地，也是我国主要的海洋渔场之一。该地区基础工业实力强大，工业体系门类齐全，特别是石化工业、煤化工业、冶金工业、海洋化工业、机械电子工业等都很发达，是我国北方最大工业密集区。

(二) 海洋和海岸工程的类型、规模和布局

本海区海陆空交通发达，海洋和海岸工程类型多、规模大、项目多。

1. 围填海工程

据我国海洋发展研究中心的项目统计，1978~2007年，环渤海地区三省一市共有围填海项目550个，涉及项目单位222个，截至2009年，渤海地区围填海造地面积为28 167.44公顷，占全国围填海造地总面积的12.66%。其中，2002年之前围填海造地总面积为10 882.01公顷，占全国2002年之前围填海造地总面积的6.57%；2002年以后围填海造地面积为17 285.43公顷，占全国2002年之后围填海造地总面积的30.35%（戴桂林和兰香，2009）。围填海造地总面积以天津和辽宁增长最快（兰香，2009）。在开发利用方向上表现为以港口建设和临海工业占主导地位，其他围填海面积所占比重相对较小，如大连长兴岛的围海造陆已成陆3000公顷等。环渤海地区的围海造陆工程多为国家或省（直辖市）经济发展做出了较大贡献，如天津港的围填海工程正是满足天津市及环渤海区域发展所必需，河北曹妃甸的围填海工程也是满足首都钢铁集团搬迁所必需的（刘伟和刘百娇，2008）。围填海在环渤海地区三省一市社会发展与经济建设中发挥了巨大作用，特别是在自然深水岸线和滨海土地资源日渐紧缺的背景下，围填海逐渐成为扩大港口规模的重要途径，并且成为各地发展临港工业的最佳选择。

2. 海洋油气工程

渤海是一个油气资源十分丰富的沉积盆地。截至2009年年底，已发现79个油气田，探明石油储量40亿吨、天然气储量3500亿立方米。其中超过1亿吨探明储量的有绥中36-1等7个油田。2010~2020年新增石油探明储量可达20亿~

30 亿吨。渤海是我国近海石油勘探最早和成效较高的海区（李家彪，2012）。

目前渤海已投产海洋油气田 24 个。建立了天津塘沽石油基地，为海上油气的勘探开发生产提供各种技术和仓储服务。管道运输是油气运输的一种重要方式，我国第一条长距离海底管道是 1992 年建成投产的锦州 20-2 天然气凝析油混输管道，该管道长 48.6 千米，管径为 304.8 毫米，目前海上输油管道超过 1000千米（姜进芳，1991）。

1996 年起我国已成为石油和石油产品净进口国，随着我国能源需求不断增加及能源供给风险增大，从 2003 年开始建设战略石油储备基地，大连、青岛（黄岛）、锦州、天津及曹妃甸成为国家石油储备基地。大连、青岛、曹妃甸已建成 30 万吨级原油码头和专业化进口原油中转运输系统。渤海地区 2010 年前大型港口进口原油接卸能力为 3000 万吨。

石油与化学工业是拉动环渤海经济增长的主要动力之一。环渤海地区是我国第三大经济发展区和石化产品主要消费市场。我国沿海地区分布的 7 个石化基地中就有 3 个分布在环渤海地区，分别是辽中南石化基地、京津冀石化基地和山东石化基地，主要包括石油和天然气开采业，石油加工、炼焦及核燃料加工业，化学原料及化学制品制造业，医药制造业，化学纤维制造业，橡胶制品和塑料制品业。根据 2009 年统计数据，我国化工 500 强企业中环渤海地区的有 128 个，尤其山东省凭借自身经济及区位优势，独自占有化工 500 强企业中的 92 个；同时，天津滨海新区临港工业区提出打造具有世界级规模、现代化水平、国际竞争优势和可持续发展潜力的国家级石化基地和工业园区；大连全面提升石化支柱产业，准备构建以大连为中心的辽宁临港工业带（刘芳百，2011）。

由《中国统计年鉴 2009》资料显示，环渤海地区石化工业产值占到了全国的1/4 以上。从行业角度看，石油开采及加工一直是环渤海地区的传统优势产业，该地区凭借自然资源禀赋，依托我国第二大产油区、全国能源储量之冠——渤海油气田，2008 年石油和天然气开采产值达 3549.5 亿元，占全国比重的 33.44%，全国20 个千万吨级炼油企业中，环渤海地区的就占了 8 个，炼油能力达 9820 万吨/年，占总量的 40%。

3. 海水养殖

环渤海地区海水可养殖面积占全国的 46.69%，2004 ~ 2008 年 5 年间，除天津市有所减少外，河北省海水养殖面积增加了 1124 公顷，辽宁省增加了 12 713公顷，山东省增加了 3665 公顷。

河北省位于渤海之滨，海岸线长 487 千米，海岸带总面积为 11 379 平方千米，海岛岸线长 178 千米，有海岛 132 个，海岛面积为 8.43 平方千米。河北省海水工厂化养殖始于 20 世纪 90 年代后期，2010 年河北省海水产品总产量达 58.3 万吨。

辽宁省濒临黄、渤二海，其中大陆岸线 2292.4 千米，岛屿岸线 627.6 千米。

全省有岛、坨、礁 506 个，面积在 500 平方米以上的岛屿 266 个，总面积 191.5 平方千米。60 米等深线以内海域面积 64 000 平方千米，10 米等深线以内浅海面积 7733 平方千米；潮间带滩涂面积 2066 平方千米，潮间带以上可供海水养殖的滩地和湿地面积 1867 平方千米。2010 年，辽宁省海水产品总产量达 349.7 亿吨。

山东省拥有海岸线 3200 千米，滩涂 3224 平方千米，相邻海域 13.8 亿平方千米，岛屿岸线长 737 千米，山东省多年来一直保持我国海水养殖产量第一的水产大省地位，渔业资源丰富，渔业经济发达。2010 年，山东省海水产品总产量达 646.3 万吨。

天津市海域面积约 3000 平方千米，海岸线长 153.3 千米。拥有可开发利用的沿海滩涂 286 平方千米，2010 年，天津市海水产品总产量达 3.9 万吨（中华人民共和国国家统计局，2012；秦玉雪等，2010）。

4. 港航物流工程

渤海地区港口腹地覆盖东北、华北和西北等广大地区，能源矿产资源丰富，是我国煤炭、原油生产基地和冶金、石化和机械制造等重化工业基地及农业生产基地。环渤海港口群作为我国三大港口群之一，近年来发展迅速，港口规模和能力都得到很大提升。

环渤海区域港口群，由辽宁、京津冀和山东沿海港口群组成，是以大连、营口、秦皇岛、天津、烟台、青岛、日照为主要港口，以丹东港、锦州港、唐山港、黄骅港、威海等港为补充的分层次港口布局。以大连港和营口港为主的辽宁沿海港口群成为东北三省及内蒙古东部地区经济社会发展的支撑和对外交流的重要口岸；以天津港和秦皇岛港为主的津冀沿海港口群连接华北及西北部分省区，以京津冀都市圈和滨海新区为依托，成为京、津和华北地区及京包、京秦、神黄铁路沿线地区外贸物资和能源物资、原材料运输的主要口岸及上述地区经济社会发展的重要窗口；以青岛港、烟台港和日照港为主的山东沿海港口群与山东省和华北中南部及中原地区、陇海铁路沿线部分地区等广阔腹地相连，成为山东省建设外资企业密集、内外向经济结合、带动力强的新经济增长带。

2010 年，辽宁省港口吞吐量约为 6.5 亿吨，大连港集团和营口港集团双双突破 2 亿吨，两港合计占全省港口吞吐量的 76%；河北省港口吞吐量约为 6 亿吨，河北港口集团突破 3 亿吨，占全省港口吞吐量的 53%；天津港口吞吐量约为 4 亿吨，主要由天津港集团完成；山东省港口吞吐量约为 8.6 亿吨，青岛港集团突破 3 亿吨，日照港集团突破 2 亿吨，烟台港集团突破 1 亿吨，三港合计占全省港口吞吐量的 84%（臧珂炜，2011）。

天津港是中国最大的人工海港，是我国对外贸易的重要口岸，集装箱、原油及制品、矿石、煤炭的发展已经成为天津港的支柱性赢利点，钢材、粮食等在货源结构中占有重要地位。天津港拥有各类泊位 140 余个，其中公共泊位 94 个。

万吨级以上泊位 55 个，其中 30 万吨级泊位 1 个，20 万吨级泊位 1 个，10 万吨级泊位 2 个，7 万吨级和 5 万吨级泊位 11 个。公共泊位岸线总长 21.5 千米。2003 年，天津港货物吞吐量完成 1.62 亿吨，实现一年净增 3000 万吨的历史性突破，吞吐量在全国沿海港口排名中居第四位，在中国北方居第一位，跻身世界港口 20 强。2004 年货物吞吐总量达到 2 亿吨，实现一年净增 4000 万吨的跨越式发展（沈楠和万全，2008），2010 年突破 4 亿吨。

大连港港口水域开阔，水深可以容 30 万吨级油轮停靠，四季水面均可运营，自然条件良好，货物在远东、南亚、北美、欧洲之间流通转运非常便利，所以大连港在东北亚油品转运过程中起着举足轻重的作用。其赢利点主要集中在原油、成品油和液体化工产品的物流活动中，装卸与仓储分量最大。大连港拥有先进的散装液体化工产品装卸设施设备和仓库，是目前亚洲理想的转运中心，海上客车滚装运输业务在我国港口中影响力也是最大的。大连集装箱码头有限公司、大连港湾集装箱码头有限公司、大连国际集装箱码头有限公司现共有泊位 13 个，水深 9.8～16.0 米，能力 505 万 TEU/年，其中 10 万吨级泊位 6 个。2003 年，港口实现货物吞吐量 1.26 亿吨，完成集装箱吞吐量 167 万 TEU，是目前世界上为数不多的亿吨大港之一。2005 年完成港口货物吞吐量 1.7 亿吨，同比增长 17.2%；集装箱吞吐量 300 万 TEU，同比增长 36.4%；到 2010 年，港口年通过能力达到 2 亿吨，集装箱码头的装卸能力达到 800 万 TEU。

"十二五"时期，各省（直辖市）都将港口视为核心战略资源，加快港口发展步伐，沿海区域发展纷纷上升为国家发展战略。"十二五"期间，辽宁省将投资 900 多亿元，新建包括丹东海洋红、锦州龙栖湾、葫芦岛石河、盘锦荣兴等在内的 4 个重要港口，加上大连港和营口港，将实现 6 个亿吨大港目标，吞吐能力达到 10.5 亿吨，吞吐量达到 11 亿吨；河北省到 2015 年，全省港口吞吐能力达到 8 亿吨，吞吐量达到 10 亿吨。天津港将投入 1100 亿元用于港口功能提升，到 2015 年，港口吞吐量力争达到 6 亿吨，集装箱吞吐量达 2000 万 TEU；山东省继续加大港口建设，全省港航基建投资预算将达到 450 亿元，到 2015 年，沿海港口吞吐量达到 10 亿吨（刘玉新等，2011）。

针对港口长期以满足需求为主的扩张性建设，结构问题、环境问题、资源利用等问题尚待改善，交通运输部提出了"十二五"期间沿海港口围绕全面建设小康社会的总体目标，以转变发展方式、加快发展现代交通运输业为主线，着力优化港口结构与布局，提升服务能力和水平。具体到环渤海地区，要加快天津、大连国际航运中心建设，强化上述港口在全国港口中的骨干地位。积极推动中小港口的发展，加强基础设施建设，发挥中小港口对临港产业和地区经济发展的促进作用。推动大中小港口协调发展，形成我国布局合理、层次分明、优势互补、功能完善的现代港口体系（蒋千，2008）。

5. 海洋化工产业

近年来以海盐、溴素、钾、镁及海藻类等直接从海水中提取的物质作为原料进行生产的海洋化工产业成为了环渤海地区相关省（直辖市）发展的重点行业。海洋化学资源主要是以氯化钠为主体的海水盐类系列。海水盐度、海岸气候条件和海岸下垫面条件是决定海水化学资源数量和质量状况的主要因素。

在环渤海地区中，除去北京市以外，其他三省一市都有一定的海盐资源。环渤海地区主要包括了三大盐区。①长芦盐区：长芦盐场是我国海盐产量最大的盐场，产量占全国海盐总产量的1/4。其中，塘沽盐场规模最大，年产盐约119×10⁴吨。长芦盐场主要生产食用盐、工业盐。其中，河北沧州是全国最大的工业盐产区，每天工业盐的产量相当于台湾布袋盐场医用盐一年的产量，是我国最重要的工业盐场。因为暂时缺乏生产医用盐的技术，特别是第三代、第四代医用盐的技术，所以在全国盐场排序上是大陆内第一位，全国第二位。长芦盐区主要分布于河北省和天津市的渤海沿岸。南起黄骅，北到山海关南，包括塘沽、汉沽、大沽、南堡、大清河等盐田在内，全长370千米，共有盐田面积超过1530平方千米，年产海盐超过300万吨。②辽东湾盐区：辽东湾盐区有复州湾、营口、金州、锦州和旅顺五大盐场，其盐田面积和原盐生产能力占辽宁盐区的70%以上。其中营口盐场是辽宁省最大的盐场场区，地处辽东半岛西南沿海，占地175平方千米，素有"百里银滩"之称。所依托的海区无工业污染，资源丰富，气候适宜，具有生产优质海盐和进行水产养殖的自然优势。现有海盐、盐化工和水产养殖三大系列优质产品近20种，其中盐系列产品主要有工业盐、真空再制精盐、粉洗精盐、粉碎洗涤盐、日晒盐、融雪盐、渔盐、畜牧盐、腌渍盐等；盐化工产品主要有白色氯化镁、黄色氯化镁、融雪剂、溴素、硫酸镁、氯化钾等；水产养殖品有水产品育苗、养殖对虾、蜢虾酱等。③莱州湾盐区：该区是山东省海盐的主要产地，位于渤海南岸，山东半岛的西北部，包括东营市的大部分，潍坊市的寿光、寒亭、昌邑，以及烟台市的龙口、莱州、招远等县（市、区）。该区具有丰富的地下卤水资源、广阔的宜盐滩涂和土地，适宜盐业生产的气候条件和良好的盐业及盐化工生产基础，这是沿海其他地区所无法比拟的，近年来原盐产量和主要盐化工产品产量一直占全省的75%左右，是山东主要的盐业及盐化工生产基地。

近年来随着国民经济的迅速发展和工农业对硫酸需求量的不断增长，环渤海地区（包括山东省、河北省、北京市、天津市、辽宁省）硫酸工业得到较快发展，据不完全统计，到2005年年底，环渤海地区硫酸产能约1000万吨/年。近些年来山东省、河北省、天津市相继建了不少硫酸装置，使得环渤海地区硫酸产能得到快速增长，技术装置水平有了很大提高。例如，山东祥光铜业在国内首次采用高浓度转化工艺和康世富再生胺烟气脱硫技术、鲁北化工磷石膏制硫酸联产水泥技术、抚顺石化废酸裂解制硫酸技术、石家庄化纤高浓度发烟硫酸生产技术等，有效推动了我国硫酸工业的进步（纪罗军，2007）。

二、宁波-舟山海区海洋和海岸工程现状

（一）区位条件和资源基础

宁波-舟山海区位于浙江省东北沿海（图 2-2），隶属宁波市和舟山市。处于我国沿海黄金海岸中部和长江"黄金水道"交汇处，北通山东、辽宁，南达闽粤，向西可达长江流域各省（直辖市），向东可达世界各国港口，是我国出海的枢纽，在市场全球化、贸易自由化的时代，宁波-舟山海域是利用国际、国内两个市场的最佳区位。宁波-舟山海区区位优越，海洋资源丰富，经济发达，产业集聚，位于长江三角洲经济协作区南翼，是《浙江海洋经济发展示范区》的核心区。

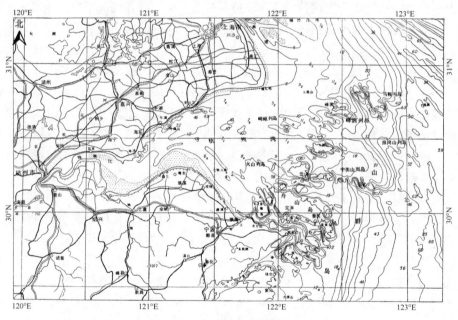

图 2-2　宁波-舟山海区位置
资料来源：中国海湾志编纂委员会，1992

2011 年 2 月 25 日国务院正式批复《浙江省海洋经济发展示范区规划》，明确提出宁波-舟山港海域、海岛及其依托的城市为核心区，形成我国海洋经济参与国际竞争的重点区域和保障国家经济安全的战略要地。2011 年 6 月 30 日国务院正式批准设立"浙江舟山群岛新区"，新区功能定位为浙江省海洋经济发展先导区、海洋综合开放试验区和长江三角洲经济发展的重要增长极。新区建设对提升我国全球资源配置能力、拓展我海洋战略空间、转变经济发展方式、探索生态文明建设及促进陆海统筹发展等方面，都有重要的意义。

宁波-舟山海域开阔，岛屿众多，水道发达，港口、滩涂、海洋能、旅游及近海渔业资源等海洋资源丰富、集中，尤其深水岸线、港口资源具有优势，为海洋经济发展示范区的核心区建设提供了资源基础。该区域海域面积达 30 717 平方千米，其中舟山市为 20 959 平方千米。岛屿林立，舟山群岛是我国最大的群岛，面积大于 500 平方米的海岛有 1390 个，其中大于 10 平方千米的有 16 个（张品方和张晓芽，2011）；宁波市海岛 516 个（中共宁波市委理论学习中心组，2011）。舟山市海岛岸线长 2444 千米，宁波市海岛岸线长 758 千米（浙江海岛资源综合调查与研究编委会，1995）。浙江可建万吨级以上深水岸线 506 千米，大部分集中在宁波-舟山海区，其中舟山达 280 千米（张品方和张晓芽，2011）。该区域航道、锚地众多，其中虾峙门航道最浅水深 22.1 米，可供 15 万~30 万吨级船舶进出。舟山渔场面积 22.27 平方千米，是我国四大沿海渔场之一，也是我国河口性鱼类产卵场，可捕捞量居全国首位。

宁波-舟山海区开发利用海洋资源历史悠久，围填海、港航物流、海水养殖、跨海桥梁、海底管线、水利及滨海旅游景区开发等海岸工程，为推动该区域经济发展及拓展发展空间发挥了重要作用。该区域经济发达，依靠大型港口，沿海原油、石化、能源、修造船等产业集聚，形成宁波北仑产业集聚区、镇海石化工业区、大榭岛中信开发区、舟山岙山原油储运基地、梅山岛保税港区等。在经济发展中，该区域也是海洋和海岸工程建设与海洋生态环境保护之间的矛盾集中之地。

（二）海洋和海岸工程的类型、规模和布局

本海区海洋和海岸工程类型多、规模大，近 10 年来建成和在建项目较多。

1. 围填海工程

宁波-舟山海区地处长江口外和钱塘江出海口，滩涂资源丰富，是全国大面积围填海的海区之一。结合港口、战略能源基地、电厂、石化和沿海公路网等重大涉海工程建设、海水养殖和农业发展，宁波市 1950~2004 年围填海面积达 495.8 平方千米，舟山市 1950~2010 年围填海面积 170.7 平方千米，使 64 个小岛礁与毗邻大岛相连。2011~2015 年，宁波市规划围填海面积 50 平方千米，舟山市为 53 平方千米。围填海面积万亩以上主要布局在杭州湾南岸、象山港北岸洋沙山、红卫塘、象山港顶部红星塘、舟山本岛东港、钓梁、马目、六横岛小郭巨、嵊泗中门堂等处。在建大型围填海项目有宁波梅山七星涂、红星塘二期、舟山本岛东港围填海二期、东港围填海三期、钓梁促淤工程、朱家尖西南围涂及六横岛小郭巨二期围填海工程等。

2. 海水养殖

本海区是浙江省海水养殖基地之一，养殖面积大、品种多、方式多样。舟山市海域 2010 年海水养殖面积 7800 公顷，产量 10.58 万吨。养殖品种主要有贻贝、海瓜子、蛏蜓、梭子蟹、虾类、牡蛎、泥螺、泥蚶、紫菜及鱼类等。养殖方式主要有围塘养殖、滩涂养殖、浅海筏式养殖、浅海延绳吊养殖、海水网箱养殖等。本海区海水养殖主要布局在象山港内、舟山本岛、朱家尖、桃花岛、六横岛、长涂岛、岱山岛、东极诸岛及附近海域。嵊泗列岛东部诸岛附近海域是舟山群岛最适宜浅海养殖的海区，特别适宜贻贝养殖。象山港是浙江省三大海水养殖基地之一，据实地调访，象山港以养殖牡蛎和网箱养殖为主，由于海水养殖面积过大，养殖过密，影响附近海水水质，呈富营养化状态；加上沿海工业排污影响，2010 年象山港水质为劣四类，海水中 N、P 含量严重超标，减弱了海洋环境承载力，海水养殖功能发生退化。宁波市政府出台象山港保护条例，控制养殖密度，2010 年网箱数和网箱养殖产量比 2006 年分别减少 12% 和 21.1%，牡蛎养殖面积和产量比 2006 年大幅度下降，幅度分别达 36.5% 和 10.8%。在象山港顶部建设海洋牧场示范区，施放人工鱼礁（7.4 万空立方）及放流增殖，促使象山港生态逐步恢复。

3. 港航物流工程

港航物流工程包括码头、航道、锚地及战略能源储备基地等建设和航道整治工程。

港口是宁波-舟山海区的优势，宁波港 2010 年已拥有 315 座生产性泊位，其中万吨级以上 71 座，5 万吨级以上 44 座，最大为 30 万吨级原油码头，年货物吞吐量 4.12 亿吨，集装箱吞吐量达 1300 万 TEU，已形成覆盖全国辐射全球的物流网络体系，居我国港口第二。"十二五"期间加快梅山保税港区、大榭、穿山港区原油、煤炭、化工等专业码头建设。舟山港（除洋山港外）目前拥有生产性码头 400 余座，其中万吨级以上 41 座，25 万吨级以上 5 座。2010 年港口货物吞吐量达 2.2 亿吨，居全国第八。依托宁波港和舟山港已建成和正在建设的宁波镇海、大榭岛、舟山岙山、册子岛及黄泽山战略能源储备基地，该海区已建成和在建的 5 万吨级以上的码头有北仑 20 万吨级铁矿石码头，北仑第四、第五集装箱码头，镇海 5 万吨级液体化工码头，册子岛 10 万～30 万吨级原油码头，岙山岛 10 万～30 万吨级原油码头及储运基地，马迹山 25 万～30 万吨级矿石码头，六横岛 15 万吨级煤炭中转码头及仓储基地，金塘岛 7 万～10 万吨级集装箱码头。"十二五"期间舟山市将新建 30 万～40 万吨级衢山矿石码头、凉潭岛武钢 25 万吨级矿石码头、六横岛 10 万吨级集装箱码头、液体化工码头，以及黄泽山 30 万吨级原油码头、8 万吨级油品泊位、2 个 1 万吨级成品油泊位，并建成中转储运基地。2010 年，宁波舟山港的原油、矿石、煤炭的吞吐量都在 1.4 亿吨以上，已经成为国家长三角地区大宗商品吞吐的主要口岸和国家战略能源储备基地。宁波 2010 年大宗商品交易额已达 2000 亿元，大宗商品交易已成为宁波-舟山海域海洋经济发展的重点和亮点。

虾峙门航道经整治后，最浅水深已达22.1米，可保证30万吨级船只乘潮进出。镇海港甬江口航道因淤积变浅，通过整治，能保证万吨级以下船只航行。"十二五"期间将建设蛇移门航道和条帚门航道，分别保证30万吨级和10万吨级以上船只通航。

4. 跨海大桥

按照"整合沿海，延伸岛屿，加强陆岛互通，扩大共享"的总体思路（浙江省委政策研究室等，2003），宁波-舟山海区近10年来建成和在建的陆岛连接工程有杭州湾跨海大桥、东海大桥、宁波-舟山连接工程、朱家尖大桥、大榭大桥、梅山大桥、象山港大桥及接线工程、宁波-六横岛大桥及岱山大桥等。这些跨海大桥工程是浙江建设综合交通网的重要组成部分，对舟山海岛开发、改善沿海和海岛地区生产和生活条件，促进浙江海洋经济发展具有重大意义。

杭州湾大桥，跨越杭州湾连接宁波慈溪庵东和嘉兴市海盐，全长36千米，双向六车道，已于2008年5月1日通车，大桥通车后，上海至宁波的距离比绕杭州缩短110～120千米。

宁波-舟山陆岛连接工程，从宁波镇海跨越杭州湾、西堠门、桃夭门、响礁门及岑港，由五座跨海大桥连接金塘岛、册子岛、富翅岛、里钓岛和舟山本岛，其中金塘大桥最长，达26.8千米。2009年12月25日宁波-舟山跨海大桥贯通（图2-3），海岛舟山悬孤千万年之后，终于"登陆"，拓展了浙江海洋经济发展空间，对舟山市经济社会发展具有重要的意义。

图2-3　宁波-舟山跨海大桥（西堠门大桥）

象山港大桥及接线工程，包括四座大桥，即象山港大桥（鄞州横山至象山西泽）及西沪港内的白墩港大桥、桃湾大桥、戴港大桥，为双向四车道，其中象山港大桥最长，为 6741.5 米。象山港大桥及接线工程于 2012 年 12 月通车，是浙江省甬台温高速公路复线的重要组成部分，有利于促进浙江东南沿海与上海、宁波的经济交流与合作。

此外，朱家尖大桥、梅山大桥、大榭大桥已建成通车，有利于促进梅山保税港区、大榭岛开发区及朱家尖旅游业的发展，规划建设的大桥有宁波-六横岛大桥、岱山大桥，以及三门湾大桥及接线工程等。

5. 海底管线

该海区人口稠密，工业发达，岛屿罗立，海底管线多，主要有输电电缆、通信电缆、油气管道、取（排）水管道、输水管道、排污管道等。宁波大陆与舟山本岛、舟山本岛与有居民岛之间均铺设直流输电、通信电缆，中美、环球、亚欧及跨太平洋等光缆通过嵊泗北海域在上海登陆，平湖油气田天然气管道在杭州湾北岸南汇登陆，输油管道在岱山南峰海滩登陆，春晓油气田天然气管道经舟山海域穿过象山港牛鼻山水道在宁波洋沙山登陆。其他管道还有舟山本岛经册子岛至宁波镇海输油管道、杭州湾南岸镇海至北岸金山输油管道，镇海至舟山本岛马目输水管道，舟山本岛至岱山本岛输水管道等。沿海工业区排污管道，如北仑小港排污管入海 200 米，北仑、乌沙山、强蛟、舟山浪洗煤电厂取（排）水管道等。

6. 水利工程

该海区涉海水利工程主要有河口水闸、滩涂水库、海堤、防浪堤及丁坝等。建成和在建的大型工程主要有曹娥江大闸、姚江大闸、镇海口防波堤及沿海标准海塘，已建成的这批海塘绝大部分达到 50 年一遇标准，重要地段特别是经济、人口密集的城镇地段达到了 100 年一遇以上的标准。

第三节　海洋和海岸工程的生态环境影响

改革开放以来，中国海洋经济取得了举世瞩目的成就，但同时也付出了沉重的环境代价。总体来看，我国海洋生态安全形势不容乐观，海洋环境污染加剧，海洋及海岸带栖息地受损，生物多样性锐减，赤潮等海洋生态灾害频发，海洋渔业资源衰退，近岸海域生态系统大多数处于亚健康或不健康状态，珊瑚礁、红树林、湿地等重要海洋生态系统遭到破坏，如此众多的海洋生态环境问题，已成为制约我国海洋经济可持续发展的瓶颈，严重威胁着海洋生态安全和人民的身体健康。海洋和海岸工程开发利用对海洋生态环境的影响主要表现下列几个方面。

一、滨海湿地面积减少，生态服务功能下降

　　滨海湿地具有较高的初级生产力，在保护海岸、净化环境、涵养水源等方面具有重要的作用，滨海湿地植物生长茂盛，是多种鱼类、鸟类和底栖生物的活动场所，具有明显的生态服务功能。但围填海工程和工业、城镇建设，使我国沿海滩涂、湿地面积减少，据统计，20 世纪 90 年代以来，我国滨海湿地每年减少 2 万公顷以上，与 20 世纪 50 年代相比，累计丧失滨海滩涂湿地 219 万公顷，潮间带湿地累计减少 57%。红树林湿地的面积由 40 年前的 4.2 万公顷减少至 1.46 万公顷，珊瑚礁目前正受到海洋污染和人为破坏与威胁，面积减少 80%（张斌健和杨璇，2011）。加上我国河流中、上游水利建设和挖沙活动，使河流入海泥沙大量减少，围填海后，周边湿地恢复缓慢，致使滨海湿地生态功能下降 30% ~ 90%，生物多样性减少（林倩等，2010）。围区内由湿地转变为陆地，或由自然湿地转为人工湿地，用于农业、养殖业和工业建设，海洋底栖生物完全丧失，而且这种影响是不可逆的。大面积的围填海将对鱼类产卵场、苗种场造成破坏，甚至造成有些物种消失。例如，胶州湾 1928 ~ 2006 年，其水域面积由 559 平方千米减到 352 平方千米，共减少面积 207 平方千米，占全湾面积的 37%（吴永森等，2008）。受围涂和排污的影响，胶州湾沧口潮间带生物从 20 世纪 60 年代的 141 种减少到 70 年代的 30 种，80 年代只剩 17 种，至 90 年代生物种类则少于 10 种（印萍和路应贤，2000）。辽东湾辽河口湿地是我国六大湿地之一，居亚洲第一、世界第二。有大片芦苇和翅碱蓬群落生长（图 2-4），面积达 1382.8 平方千

图 2-4　辽河口翅碱蓬湿地

资料来源：王颖，2012

米以上，适宜多种生物繁衍，生物资源极其丰富，仅鸟类就有 191 种，是东北亚和澳大利亚鸟类迁徙路线的重要栖息地（张耀光，1993）。由于围填海、油气田、城镇（盘锦、营口）和农业开发，自然湿地面积以每年 0.43% 的速度减小，目前能供鸟类栖息的面积仅为 2410 公顷（林倩等，2010）。从 20 世纪 80 年代至目前湿地面积减少了 60%，营口市近 100 千米海岸线仅存不到 20 千米的自然海岸线。深圳湾 20 年来红树林湿地减少了 50% 左右，使鸟类由 1992 年的 87 种减至 1998 年的 47 种（徐友根和李崧，2002）。

二、海湾纳潮量减小，水交换能力降低

海岸工程的堤坝若布置不当，海水养殖过密，或大规模的围填海工程将改变附近海域流场和泥沙流路，减少海湾纳潮量，造成海湾淤积，严重影响船只航行安全，并使水交换能力降低，减弱海洋环境承载力。例如，厦门湾西海域原与同安湾相通，自 1955 年建设高集海堤后，使厦门湾、同安湾变为半封闭海湾（图 2-5）。加上后续建设马銮、集杏围涂和东屿截湾堵口工程，厦门湾西海域面积从 1952 年的 110 平方千米缩小为 2009 年的 52 平方千米，纳潮量减少 1.2 亿立方米，减少量达 48.2%，导致潮流速减小，淤积加快，年淤积量从建坝前的 0.7 厘米/年增至 1.5 厘米/年，潮流通道萎缩，航道淤积和赤潮灾害增加（赵孜苗等，2010）。上海南汇半岛工程，围填海面积达 73 平方千米，2011～

图 2-5　厦门同安湾海岸（文后附彩图）

资料来源：王颖，2012

2020年规划促淤、围填海面积153平方千米，围堤位于水深2米处，工程使高潮滩、中潮滩几乎消失，而且改变了长江口南槽与杭州湾水、沙交换路线，减少长江入海泥沙进入杭州湾，导致南汇东滩淤积加快，年均淤积达0.19米/年，最大达0.6米/年，年均岸线向海推进速度1982~1997年为30.9米/年，工程完成后增至50米/年。而杭州湾北岸，自20世纪90年代以来全线冲刷，年均冲刷厚度10~15厘米/年（恽才兴，2010）。南黄海沿岸连云港拦海大堤（西大堤），全长6.7千米，1996年建成，其目的是阻挡西北风浪，减少港区泥沙淤积，开发新港区。西大堤建成后，改变了海湾内外动力环境，水交换能力减弱，大堤内侧发生淤积，导致湾内海滨浴场被淤废，并威胁到周边水利工程设施正常运作（李永祺，2012）。

三、海域生态环境要素改变，生物栖息地受损

陆岛堤坝工程、截湾堵口工程、围填海工程及河口建闸改变了附近流场和泥沙流路，使附近海域生态环境要素发生变化，破坏鱼类、贝类产卵、索饵场。例如，浙江乐清湾内清江口滩涂是蛏苗、蚶苗繁殖区，自清江口建造了方江屿堵港工程（总面积9.0平方千米）后，拦截了清江上游1.91亿立方米的径流量，不但造成入海口明显淤积，而且改变了附近海域海洋生物栖息环境条件，原来海水苗种场的环境受到了严重影响，致使苗种场搬迁。又例如，厦门西海湾1955年高集海堤建成后，加上同安湾建设堤坝围涂，底质变细，导致文昌鱼已近绝迹，同安湾渔场消失。山东荣成马山港北的月湖湾（天鹅湖），湾口有沙坝阻隔，南面留有潮汐通道口，曾为潮流畅通的潟湖，湾内是大叶藻、刺参繁殖生长的良好场所。20世纪80年代南口堵坝工程后，海水循环受阻，湾内生态环境恶化，大叶藻几乎消失，刺参的数量也严重衰减。目前，高集海堤部分路段改桥和月湖湾口挖坝工程都正在进行，期望重塑潮流通道，恢复原有的生态环境。

河口建闸，普遍发生闸下淤积，影响河口港的通航能力，也阻断溯河产卵生物生殖洄游通道，并使河口附近海域失去淡水补充，导致依赖冲淡水发育的生物面临威胁，使河口生态功能退化。例如，天津海河闸1958年建成，不但河口发生淤积，也阻挡了沿河洄游的清水蟹，使海河中上游的白洋淀清水蟹大量减产，近于绝迹（陈吉余，1995）。辽河双台子河口1964年建设盘山大闸后，中华绒螯蟹幼苗洄游通道受阻，自然苗种濒于绝迹（张耀光，1993）。

四、入海排污增加，近海生态环境质量下降

我国沿海省（直辖市）人口稠密，沿海工业发达，产业集聚，尤其是石化、液体化工、核电、煤电、修造船等工业，成为沿海海域的主要污染源。据

统计，我国沿海 2009 年有排污口 457 个，其中 337 个超标（张斌健和杨璇，2011）。2011 年宁波市属 10 个排污口，仅有 1 个没有超标（宁波市海洋与渔业局，2012）。大量营养盐类和有机物排入海，海水水质呈富营养化状态，严重损害海洋生物生存条件。锦州湾五里河口排污口水质超标，造成排污口附近 7 平方千米的范围几乎无底栖生物；浙江余姚黄家埠排污口附近有 20 平方千米海域几乎成为无生物区（蔡岩红，2011）；椒江口化学原料药生产基地附近海域生态环境较差，浮游植物、浮游动物生物量低，生物多样性指数偏低，尤其是底栖生物不但生物量偏低，而且种类少，排污口附近出现无底栖生物区。海水养殖无序、无度发展，超过养殖容量和海洋环境承载力，海水养殖自身污染，大量残饵和排泄物的分解，向周围水体提供大量的有机物和营养盐类，使周围水体 N、P 含量增高，水质呈富营养化状态，容易诱发"赤潮"灾害，加剧水体生态环境恶化。核电、煤电排水工程的温排放和余氯排放，都会给附近海域生态环境和生物生存条件造成严重的损害，降低海洋生物的多样性。根据位于浙江象山港的乌沙山电厂（4×600 兆瓦）附近海域的实测资料，电厂建成运行后，底栖生物种类明显减少，2007 年比 2004 年减少 63%，优势种类明显减少，2007 年的底栖生物栖息密度（130 个/米²）比 2004 年下降了 75%（刘莲等，2008）。

海湾养殖过密，超过海湾环境容量，导致纳潮量减小，海湾海水交换能力降低，海域水体富营养化加重，影响到海洋生物量，致使海洋生态环境退化，局部赤潮、绿潮等生态灾害增加。例如，象山港顶部 2010 年养殖 330 多万平方米牡蛎，由于象山港顶部水交换不畅，饵料不足，超过海洋环境承载力，加上养殖自身污染使产量减少 50%，而且个体变小，容易发生死亡。山东桑沟湾，由于养殖过密，致使潮流速度减小了 35%~40%，减缓海湾内外海水交换，纳潮量减少，淤积加快，造成海水养殖产量减少，个体变小，同时影响到海湾物种多样性。1989~1990 年，调查数据显示，桑沟湾养殖后，底栖生物为 59 种，比养殖前的 215 种减少了 156 种（李永祺，2012）。

五、海洋污损事故频发，危害生态安全

我国沿海工业集聚，核电、煤电工业、石化工业及战略能源储备基地、修造船业、海洋油气开采，使我国海洋经济得到了快速发展，但给海洋生态安全带来了损害，这种损害可分为正常生产排污和事故损害。近来事故风险在增加，造成海洋生态环境受损，生态系统受到干扰，降低了海洋生物的多样性。

根据国家海洋局发布的 2011 年 8 月《全国海洋工程（油气开发）和海洋倾废环境保护管理公报》，海洋石油勘探开发排污量见表 2-1。

表 2-1　2011 年 8 月海洋石油勘探开发环境保护管理情况表

海区	油气田平台数/个	生产污水排放量/万立方米	泥浆排海量/立方米	钻屑(不含油)排放量/立方米	钻屑(含油)排放量/立方米	机舟仓污水排放量/立方米	食品废弃物数量/吨	食品废弃物排海数量/吨	生活污水数量/立方米	生活污水排海数量/立方米	消油剂/千克
北海	131	38.83	1 048.52	0.00	1 746.63	0.00	701.91	2.31	8 476.2	8 434.5	0
东海	6	9.76	718.00	33.00	0.00	0.00	27.00	0.00	3 542.0	3 542.0	0
南海	43	1 053.21	2 037.00	269.00	357.40	103.70	56.06	56.06	17 830.5	17 553.3	0
合计	180	1101.80	3803.52	302.00	2 104.03	103.70	784.97	58.37	29 848.7	29 529.8	0

资料来源：2011 年 8 月，全国海洋工程（油气开发）和海洋倾废环境保护管理公报（国家海洋局，2011b）。

上述排污的长期累积对海洋尤其是半封闭内海的生态环境必然造成危害。废弃油气平台和管线严重老化，井口内残存气体、液体，尤其是残油沿井口溢出及管道中残留物泄漏，造成海洋污染，对生态安全造成极大威胁。

海洋油气工程生产中溢油事故时有发生，近期较典型的有英国石油公司墨西哥湾漏油事故和康菲中国石油公司蓬莱 19-3 油田溢油事故。后者从 2011 年 6 月 4 日突发，至 8 月 31 日国家海洋局要求蓬莱 19-3 油田三停（停注、停钻、停产作业）为止，溢油尚未完全停止。该次溢油事故造成污染的海域达 6200 平方千米，对渤海生态安全造成严重损害（张斌健，2011）。

溢油事故中石油储运系统占 27.8%。2009 年，我国进口石油约 2 亿吨，其中 90% 通过海上船舶运输（张瑞丹，2010）。航行中船只碰撞、输油管爆炸的溢油和有毒物品泄漏事故时有发生，严重影响海域生态环境，包括对自然环境、水产养殖、浅水海域生态环境等都会造成不同程度的危害，对溢油的处理，不管采用何种方法，均会产生次生生态灾难。1973～2006 年，中国沿海共发生大小船舶溢油事故 2635 起，其中溢油 50 吨以上的重大船舶溢油事故 69 起，总溢油量达 37 077 吨（王传远等，2009）。据国家海洋局海洋环境公报统计，2005～2010 年我国共发生 40 起溢油事故，较严重的事故有 2010 年 7 月 16 日中石油大连新港石油储备库输油管道爆炸，以及随后三次爆炸事故，使大量原油泄漏入海，导致大连湾、大窑湾、小窑湾等局部海域严重污染，造成 2.2 亿财产损失（国家海洋局，2011c）；2008 年 1 月 4 日"振兴油58"油轮在浙江桃花岛附近海域与其他船舶碰撞，造成该轮 3577 吨燃料油外泄（舟山市海洋与渔业局，2009）；2005 年 1 月 26 日，南澳"七星礁"附近海域武汉籍"明辉 8 号"油轮与货船碰撞沉没，导致满载的轻柴油 976 吨外泄，污染海域面积达 150 平方千米，事故水域渔业资源密度平均下降 78.22%（国家海洋局，2006b）等。

主要参考文献

安蓓, 胡俊超. 2010. 我国建成海上"大庆油田"海油年产油气超过 5000 万吨. http：//news. xinhuanet. com/fortune/2010-12/24/c_ 12916054. htm [2013-07-02].

蔡岩红. 2011. 海洋污染面积居高不下我国海洋生态环境安全形势严峻. http：//www. legaldaily. com. cn/ index_ article/content/2011-05/03/content_ 2633058. htm? node=5955 [2011-05-03].

陈吉余. 1995. 中国海岸带地貌. 北京：海洋出版社.

陈吉余. 2000. 开发浅海滩涂资源, 拓展我国的生存空间. 中国工程科学, 2 (3)：27-31.

戴桂林, 兰香. 2009. 基于海洋产业角度对围填海开发影响的理论分析——以环渤海地区为例. 海洋开发与管理, 26 (7)：24-28.

冯俊. 2010. 黄金水道龙头翘首, 深水航道世纪圆梦. http：//www. moc. gov. cn/zhuzhan/ft2010/shijiyuan-meng/ [2010-09-16].

付元宾, 等. 2010. 围填海强度与潜力定量评价方法初探. 海洋开发与管理, 27 (1)：27-30.

国家发展和改革委员会交通运输司. 2005. 《长江三角洲、珠江三角洲、渤海湾三区域沿海港口建设规划 (2004~2010 年) 》内容简介. 交通运输系统工程与信息, 4：10.

国家海洋局. 2003~2010. 海域使用管理公报 (2003~2010 年). http：//www. soa. gov. cn/zwgk/hygb/ hysyglgb/.

国家海洋局. 2006a. 2005 年中国海洋经济统计公报. http：//www. soa. gov. cn/zwgk/hygb/zghyjjtjgb/ 201211/t20121105_ 5596. html [2006-01-21].

国家海洋局. 2006b. 2005 年中国海洋灾害公报. http：//www. soa. gov. cn/zwgk/hygb/zghyzhgb/201211/ t20121105_ 5537. html [2006-01-21].

国家海洋局. 2007. 2000 年我国海洋经济发展综述. http：//www. soa. gov. cn/zwgk/hygb/zghyjjtjgb/ 201211/t20121105_ 5592. html [2007-03-16].

国家海洋局. 2011a. 2010 年中国海洋经济统计公报. http：//www. soa. gov. cn/zwgk/hygb/zghyjjtjgb/ 201211/t20121105_ 5603. html [2011-03-09].

国家海洋局. 2011b. 2011 年 8 月全国海洋工程 (油气开发) 和海洋倾废环境保护公报. http：//www. soa. gov. cn/zwgk/hygb/hygchjbhhhyqfglyb/201211/t20121109_ 20765. html [2011-09-21].

国家海洋局. 2011c. 2010 年中国海洋环境状况公报. http：//www. soa. gov. cn/zwgk/hygb/zghyhjzlgb/ 201211/t20121107_ 5526. html [2011-05-16].

国家海洋局. 2012a. 2011 年中国海洋经济统计公报. http：//www. soa. gov. cn/zwgk/hygb/zghyjjtjgb/ 201211/t20121105_ 5604. html [2012-03-19].

国家海洋局. 2012b. 全国海岛保护规划. http：//news. china. com. cn/txt/2012-04/19/content_ 25186134. htm [2012-04-19].

纪罗军. 2007. 环渤海地区硫酸产需现状与展望. 化学工业与工程技术, 28 (增刊)：62-64.

江苏省海洋与渔业局. 2010. 江苏沿海滩涂围垦开发利用规划纲要. http：//www. wxhs-xzsp. gov. cn/ default. php? mod=article&do=detail&tid=124915 [2010-09-04].

姜进芳. 1991. 我国第一条长距离登陆海底管道. 中国海上油气 (工程), 4：30.

蒋千. 2008. 当前沿海港口发展形势及措施建议. 交通建设与管理, 6：56-59.

蒋秋飚, 鲍献文, 韩雪霜. 2008. 我国海洋能源与开发评述. 海洋开发与管理, 25 (2)：22-29.

兰香. 2009. 围填海开发对海洋产业的影响分析. 中国水运, 9 (5)：88-89.

李家彪. 2012. 中国区域海洋学·海洋地质学. 北京：海洋出版社.

李永祺. 2012. 中国区域海洋学·海洋环境生态学. 北京：海洋出版社.

李正豪. 2012. 浙江"百万围垦"隐忧浮现. http：//www. cb. com. cn/economy/2012_ 0413/362630. html

［2012-04-13］.

林倩, 张树深, 刘素玲. 2010. 辽河湿地生态系统健康诊断与评价. 生态与农村环境学报, 26（1）: 41-46.

刘芳百. 2011. 环渤海地区工业结构特征分析与效应评价. 大连海事大学硕士学位论文.

刘莲, 等. 2008. 象山港乌沙山电厂附近的底栖生物状况. 海洋环境科学, 27（增刊）: 19-22.

刘全, 黄炳星, 王红湘. 2011. 海洋工程装备产业现状发展分析. 中国水运, 11（3）: 37-39.

刘伟, 刘百桥. 2008. 我国围填海现状、问题及调控对策. 广州环境科学, 23（2）: 26-30.

刘玉新, 等. 2011. 环渤海地区港口发展现状与趋势分析. 海洋开发与管理, 28（7）: 58-61.

孟昭莉, 黎晓白. 2011. 迎接海洋油气大开发时代. http: //finance. sina. com. cn/leadership/mroll/ 20110803/153610254090. shtml［2011-08-03］.

宁波市海洋与渔业局. 2012. 2011 年宁波市海洋环境公报. http: //www. cnluye. com/html/main/nygbView/ 2598446. html［2012-03-04］.

秦玉雪, 荣超, 汲昌霖. 2010. 环渤海地区渔业发展及其思考. 黑龙江水产,（6）: 9-15.

沈楠, 万全. 2008. 关于天津港在环渤海港口集群中成为龙头港的探讨. 环渤海经济瞭望, 10: 36-40.

汪孝宗, 吴鹏. 2011. 我国战略石油储备 2020 年将提升至约 8500 万吨. http: //news. xinhuanet. com/for- tune/2011-01/18/c_ 12991535. htm［2013-07-02］.

王传远, 等. 2009. 中国海洋溢油污染现状及其生态影响研究. 海洋科学, 6: 57-60.

王健君, 尚前名. 2011. 受伤的海岸线. 瞭望, 38: 22-24.

王颖. 2012. 中国区域海洋学——海洋地貌学. 北京: 海洋出版社.

王善龙. 2010. 五省市拟统一规划环渤海, 包含鲁京津冀辽. http: //www. jiaodong. net/news/system/2010/ 05/17/010839495. shtml［2010-05-17］.

吴永森, 等. 2008. 2006 年胶州湾现有水域面积与岸线的卫星调查与历史演变分析. 海岸工程, 27（3）: 15-22.

徐友根, 李崧. 2002. 城市建设对深圳福田红树林生态资源的破坏及保护对策. 资源产业,（3）: 32-35.

徐祖远. 2011. 加快水运结构调整步伐, 提升水路交通科学发展水平. http: //www. moc. gov. cn/zhuzhan/ buzhangwangye/xuzuyuan/zhongyaojianghua/201112/t20111202_ 1161318. html［2011-12-02］.

印萍, 路应贤. 2000. 胶州湾的环境演变及可持续利用. 海岸工程, 19（3）: 14-22.

于婷婷, 张斌. 2009. 浅议海洋矿产资源的可持续开发. 海洋信息,（2）: 21-24.

恽才兴. 2010. 图说长江河口演变. 北京: 海洋出版社.

臧珂炜. 2011. "十二五" 环渤海港口发展分析. 商场现代化, 7（653）: 98.

张斌健, 杨璇. 2011-06-03. 中国海洋环境深度报告: 七大生态问题突显, 环境形势不容乐观. 中国海洋 报, 第 2 版.

张斌健. 2011-11-15. 康菲中国步步走错终酿大祸——访蓬莱 19-3 油田溢油事故处置联合调查组专家、国 土资源部地质勘察司副司长陈先达. 中国海洋报, 第 2 版.

张品方, 张晓芽. 2011-07-08. 千岛之城新启航——写在我国首个群岛新区诞生之际. 浙江日报, 第 2 版.

张瑞丹. 2010. 海洋溢油之痛.《新世纪》周刊, 30.

张耀光. 1993. 辽河三角洲土地资源合理利用与最优结构模式. 大连: 大连理工大学出版社.

赵孜苗, 等. 2010. 厦门湾海岸带区域人类开发活动环境效应评价. 浙江万里学院学报, 23（2）: 54-60.

浙江海岛资源综合调查与研究编委会. 1995. 浙江海岛资源综合调查与研究. 杭州: 浙江科学技术出版社.

浙江省委政策研究室等联合课题组. 2003. 积极开发利用海洋资源, 努力建设海洋经济强省//潘家纬. 海 洋: 浙江的未来. 杭州: 浙江科学技术出版社: 3-30.

中共宁波市委理论学习中心组. 2011-06-03. 加快建设海洋经济核心示范区, 在服务国家战略上再作新贡 献. 浙江日报, 第 14 版.

中国地质调查局, 国家海洋局. 2004. 海洋地质地球物理补充调查及矿产资源评价. 北京: 海洋出版社.

中国海湾志编纂委员会. 1992. 中国海湾志（第五分册）. 北京：海洋出版社.

中华人民共和国国家统计局. 2012. 2011 中国统计年鉴. 北京：中国统计出版社.

中华人民共和国交通运输部. 2011a. 交通运输"十二五"发展规划. http：//www. moc. gov. cn/
　　zhuantizhuanlan/jiaotongguihua/shierwujiaotongyunshufazhanguihua/［2011-10-09］.

中华人民共和国交通运输部. 2011b. 2010 年公路水路交通运输行业发展统计公报. http：//www. moc. gov.
　　cn/zhuzhan/tongjigongbao/fenxigongbao/hangyegongbao/201104/t20110428_ 937558. html［2011-04-28］.

中华人民共和国农业部渔业局. 2011. 2011 中国渔业年鉴. 北京：中国农业出版社.

舟山市海洋与渔业局. 2009. 2008 年舟山市海洋环境公报. http：//www. soa. gov. cn/zwgk/hygb/
　　zghyhjzlgb/201212/t20121205_ 21203. html［2009-03-27］.

第三章　沿海产业集群的生态安全问题

21世纪是"海洋世纪"的观点已经被世人关注并接受，位于海洋资源开发利用和海洋经济发展前沿的海岸带，是"海洋世纪"最具活力的地带。同时，海岸带是陆地与海洋之间的过渡地带，海岸带经济贸易形成两个辐射面：一个面向世界，有人称之为海洋腹地；一个面向内陆经济腹地。地理位置的优越性使得海岸带成为全球经济最发达的地带，海岸带聚集了世界的财富、人口，世界2/3的国际化大都市也分布在海岸带（王颖，1994；Belfiore，2003）。在全球经济一体化的今天，海岸带成为世界投资的重点区域，也是社会、经济最集聚发展的地区，形成了独具特色的沿海产业集群（也称产业集聚）。产业集群已成为世界经济中颇具特色的经济组织形式，集群内的企业通过互动的合作与交流，发挥规模经济和区域经济的效益，能够产生强大的溢出效应，带动某一区域乃至整个国家经济的发展（侯志茹，2007）。

产业集群的经典定义为：相关的产业活动在地理上或特定地点集中的现象（Poter，1998）。我国学者对产业集群的定义大同小异：①认为产业集群指同一产业的企业，以及与该产业相关的企业在地理位置上的集中（曾忠禄，1997）；②认为产业集群中的产业概念不是指广义上的产业，而是指狭义上的产业，如个人计算机产业、大型计算机产业、传真机产业、医疗器械产业等（刘友金和黄鲁成，2001）；③从经济组织形式的角度对产业集群进行了研究，认为产业集群是指集中于一定区域内特定产业的众多具有分工合作关系的不同规模等级的企业和与其发展有关的各种机构、组织等行为主体，通过纵横交错的网络关系紧密联系在一起的空间集聚体，代表着介于市场和等级制之间的一种新的空间经济组织形式（张辉，2003）。

产业集群是经济发展中的一个重要现象，研究产业集群机理及其与经济发展的关联，对经济布局的合理化、优化资源配置、形成区域的竞争优势和建立空间创新系统具有重要的意义（雷小毓，2007）。在西方国家，关于产业集群的形成及其本质的研究最早可追溯到1766年亚当·斯密提出的分工理论：一方面，分工与专业化发展促进劳动生产率的提高和技术的进步，进而促使生产规模的扩大，形成规模经济；另一方面，分工与专业化的发展促进"迂回生产"方式的出现和部门的细化，进而促成在某一特定空间范围内众多经济活动的集中，形成集聚效益和集聚经济（Smith，2002）。在沿海地区企业相对集聚，可在扩大规模的同时提升效益，这是沿海产业集聚形成的重要原因。

我国20世纪90年代之后，国家和沿海地方政府才开始对沿海产业集聚的发展重视起来，在沿海地区规划和建设了大量不同类型的经济技术开发区及沿海工业园区。国内对产业集群的研究是从 20 世纪 90 年代开始的，在引进西方产业集群理论的同时，也对我国部分地区出现的产业集群现象进行了具体的调查研究。1999 年仇保兴的《小企业集群》出版，王辑慈（2001）《创新的空间——企业集群与区域发展》一书问世，2002 年年底中国软科学协会"产业集群与区域创新发展"宁波会议召开，2003 年 5 月地方产业集群研究网①的开通，都加速了产业集群研究的发展（王辑慈和张晔，2008），在产业集群的概念界定和类型划分、产业集群的演化过程及形成机制等方面均取得重要进展（王辑慈，2004；王雷，2004；朱华友，2004）。此外，大量与沿海产业集群相关的研究和宣传，也进一步刺激了我国沿海产业集群的发展。

　　本章扼要回顾了沿海产业集群的基本特点和形成原因，在分析沿海产业集群的特点和我国沿海产业集群发展过程的基础上，对环渤海湾沿海产业集群的空间布局和发展态势进行了重点剖析，分析了环渤海湾沿海产业集群的生态安全影响，提出我国沿海产业集群生态安全影响的对策与建议，以期为我国沿海大开发背景下的海洋生态安全与可持续发展提供科学依据。

第一节　我国沿海产业集聚的特点和发展过程

　　根据领海与毗连区制度及联合国海洋法公约，我国的领海及海洋国土面积约为 300 万平方千米。随着人口的增长和人均消费水平的不断提高，陆域所承受的粮食、资源、水源和环境等方面的压力越来越大，我国把拓宽生存空间的目标转向海洋，逐步加大对海洋的开发力度已成为必然选择。改革开放以来，经过 30 多年的努力，我国的海洋开发规模不断扩大，2011 年我国海洋产业总产值已达 45 570 亿元，海洋产业产值占 GDP 的比重也由 1979 年的 0.7% 上升到 9.7%（国家海洋局，2012）。海洋开发活动由于是陆域经济活动的延伸，决定了海洋产业与陆域产业间有着千丝万缕的联系；海洋开发的特殊性，决定了海洋产业与陆域产业遵循不同的产业结构演变规律。在我国沿海大开发背景下，加强海陆产业（主要集中在海岸带部分）产业集聚的研究，逐步实现我国沿海地区的海陆经济一体化，对我国海洋产业和陆域产业的健康发展具有重要的现实意义。

一、沿海地区产业集聚的特点

　　沿海产业集聚发展实力的提升是一个国家和地区经济竞争力的具体体现，并带动了沿海区域和城市的经济发展。自我国沿海地区对外开放以来，沿海经济在我国经济发展进程中一直起着示范引领作用。伴随港口建设、城市化进程的加

---

①参见：http://www.clusterstudy.com.

快，沿海产业集聚（集群）发展得到国家、地方政府和企业集团的广泛重视，呈现前所未有的发展态势，产业集群导致的经济增长和技术、组织创新已成为我国沿海经济发展和社会进步的重要源泉和动力。东部沿海地区经济高速发展的一个重要原因就是基于产业集群的区域特色经济的快速成长和由此产生的巨大活力的支撑，极大地推动了我国沿海地区的社会经济发展。

海洋渔业和港口运输是沿海产业集聚的主要经济基础，也是最早发展起来的沿海产业。围绕海洋渔业活动的简易港口、码头出现了早期人口集聚的城镇。城镇的发展带动了物流的活跃，伴随产业经济和社会的发展，港口建设和港口交通运输日益活跃，刺激在海岸带形成规模化的临港产业区（或者地带），也进一步带动了沿海城镇的发展。我国上海、青岛、天津、广州、厦门、大连等港口城市的发展就经历了这样的过程。沿海城镇、港口交通建设和渔业的发展是初期产业集聚发展的基础，沿海地区工业化的高度发展，迫切需要港口物流、航空物流和陆域交通体系的支撑，同时，国家和地方政府在城市和区域规划中，也积极引导产业布局相对集中。中国沿海地区产业集聚的主要特点是向港口、交通线（枢纽）和城市周边集聚，地方政府的规划性引导、优惠政策和沿海地区经济技术开发区的建设，促进了中国沿海地区产业企业在空间上快速的集聚。

二、沿海产业集聚的发展过程

沿海地区作为我国改革开放的前沿阵地，借助国家经济布局非均衡发展区域战略的调整和实施，利用天然地理优势与各种优惠政策，国民经济得到迅速发展。东部沿海地区的长江三角洲、珠江三角洲及渤海湾地区凸显出了较多的产业集聚现象（张淑静，2006）。改革开放以来，沿海发达地区产业特色明显的乡镇经济快速发展，在珠江三角洲和长江三角洲一些区域形成了"一镇一业，一村一品"的专业镇经济，并逐步形成规模，产业相对集中，具有一定经济实力，产、供、销一条龙，科、工、贸一体化，营销网络覆盖面广，形成了产业集群。我国沿海地区产业集群的发展经历了三个阶段（麻智辉等，2004）。

1. 萌芽初期（20 世纪 80 年代）

20 世纪 80 年代伴随 14 个沿海对外开放城市逐步设立经济技术开发区，制定优惠政策，吸引了最早的一批合资企业进驻经济技术开发区，成为真正意义上的沿海地区产业集聚发展的开端。同时，集聚区与港口建设结合起来，开始了早期的临港工业发展模式。深圳赤湾南海油脂工业公司 1988 年投入 1 亿元在赤湾深水港旁建设占地 3 公顷的精炼植物油加工厂，生产源头是从远洋巨轮上接入进口粗油，经码头上的输油管进入储油罐群，再接上连续精练提纯生产线，经提纯、脱胶、脱酸后成为成品油，最后通过泵入油桶或油罐分发到各地装瓶。1990 年建成投产使用，加工能力为年精炼植物油50万吨，年产值约50亿元。其中，第一年投产加工精炼植物油31.5万吨，出口16万吨，创汇86.89万美元，成为90年代初期中国最早的十大出口创汇企业之一（田汝耕等，2004）。

2. 成长扩张时期（20世纪90年代）

这个阶段是我国经济快速发展的10年，也是沿海产业集聚发展的10年。中国的加工制造业快速升温，滨海产业集聚区进一步扩大，沿海城市开辟新的经济技术开发区，原有经济技术开发区规模不断扩大。我国沿海开放城市经济的发展和城市建设呈现出的前所未有的局面，催生了中国成为世界制造业基地，对外进出口贸易快速发展，并引起了世界的关注。

这一时期沿海产业园区企业间专业化分工发展到相当水平，专业化分工结构发生飞跃性改进，社会网络关系也因分工网络的扩张而更为加强，一个低聚合的社区已渐形成。产业集群成为成员企业的稳定栖息地，并吸引更多相关企业进入产业区，甚至还衍生出商业服务机构、社会中介服务等专业组织。这个阶段以上海浦东新区为代表，其建设速度之快令世界震惊，也引来世界的赞扬，更刺激了我国东部沿海经济的发展和产业集聚的快速发展。

3. 专业化、大规模发展期（21世纪以来）

沿海企业间分工精细化，工艺及产品技术不断创新，专业化分工的提高使企业间的协调关系成为关键。同时产业集群能够在不从根本上动摇集群优势的前提下，以灵活的方式实现适当的整合，企业就会完成整体起飞。沿海产业集群区域拥有高度专门化的基础设施和公共机构，共享资源大大丰富。集群成为一个网络组织，其发展呈现外向化势头，并形成一定的国际竞争力。在21世纪初期，我国环渤海、长江三角洲、海峡西岸和珠江三角洲地区的产业发展在专业化、规模化方面得到进一步发展，形成了具有世界影响力的沿海产业集聚区。

伴随新一轮沿海开发建设，我国沿海地区发展面临巨大的土地资源制约，围填海工程成为发展港口建设和临港产业集聚区的先决条件之一。近10年来，我国东部沿海地区新的发展建设规划得到国务院的批准，新一轮沿海开发热潮正在兴起。最典型的例证是河北曹妃甸新区、天津滨海新区等一大批规划建设呈现出前所未有的速度，形成了政府引导模式下最大规模的产业集聚发展。

三、我国沿海地区主要的产业集聚区

沿海地区作为我国改革开放的前沿阵地，借助国家经济布局非均衡发展区域战略的调整和逐步实施，利用天然地理优势与各种优惠政策，国民经济得到迅速发展，东部沿海的长江三角洲、珠江三角洲及环渤海湾地区临近的城市和港口出现较多的产业集群区域。沿海产业集聚带是我国经济发展的重点区域，是我国经济对外开放的前沿地带，也是带动我国改革开放 30 多年来经济社会快速发展的引领、典范区域。沿海产业集聚区也是引领我国未来 20 年产业升级和创新、参与国际产业竞争、有机融入国际产业分工和形成世界制造业中心的引擎（王冲和张耀光，2009）。

我国社会经济最发达的东部沿海分布着我国产业最发达的珠江三角洲产业集聚区、海峡西岸产业集聚区、长江三角洲产业集聚区、胶东半岛产业集聚区、京津唐产业集聚区和辽东半岛产业集聚区等六大具有国际或国家意义的产业集聚区。沿海产业集聚带是我国产业发展和创新的前沿，也是我国产业参与国际竞争的核心地带。经过 30 多年的改革开放，在我国东部沿海已形成了三个以城市群为首的经济区，即长江三角洲经济区、珠江三角洲经济区和京津冀经济区，三大经济区引领着我国经济的发展。就沿海地区而言，20 世纪八九十年代，立足国内，激活改革动力，实施对外开放政策，通过设立经济特区、开放沿海港口城市、开辟沿海经济开发区等"点"的形式，对沿海地区社会经济和产业进行布局。进入 21 世纪，为了寻求并使中国在未来世界经济发展格局中持续增长，我国兴起了新一轮的沿海开发热潮，沿海区域开发连成一片，形成了"三大五小一海岛"的发展格局，即珠江三角洲、长江三角洲、京津冀等三大产业区，辽宁沿海、山东半岛、江苏沿海、海峡西岸、北部湾等五小产业区，以及海南国际旅游岛。

第二节　沿海产业集群的空间布局和发展态势

沿海港口作为我国对外经贸联系的窗口，以及参与经济全球化和国际分工的重要门户，逐渐成为沿海城市依托发展的最重要的资源，对沿海区域经济的发展发挥了重要作用（罗萍，2010）。20 世纪 90 年代之前，港口经济主要限于港口的直接功能，即货物装卸、仓储、运输，为城市发展提供物资服务。进入 20 世纪 90 年代，尤其是 90 年代中期之后，随着全球化进程的加速，港口经济开始向临港工业延伸，并通过临港工业集群与港口城市紧密相连。在新一轮沿海开发中，加强现代化港口及港口群建设、布局临港工业、错落发展城市群成为核心主线，港口、产业、城市"三位一体"互动发展布局首次明确跃上国家级规划层面，我国开始按照现代临海型经济观对沿海国土进行再开发，重构沿海产业带。

环渤海被辽东半岛、京津冀、山东半岛 C 形环抱，海岸线 5800 千米，借助丰富的自然优势，经过改革开放 30 多年来的快速发展，形成了钢铁、黑色金属冶炼及加工、石油开采及石化产业、交通运输设备及装备制造产业等一批具有较强竞争力的优势产业集群（魏一豪和吴国蔚，2010）。

一、环渤海湾沿海产业集群的空间布局

（一）山东半岛蓝色经济区产业布局

2011 年 1 月 4 日，《山东半岛蓝色经济区发展规划》获国务院批复，成为我

国第一个以海洋经济为主题的区域发展战略规划，标志着山东半岛蓝色经济区建设正式上升为国家战略。规划以 2010 年为起点，第一阶段到 2015 年，基本形成具有核心竞争力的海洋优势产业；第二阶段到 2020 年，建成产业发达、优势突出、人与自然和谐、在国内外有重要影响的山东半岛蓝色经济区。"山东半岛蓝色经济区"包括九大核心区（图 3-1），分为主体区和核心区，其中，主体区为沿海 36 个县（市、区）的陆域及毗邻海域，构成一个绵长的沿海地带，核心区为 9 个集中集约用海区①。①前岛临海高端制造业集聚区：发展重点是机械装备制造业、滨海旅游业、海洋高科技产业。功能定位是以机械制造为主的先进制造业集聚区。②龙口湾海洋装备制造业集聚区：发展重点是海洋工程装备制造业、临港化工业、能源船业、物流业。功能定位是以海洋装备制造为主的先进制造业集聚区。③莱州海洋新能源产业集聚区：发展重点是盐及盐化工业、海上风能产业。功能定位是海洋新能源产业集聚区。④丁字湾海上新城：丁字形产业布局，发展重点是海岸整治、湿地修复、游艇产业、房地产产业、海洋高新科技产业。功能定位是海上新城。⑤潍坊海上新城：发展重点是海洋化工业、临港先进制造业、绿色能源产业、房地产产业、海上机场等。功能定位是海上新城。⑥东营临海石油产业集聚区：发展重点是我国最大的战略石油储备基地后方配套设施区、

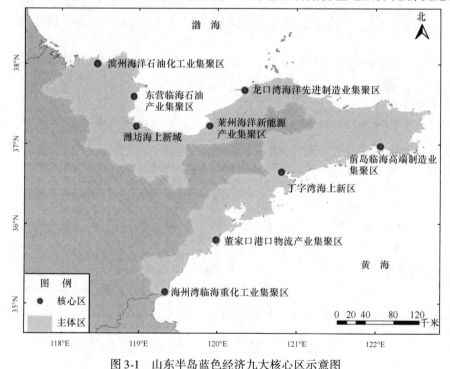

图 3-1　山东半岛蓝色经济九大核心区示意图

①国家发展和改革委员会. 山东半岛蓝色经济区发展规划. 2011. http://www.china.com.cn/news/zhuanti/kzgl/2011-05/06/content_22511995.htm[2011-06-05].

海洋石油产业、商务贸易业。功能定位是将东营城区东展，建设临海石油产业集聚区。⑦滨州海洋化工业集聚区：发展重点是海洋化工业、海上风电产业、中小船舶制造业、物流业。功能定位是济南都市圈出海口、渤海湾南岸海洋化工产业集聚区。⑧海州湾临海重化工业集聚区：发展重点是巨型港口、钢铁工业、石化工业、国际物流业。功能定位是出海大通道、临海重化工业集聚区。⑨董家口海洋高新科技产业集聚区：发展重点是海洋装备制造、海洋精密仪器、海洋药物等海洋高新技术产业。功能定位是海洋高新科技产业集聚区。

（二）河北沿海地区产业布局

河北沿海地区包括秦皇岛、唐山、沧州三市所辖行政区域，陆域面积 35 700 平方千米，海岸线 487 千米，海域面积 7000 平方千米。2011 年 11 月 27 日，国家发展和改革委员会印发《河北沿海地区发展规划》（发改地区〔2011〕2592 号），标志着河北省沿海发展规划上升为国家战略。河北沿海地区北接辽宁沿海经济带，中嵌天津滨海新区，南连黄河三角洲高效生态经济区，在促进京津冀及全国区域协调发展中具有重要战略地位。在充分考虑资源环境承载能力、开发强度和开发潜力的基础上，科学划分功能区，促进城市化地区、农业地区和生态地区协调发展。有序推进人口和产业向城市化地区集聚和布局，形成由滨海开发带和秦皇岛、唐山、沧州组团构成的"一带三组团"的空间开发格局①（图3-2）。

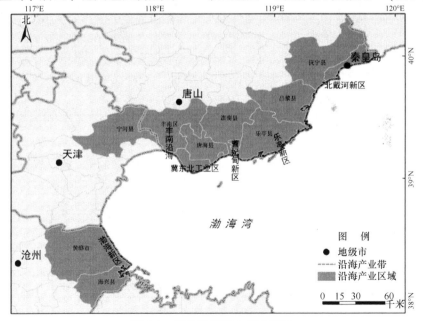

图 3-2　河北沿海产业带示意图

①国家发展与改革委员会. 河北沿海地区发展规划（发改地区〔2011〕2592 号）. 2011. http://www.sdpc.gov.cn/zcfb/zcfbtz/2011tz/t20111208_449756.htm［2013-01-05］.

①滨海开发带：以沿海公路为通道，合理规划建设北戴河新区、曹妃甸新区、沧州渤海新区，推进人口和产业有序向滨海地区集聚，建成滨海产业和城镇集聚带。在丰南沿海工业区、唐山冀东北工业集聚区和沧州冀中南工业集聚区，发展以精品钢铁、石油化工、装备制造为主的先进制造业，培育和壮大电子信息、新能源、新材料、生物工程、节能环保等新兴产业，发展以滨海休闲旅游、港口物流为主的服务业。②秦皇岛组团：充分发挥旅游资源丰富和高技术产业基础好的优势，重点发展休闲旅游、港口物流、数据产业、文化创意等服务业，发展装备制造业、电子信息业、食品加工业，建成滨海休闲度假旅游目的地和先进制造业基地。③唐山组团：利用矿产和旅游资源丰富、产业基础雄厚的优势，发展装备制造、精品钢铁、新型建材、电子信息等产业，推进现代物流、休闲旅游等服务业的发展，提升唐山市主城区经济、文化、金融功能和交通枢纽地位，建成先进制造业和科研成果转化基地。④沧州组团：利用油气地热资源丰富、特色产业发达的优势，发展石油化工业、装备制造业，培育电子信息、生物医药、新材料等新兴产业，大力发展文化旅游、仓储物流、金融服务等服务业，发展优质林果、绿色蔬菜、特种养殖等特色农业和农产品加工业，建设石油化工、装备制造基地。

（三）天津滨海新区产业布局

滨海新区位于天津市东部沿海，包括塘沽区、汉沽区、大港区三个行政区和开发区、保税区天津港，以及东丽区、津南区的部分区域，规划总面积2270平方千米，包括三个功能区、三个行政区和一个冶金工业区。2006年5月26日，国务院印发《推进天津滨海新区开发开放有关问题的意见》，批准天津滨海新区为全国综合配套改革试验区，随后天津市制定了《天津滨海新区综合配套改革试验总体方案》，并于2008年3月获得国务院的正式批复（图3-3）。

根据国务院关于"统一规划，综合协调，建设若干特色鲜明的功能区，构建合理的空间布局"的要求，天津滨海新区的总体发展布局为"一轴"、"一带"、"三个城区"、"七个功能区"。沿京津塘高速公路和海河下游建设"高新技术产业发展轴"，沿海岸线和海滨大道建设"海洋经济发展带"，在轴和带的T形地带，建设塘沽、汉沽、大港三个城区（戴相龙，2006）。天津滨海新区产业发展以构建具有国际竞争力的优势产业集群、形成优势产业区为目标，紧紧抓住优势产业，深入研究产业关联关系，延伸产业链，培育优势集群，通过产业集聚，规划建设7个产业功能区：①先进制造业产业区；②滨海化工区；③滨海高新技术产业园区；④滨海中心商务商业区；⑤海港物流区；⑥临空产业区（航空城）；⑦海滨休闲旅游区。

（四）辽宁沿海地区产业布局

辽宁沿海经济带由大连、丹东、锦州、营口、盘锦、葫芦岛6个沿海市所辖

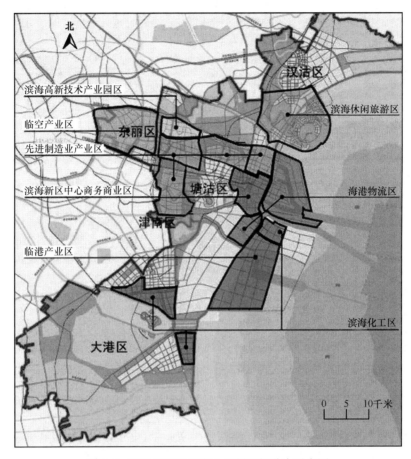

图 3-3　天津滨海新区产业规划空间分布示意图

的 21 个市（区）和 12 个沿海县（市），岸线长约 1400 千米，宽 30～50 千米，土地面积约占全省的 1/4、人口约占 1/3、地区生产总值占近 1/2，是东北地区唯一的沿海区域，在辽宁和东北地区经济发展中占有十分重要的地位（图 3-4）。2009 年 7 月 1 日，国务院正式批准《辽宁沿海经济带发展规划》，标志着辽宁沿海经济带开发上升为国家战略，对振兴东北老工业基地，完善中国东部沿海经济布局，促进区域协调发展和扩大对外开放，具有重要战略意义。建设辽宁沿海经济带，是抓住东北振兴和沿海开放双重机遇的重要着力点，是建设国家新型产业基地、培育新的经济增长点的载体。辽宁沿海经济带发展以"五点"（中心城市）开发为切入点，进一步扩大经济对外开放、发挥各自产业优势，实施产业结构升级，构筑沿海与腹地互动发展的新格局。强化大连—营口—盘锦主轴，壮大渤海翼和黄海翼，强化核心、主轴、两翼之间的有机联系，形成"一核、一轴、两翼"总体布局框架（闫世忠等，2009）。

从总体上看，整个环渤海大区域沿海开发战略规划涉及的海域不仅包括渤海

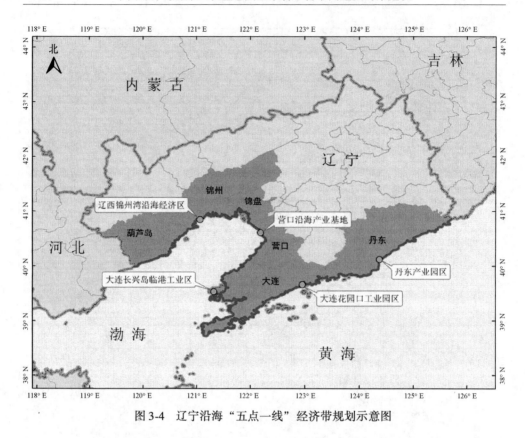

图 3-4　辽宁沿海"五点一线"经济带规划示意图

全部,也涉及北黄海和南黄海的毗邻海域和海岸带地区,以城市和港城新区为依托,新一轮的沿海发展规划将进一步扩大环渤海地区的沿海产业集群的规模,提升沿海地区在全球经济格局中的竞争力。

二、环渤海湾沿海产业集群的发展态势

近年来,"以港兴市"成为沿海城市普遍战略。我国沿海港口经济率先发展的城市已开始大力发展航运服务产业集群,力图向具有全球竞争力的经济、贸易、金融和航运中心发展。港口的发展将促进港口城市的发展,城市的繁荣为临港产业的发展提供了良好的支撑条件,从而确保港口、城市与临港产业三者的协调发展(孟祥林,2006)。在我国沿海开发战略下,环渤海各省(直辖市)纷纷向海洋进军,港城经济互动,发展临港型产业(姚腾霄,2010)。例如,河北省提出计划用15年的时间建成沿海经济强省,唐山、秦皇岛、沧州的海洋产业和临港产业成为河北经济发展的重要支撑。随着曹妃甸钢铁、石化产业的快速崛起,河北产业布局朝着临港区域推进的态势更加明显。山东提出在沿海区域大力发展钢铁、船舶制造、石油化工、海洋产业等临港工业,沿海区域的产业规模不

断壮大。莱州湾综合经济区正在建成山东省重要的重化工业基地。

(一) 港口经济和临港产业集群蓬勃发展

在环渤海地区长达5800千米的海岸线上分布着60多个大小港口,其中可建中级以上泊位的港口53处,可建万吨级以上泊位的港口17处,秦皇岛港、唐山港、天津港、黄骅港、烟台港、威海港、青岛港、日照港等港口都具有相当的规模,且特点和优势明显,是我国乃至世界上最密集的港口群地区之一(吕荣胜和邬德林,2008)。在众多港口中,天津港、青岛港、大连港、曹妃甸是规模和实力较大的4个港口,目前已经形成了4个核心的环渤海港口群,即以青岛港为核心的山东半岛港口群(腹地为山东半岛和华北、华东部分地区),以天津港、曹妃甸为核心的津冀港口群(腹地为华北地区和西北地区),以大连港为核心的辽东半岛港口群(腹地为东北地区)。

环渤海三省一市在发展过程中,都相继提出新的发展战略,山东、河北、天津的钢铁、能源等主导产业已经进行全面整合,大力发展高端产业和潜力产业,发展态势之猛、速度之快,为世人瞩目。开发沿海岸线、发展临港经济已成为环渤海各省(直辖市)的共识(常丽和薛巍,2011):山东以黄河流域出海大通道为经济引擎,沿山东海岸线勾勒出一个U形的蓝色经济区;河北推进曹妃甸工业区,建立沧州渤海新区,形成沿海经济隆起带;天津沿海岸线和海滨大道建设"海洋经济发展带";辽宁沿海经济带以滨海大道为依托,以38个重点发展和重点支持区域为载体,一条连绵不断的城市带和产业带正在形成。

(二) 产业趋同化发展导致竞争日益激烈

开发沿海、发展以重化工业为主的临港产业,既符合产业布局的要求,也符合我国产业结构演进的要求。但是,环渤海三省一市在发展过程中,不约而同地重视沿海地带开发、重视重化工业发展、重视大型项目落地,特别是沿海地区主导产业都相对集中在钢铁、石化、装备制造上,已成为该地区经济发展的共性,这必然会产生一些问题(常丽和薛巍,2011)。

(1)产业类型同构。环渤海产业的基本特征是以重化型产业结构为主,钢铁、石化、造船、装备制造在环渤海沿海地区被列入其中。相似的产业结构,不仅导致竞争加剧,更为严重的是,产业原材料依赖国际市场,产成品主要出口,产业发展及盈利水平严重受制于国际市场。若国内经济出现周期性波动,这类产业将因市场疲软而整体衰退,进而导致地区经济的下滑,甚至引发社会问题。同时,如此之多的重化产业布局于渤海沿岸,会使污染已经非常严重的渤海环境问题更加严峻。

(2)沿海产业产能过剩。大量开工建设的钢铁、石化、造船、装备制造业等项目,有可能导致产能过剩。其中,中国钢铁产能过剩最为明显,而环渤海的三省一市无一例外地都把钢铁工业作为发展的重点。国家工信部的统计数据显示，正常情况下我国船舶年有效需求在5000万吨左右，现在造船能力达到6600万吨，产能过剩1600万吨左右。以环渤海地区为例，目前各省（直辖市）都在特定区域积极发展造船工业，因产能过剩引发的竞争不可避免。

（3）沿海地区之间竞争激烈。由于环渤海区域跨度比较大，各省（直辖市）在长期计划经济体制下形成了较为完整的产业体系，发展沿海经济都是考虑本地区经济社会发展的需求，"地方经济"催生了大量的"地方港口"、"地方船厂"、"地方电厂"等。更严重的是，不仅环渤海各省（直辖市）之间缺乏协作，同一个省内各地区之间也存在缺乏协作的倾向，严重影响了资源配置效率和投资收益，制约了沿海区域产业协调发展进程。

第三节　环渤海湾沿海产业集群的生态安全影响分析

渤海是一个半封闭的陆架边缘海，西靠大陆，南北由山东半岛与辽东半岛环抱，东面通过渤海海峡与黄海相通。整个海域由中央主体海区和辽东湾、渤海湾、莱州湾及渤海海峡五部分组成，海岸线总长约5800千米（包括岛屿岸线），占全国海岸线长度的31.4%，总面积达77 000平方千米，是我国面积最小的海区。渤海地理位置优越，山东半岛和辽东半岛对峙，是首都北京的门户，政治、经济、军事地位重要，是我国具有特殊意义的战略性海区。除了优越的区位优势，渤海还具有丰富的海洋资源，如海洋生物资源、海洋油气资源、海盐资源、滩涂资源、港口与滨海旅游资源等。

环渤海湾已经进入一个高强度开发的时代，已形成了海洋渔业、海洋油气开采业、海洋运输业、滨海旅游、港口、沿海造船和海盐业等海洋经济产业集群，环渤海地区已发展成为我国社会经济十分发达的区域。随着渤海湾经济快速发展，环境污染问题日益显现，近海盲目开发等问题也逐渐暴露出来，渤海的生态环境正面临和承受着与日俱增的巨大压力，已导致生态服务功能急剧衰退，渤海的可持续开发利用能力正在丧失，渤海的海洋环境发生了显著变化，与之紧密相连的海洋生态系统也受到显著影响（杨静等，2010）。

一、环渤海大规模围填海建设带来的生态安全形势严峻

填海造陆是沿海地区缓解土地供求矛盾、扩大社会生存和发展空间的有效手段，具有巨大的社会和经济效益。因此，许多沿海国家和地区，特别是人多地少问题突出的城市和地区，都对填海工程非常重视。我国是填海大国，据不完全统计，从1950年至21世纪初已经围填海11 900平方千米，相当于现有滩涂面积的55%（刘育等，2003）。20世纪80年代以来，沿海地区填海造陆形成热潮，沿

海滩涂被大量围垦用来满足交通、城镇建设、临港工业发展用地需求。在渤海湾，围填海工程正方兴未艾。例如，天津临港工业区 2011 年已完成围海近 100 平方千米，形成陆地 80 平方千米，将建设成为我国北方以重型装备制造为主导的生态型工业区（刘宪斌和李崑毓，2011）。河北曹妃甸新区大范围实施填海工程，规划拟填海造陆 310 平方千米已经基本完成，目标是建设以大码头、大钢铁、大化工、大电能为核心的曹妃甸工业集聚区。围填海一方面可以带来大量土地，缓解土地供求矛盾；另一方面也带来了严峻的生态安全问题。对滨海湿地的破坏和海洋渔业资源的影响将是前所未有的，值得高度关注和开展研究。

填海工程会直接改变区域的潮流运动特性，引起泥沙冲淤和污染物迁移规律的变化，减小水环境容量和污染物扩散能力，加快污染物在海底积聚（刘育等，2003）。部分围填海工程破坏了海岸的地形地貌，改变了海域的自然属性，破坏了滨海旅游资源。渤海湾是一个半封闭的内海，填海工程占用大面积的海域，减少了纳潮水域面积，就会相应减少纳潮量及潮流的流速。纳潮量的大小直接影响到海湾与外海的海水交换强度和浮游植物的分布，它对于维持海湾的良好生态环境至关重要。纳潮量减少，潮流水动力作用减弱，会引起泥沙淤积，造成底质改变，对底栖生物生存环境造成影响；同时也会影响港口航运，造成入海河口排水不畅等不良情况，加重海域的污染。以曹妃甸工业区为例，填海及通岛公路阻断了浅滩潮道。通过 2005 年 3 月（通岛公路修筑前）与 2003 年 5 月（通岛公路修筑后）低潮时的卫星照片对比，发现自通岛公路修成阻断了浅滩潮道以来，曹妃甸浅滩潮道西部明显淤积，特别是通岛公路西侧的浅滩潮道已几近淤死（尹延鸿，2009）。此外，自 2004 年曹妃甸填海工程的通岛公路阻断浅滩潮道后，使老龙沟深槽内的潮流流量和流速减小，也是引起老龙沟深槽内的水深变浅和淤积的主要原因（尹延鸿等，2011）。

沿海产业集聚区吹填造陆对海岸带生态系统影响显著，吹填造陆会使近岸许多自然景观遭到破坏甚至消失，造成局部潮间带栖息地消失，破坏海域生态系统，打破原有生态系统平衡。吹填取土等临时占地范围内的底栖生物全部丧失，将破坏保护区鸟类的觅食生境，影响鸟类的生存和繁殖（Gupta et al.，2005）。吹填造陆悬浮物入海，造成海水透明度下降、透光度减少，影响浮游植物的光合作用，使得附近海域初级生产力下降（姚福春，1990）。围垦区外围悬浮泥沙含量高的局部区域内，底栖生物会受到影响，悬浮物沉积可能引起贝类动物因外套腔和水管被堵塞而致死（陈金平和罗源，2006），以底栖生物或浮游植物为饵料的鱼类也会因此受到影响。悬浮物增加可能对鱼类的正常生理行为产生影响，由于海洋生物的"避害"反应，围填区附近海域自然生长的游泳动物也将变少。航道疏浚、吹填造陆引起的海域水质恶化和初级生产力下降，影响工程海域底栖生物和游泳生物，建设期和营运期产生的"三废"和光污染等都会影响到鸟类的觅食生境，从而影响鸟类的生存繁殖（石崇等，2010）。曹妃甸大规模港口建设和围填海工程，对障壁岛以内的滨海湿地生态环境造成了巨大的破坏，这一天然的生态系统将不复存在。

围海造陆工程会对生态敏感区造成影响，并造成不可恢复的天然湿地生境损失。近30年来，随着渔业迅速发展，水利工程大量兴建，海洋资源深度开发，频繁的人为干扰，渤海湾西岸的生态环境不断恶化。在天津港，对湿地的盲目围垦和过度开发利用，造成自然湿地面积缩小、生态环境恶化、生态功能减弱、生物多样性丰富度降低（王志勇等，2004），过去曾经大面积分布的芦苇群落，现仅呈零星分布。在天津港新区，人类活动、经营利用与湿地保护、生态环境之间的矛盾更显突出。通过对天津1993年、1998年、2004年、2006年的遥感影像解译，发现1993～2006年，滨海新区湿地、湿地中天然湿地类型面积逐年减少（李晨枫和杜晓雅，2010）。浅海面积呈显著下降趋势，由初期的1236.4平方千米下降到1189.7平方千米，13年间减少了46.7平方千米。1993年，西岸湿地面积为3230平方千米，至2007年，已下降至2770平方千米。14年间，湿地面积减少了460平方千米，减幅为14.3%，其中稻田面积减少的绝对值居首位，为234平方千米；三角洲湿地面积减少的幅度最大，为77.3%。1993～2007年，海岸线也发生较大变化，以大清河口的捞鱼尖为界，东部岸线表现为向陆推进，最大推进长度为500米；西部岸线表现为向海退缩，最大退缩长度为1000米（范素英等，2010）。

二、临港工业与流域工农业污染共同影响海洋生态环境

渤海是半封闭内海，流域面积广大，由于环渤海临港工业集聚明显，流域内人口众多、工农业污染排放量大，大量污染物排入海洋造成了近岸海域水质退化，渤海湾、莱州湾、辽东湾等污染形势严重。近年来，国家环境保护部门专门制定并实施了《渤海环境保护总体规划（2008—2020）》，取得一定进展，但问题仍十分严重，环境保护的压力不断增大，污染已经带来了复杂的生态影响。

（一）流域污染物排放量大，渤海海洋环境污染严重、赤潮频发

渤海占我国4个海区总面积的1.6%，承受污水总量却占32%，入海污染物总量占47%，渤海沿岸有57个排河口，黄河、海河整个流域的污染物都排进了渤海。根据国家海洋局《2010年海洋环境质量公报》，渤海每年承受来自陆地的28亿吨污水和70万吨污染物，污染物占整个中国海域接纳污染物的近一半。渤海劣四类水质区域面积为3220平方千米。工业废水的排放直接污染海水，引起近海水质不断恶化，渤海已成为富营养化十分严重的海域，赤潮事件频繁发生（国家海洋局，2012）。进入20世纪90年代以来，渤海每年发生赤潮10余起，且持续时间增长、面积增大。1998年发生了历史上规模最大、持续时间最长的

赤潮事件，造成海洋水产直接经济损失5亿元。历年赤潮造成鱼、虾、贝类大量死亡，经济损失惨重（朱琳，2007）。赤潮的发生不仅严重威胁海水养殖业和海洋渔业资源，危害海洋环境，破坏海洋生态平衡，损害滨海旅游业，而且还可能引起食用被赤潮毒素污染的海产品的人群中毒，甚至死亡。1998年9月18日~10月15日，渤海发生大面积赤潮，范围遍及辽东湾、渤海湾、莱州湾和渤海中部部分海域，最大覆盖面积达5000多平方千米，持续40余天，造成经济损失达3.5亿多元（中国热带生物网，2009）。

（二）沿海产业相对集聚的港口毗邻的海域环境污染严重

港口每天有大量船舶进出，由于经济竞争激烈，海洋船舶通常选用最廉价燃料（通常也是最脏的）。这些船舶依靠巨大的柴油发动机驱动，每天排放出大量颗粒物（PM），且尾气当中还包含一氧化碳（CO）、硫氧化物（SO_x）、氮氧化物（NO_x）及挥发性烃等有害气体。由船舶进出港口所引起的油类物质、压载水、机舱水、垃圾、生活污水等船舶废物，以及烟尘的排放和设备老化引起的泄漏等造成的污染给港口的环境造成很大压力（梁佩珩，2006）。其中，港口含油废水污染浓度高、治理难度大，严重威胁到海洋和近海区域的生态平衡（李国一和王彬，2007）。到港船舶所产生的油污水，主要包括机舱舱底油污水，燃油舱或油船货油舱作为压载舱时所产生的压舱油污水，油柜或油舱清洗时所产生的洗舱油污水等，俗称"三水"。统计资料表明船舶排放的压载水和洗舱水及机舱水在船舶油污染总量中占75%（郭志平，2004）。

港池疏浚物倾倒也对海域环境有极大影响。疏浚作业是保证港口正常营运及航道畅通的一项重要活动，老港的维护及新港区的开挖都离不开疏浚作业（丁金钊，2009）。沿海地区港口经济和临港产业的快速发展，使得海洋倾废的单位逐年递增，倾倒量急剧增加，沿海港口的疏浚量达数十亿立方米。港口疏浚物在倾倒区倾倒，将影响海底地形的变化、底部沉积物特性局部发生变化、邻近地沉积速率的增加，改变倾倒区及其附近海域底栖生物的栖息环境，以及由此引起的对生物的影响。疏浚物倾倒还会造成海水透明度下降、透光度减少，影响浮游植物的光合作用，导致倾倒区附近海域初级生产力下降。

三、环渤海石油化工产业集聚带来的生态安全影响显著

渤海湾石油化工产业的集聚在促进国家和地区经济发展的同时，也带来了严重的环境污染问题，危及周边地区的生态安全。大连市是环渤海重要的石化基地，2010~2013年就发生5起石油管道爆炸和起火事故：2010年7月16日，大连中石油输油管道爆炸；2010年10月24日，大连7·16爆炸油罐拆除时再次引发火情；2011年7月16日，中石油大连石化公司常减压蒸馏装置泄漏并引起大

火，2011 年 8 月 29 日，该公司厂区内 875 号柴油储罐发生爆炸起火；2011 年 11 月 22 日，大连新港的 15 万吨原油罐发生大火；2013 年 6 月 2 日大连石化公司的石化产品储罐发生火灾，造成 4 人死亡（宋光辉和高欣，2013）。2011 年 6 月 4 日，位于渤海中南部海域的蓬莱 19-3 油田连续发生溢油事故。截至 9 月 6 日，溢油累计造成 5500 多平方米海水受到污染，给渤海海洋生态和渔业生产造成严重影响。截至 7 月 11 日，蓬莱 19-3 油田溢油除了造成 840 平方千米的劣四类严重污染海水面积外，还导致了其周边约 3400 平方千米的海域由第一类水质下降为第三、第四类水质，且主要集中在蓬莱 19-3 油田周边海域和西北部海域，污染范围外缘线东距长岛 38 千米，西距京唐港 61 千米；同时，溢油点附近海底沉积物受到溢油和油基泥浆污染，海域沉积物质量由第一类下降为第三类，面积约为 20 平方千米①。

　　我国国家能源安全战略实施过程中，逐步建立和完善了石油储备制度，进口石油储运基地是重要的战略环节，沿海石化基地的建设，给近海防治石油污染工作增添了新的压力。船舶溢油会严重污染港口海域，压载水还会引起外来物种入侵。港口装卸油作业频繁，存在溢漏油的隐患。石油储运基地多选址在沿海地区，配套建造大型的油库和油码头。随着码头和油罐的兴建和启用，临近海域石油污染主要来自于油舱的洗舱水、压舱水及机舱水。船舶排放的压载水、洗舱水及机舱水在船舶油污染总量中占 75%；船舶装卸作业时发生的溢油、漏油现象亦不可小视，约有 92% 的溢油、漏油事件发生在船舶装卸作业时，在所发生的意外事故中占 8%，说明港口附近水域受石油污染的危险性大大增加（黄忠秀，1999）。自 1989 年以来，我国海域发生的大大小小的溢油事件达 90 余次，较大的溢油事故也有 60 余次（董月娥和左书华，2009）。

　　同时，渤海沿岸是我国中石油和中海油的主要石油开采区。胜利、华北（包括大港）、辽河三大油田都分布在渤海周边区域，其中，2011 年胜利油田原油产量为 2734 万吨，辽河油田原油产量约为 1000 万吨，大港油田产量约为 450 万吨②，三大油田构成我国重要的陆上石油产区。渤海海域海洋油气资源丰富，渤海平均深度只有 18 米，开采比其他海区更加容易，蓬莱 19-3 油田是我国最大的海上油田（王志远和蒋铁民，2003）。根据中海油 2010 年年报，2010 年渤海油田的油气生产规模已经超过 3000 万吨（折合油当量），预期渤海油田在 2015 年油气产量超过 3500 万吨（折合油当量）。在环渤海沿岸和渤海海域大规模石油开采过程中，石油类污染是不可避免的，目前渤海海域的石油类污染问题已比较突

---

①新华网. 国务院常务会议研究部署加强环境保护重点工作. http://news. xinhuanet. com/politics/2011-09/07/c_121998629. htm［2011-09-07］.

②杨颖. 辽河油田产量结构调整解析. 2012. http://oil. in-en. com/html/oil-10101010281510145. html［2012-12-30］.

出（国家海洋局，2012）。

第四节　国外沿海产业的发展对生态影响的解决对策

发展港口经济和临港产业，进行围海造地，不可避免地对生态环境带来一系列的负面影响。随着当今世界对环境保护重要性认识的不断加深，各国政府及港口当局也日益意识到港口发展与环境保护的不可分离性。美国、日本等发达国家的大港口纷纷提出要建设生态港口，并在港口规划、设计、施工和管理过程中加强了对环境影响的预防和生态保护工作（Gupta et al.，2005）。

一、荷兰鹿特丹海港扩建工程中的生态环境保护

鹿特丹港是荷兰最大的海港，位于莱茵河入海口，号称"欧洲门户"。19 世纪后期西欧资本主义经济迅速发展，鹿特丹港口腹地运输空前繁忙。为满足急速增长的运输需求，1895 年鹿特丹建成通向北海全长 33 千米、深 15 米的新航道运河。20 世纪以来，又不断进行航道整治和港口建设，使鹿特丹港在相当长的时期内保持了世界第一大港的地位。2010 年鹿特丹港口年货物吞吐量高达 42 969 万吨，集装箱吞吐量超过 1110 万 TEU，均居世界港口前列（上海国际航运研究中心，2011）。鹿特丹港依托港口发展炼油、石油化工、船舶修造、港口机械、食品等工业，形成一条沿马斯河延伸的港口工业集聚区，东西长度超过 50 千米的工业带。发达的航运业和临港工业也促进了鹿特丹市金融、贸易、保险、咨询等服务业的发展。

鹿特丹港由一个小渔村发展而来，其发展过程大致可分为五个阶段：1400～1800 年为小商港；1800～1900 年港口规模有一定发展；1920～1960 年为港口发展的第三阶段，港口建设向下游推进，实施了博特莱克建设项目（Botlek Project），主要是油产品、化工品、农产品、煤炭和其他干散货码头设施；1960～1970 年为第四阶段，离开鹿特丹市区向下游发展，港口推向了玛斯河口，实施了欧洲港口建设项目（Europort Project），主要作业货种是原油、化工品、矿石、农产品和滚装船；1970 年至今为第五阶段，为进一步适应城市建设的要求，适应船舶大型化的趋势，开始了大规模的填海造地，向大海要土地，启动了玛斯河平原垦地项目，围垦开发出更多的土地扩建支持港口和临港工业的发展，使得港口和工业区的面积从 3000 公顷扩大到 10 000 公顷（包汉民，2005）。

鹿特丹港实施 Maasvlakte II 项目，计划扩建现有港口。经过对经济、社会、环境成本的多方位综合评估，荷兰政府在 2002 年批准了这一规划。新的围填海项目共 20 平方千米，其中除了 10 平方千米作为工业用地或商业开发，还专门划出 7.5 平方千米围垦土地专门用于生态保护。项目将天然的海床改造成人造码

头，海域的生态环境将不可避免地受到影响。Maasvlakte Ⅱ 的部分建设区域与荷兰一个沿海自然保护区相冲突，海洋动物将面临失去栖息地和食物来源的威胁。工程建设中将在港口扩建项目之外建设 250 平方千米的自然保护区和海鸟保护区及 0.35 平方千米的新沙洲，为野生动物提供栖息地。鹿特丹 Maasvlakte Ⅱ 项目的施工于 2008 年开始，人造生态沙洲的工作也同步开始。未来 25 年内，鹿特丹港务局将对 Maasvlakte Ⅱ 给北海生态系统带来的环境影响进行监控，多个环保组织也将参与其中，显示出荷兰对海洋生态环境保护十分重视。

二、日本"三湾一海"经济发展中的海洋环境保护

日本的临港经济以"三湾一海"地区（指东京湾、伊势湾、大阪湾和濑户内海地区）最为典型和成功，这里是日本乃至全世界港口最集中的地区之一，集中了千叶、横滨、川崎、东京、名古屋、大阪、神户等世界重要港口和临港工业（田汝耕等，2004）。20 世纪 60 年代，日本在"三湾一海"地区大规模建设港口、大力发展重化工业，兴建了一批密切联系的钢铁、石油化工、机械制造、汽车、造船等工业基地，为日本成为世界上最大的重化工产品生产国和出口国奠定了基础，推动了日本经济的发展和综合国力的增强（张颖，2006）。

日本"三湾一海"地区依托港口建设和海运物流，有效利用国内外资源，大力发展具有世界先进水平和规模效应的临港工业，建立了世界规模的产业中心，有力地促进了国民经济发展。日本临海产业在大规模发展的同时对生态环境也造成了严重影响。例如，濑户内海，开发建设前曾是日本综合环境最优美的地带之一，但随着第二次世界大战结束后临海工业区的开发建设，濑户内海一度变成死海，海洋生态的破坏和环境的污染又反过来威胁沿岸的工业生产和居民生活，迫使日本政府不得不投巨资进行治理（谷风，1984）。

日本近年来对生态平衡、创造舒适环境等方面给予了高度重视，并开始致力于打造符合联合国环境最高级会议原则的环境，即以持续发展的世界环境为最终目标。1995 年日本运输省制定的《全球一体化时代的港口》的长期港口政策中，明确提出生态港口的概念，其政策取向是使港口开发与沿海环境和谐，建立环境优良、高质量的滨海区，丰富人民生活。日本在围海造陆进行港口建设的同时也不断加强对海域环境的建设，包括规划时对海上公园、沿岸景观、野鸟栖息地、绿地等亲水空间进行统一规划（邵超峰等，2009）。例如，广岛港五日市的港湾建设规划就充分体现了对环境保护的重视程度，该港湾建设围海回填总面积约为 1.54 平方千米，新陆地在规划布局时不仅规划了扩大港口流通中心的建设用地，同时规划了港湾环境建设包括城市开发、公园绿化等用地，其分配比例是码头及港湾关联用地占 25%；城市开发包括住宅、教育设施、城市设施、垃圾处理、中小型企业等用地占 38%；交通机能用地占 9%；公园绿地包括一般公园、港湾绿地、野鸟园等用地

占28%。而且在开发过程中，由于相邻的八蟠川河口部的浅滩是广岛县内屈指可数的水鸟生栖地，而五日市的回填工程占用了大部分浅滩，为了保护水鸟在此继续生存，又在回填区的东侧新建了与原浅滩相同的人工沙滩24万平方米，使鸟类仍有栖息之地，并成为丰富市民生活的场所（邵超峰等，2009）。

三、美国海洋经济发展的"绿色港口"计划

美国是世界上海洋经济最发达的国家，也是世界上最早实行海洋管理的国家。作为世界贸易大国，其港口管理体制和发展战略也有它的独到之处，360多个公共和私人码头在美国经济发展中起着引擎的作用。在港口的运作中，涉及立法、政府管理机构、港务局、码头经营商等多重主体。美国近年来在港口管理的各个方面均加速了制度创新、管理创新和技术创新，其经验值得借鉴（周璇和林桦，2009）。

美国加利福尼亚州长滩港是"绿色港口"的典范，在绿色港口建设方面取得的成就为世界瞩目。作为美国西海岸重要的贸易口岸之一，长滩港对地区经济的影响深远，目前每年通过长滩港的进出口贸易总值达1000亿美元。但随着吞吐量的逐年上升，污染也日益加重，如何解决二者之间的矛盾，促进港口的良性发展，就成为迫在眉睫的问题（吕航，2005）。2005年1月，长滩港首次推出"绿色港口政策"，制定了包括维护水质、清洁空气、保护土壤、海洋野生动植物及栖息地、减轻交通压力、可持续发展、社区参与等7个方面近40个项目的环保方案，目前长滩港水质已达到10年来的最佳水平（邵超峰等，2009）。绿色港口政策是减少港口运营过程中对环境造成负面影响的综合方法，作为建立环境友好型港口的指导方针和发展目标，长滩港的绿色港口政策包括6个基本元素，每一个都有独立的总体目标：①野生动植物——保护，保持和恢复水生生态系统及海洋生物栖息地；②空气——减少港口有害气体排放；③水——改善长滩港的海水水质；④土壤、沉积物——去除、处理污染物使其能重新利用；⑤社区参与——港口运营和环保规划与社区互动，并促进社区教育；⑥可持续性——可持续发展的理念贯彻到港口设计、建设、运营和管理的各个环节。

美国东部的纽约-新泽西港持续投入大量资金用于港口扩建和部分设施的改造并大量采取环保措施，以适应美国联邦政府强制推行的绿色港口政策和缓解来自居民和环保主义者的压力。纽约-新泽西港主要从港区运营、船舶监控、环境监测等三方面入手建设"绿色港口"。2004年，纽约-新泽西港就开始在公用泊位和船舶给养区域执行港口环境管理体系（EMS），后来逐渐扩展到航道疏浚及码头操作等各个方面。同时，港口经营方利用污水处理系统处理港口的污水，并且大力推行可再生设备的使用，注重更新码头的装卸设备，淘汰大批严重污染环境的设备，尽量使其现代化、电气化，减少有害气体的排放（郭保春和李玉如，

2006)。此外，港口积极加强基础设施建设，通过拓建高速铁路和改善港口物流系统的方式来缓解因交通压力而产生的环境问题。

第五节　沿海产业集群的生态安全问题原因分析

临港工业和港口经济对港口城市发展和区域经济的发展具有巨大的促进作用。港口作为对外经贸联系的窗口和参与经济全球化的重要门户，成为沿海港口城市依托发展的最重要的基础，对沿海区域经济社会发展发挥了重要作用。进入21世纪，我国港口整体上处于第二代港口向第三代港口转型的过程，港口扩建改造和基础配套建设资金投入大。长期以来，我国的港口规划建设主要是由交通部门主导，规划建设港口受到地方政府的积极支持，与港口相关的产业园区、临港工业区规划建设对海洋环境的影响缺乏长远综合评价，港口和临港产业的快速发展超过了区域资源环境的承载能力，对生态环境必然造成不利影响。

一、港口和产业集群建设规模大，资源环境承载力有限

港口规模主要是指吞吐规模和占地规模，前者包括通过能力、货物吞吐量、集装箱吞吐量，以及港区、泊位、航道、锚地数量等，后者则包括港区占地面积、占用海域面积、占用岸线和航线长度等。2004～2010年，我国珠海港、大连港和厦门港三个港口货物吞吐量和集装箱吞吐量的增幅均超过全国，其中珠海港总体规划的发展规模超过《全国沿海港口布局规划》中该港发展规模近80%；珠海港、大连港和厦门港集装箱吞吐量分别增长了9.0倍、3.1倍、1.3倍（刘磊等，2007）。根据厦门港2008～2020年港口总体规划，厦门港规划占地40平方千米，其中围填海22.1平方千米，规划占用岸线资源58.6千米，其中规划新占岸线40.2千米，约占厦门湾适合建港岸线的97.7%，围填海过程会占用大量生态用地和海域（刘磊等，2007）。根据2009年批准的厦门港总体规划，厦门港建设目标定位是国家综合交通运输体系的重要枢纽和沿海主要港口，规划将厦门港划分为东渡、海沧、嵩屿、招银、后石、刘五店、石码和客运8个港区，并对各港区的主要功能做了基本界定。厦门港具备装卸仓储、中转换装、运输组织、现代物流、临港工业、综合服务，以及保税、加工、商贸、旅游等多种功能，并逐步发展成为设施先进、功能完善、管理高效、效益显著、文明环保的现代化、多功能的综合性港口①。沿海港口规划是港口扩张的推手，刺激了临港工业的快速发展,沿海港口型产业集聚规模宏大、配套基础设施标准高,海岸带大规模的港

---

①厦门港口管理局. 厦门港总体规划获得交通运输部与省政府联合批复. 2009. http://www.xm.gov.cn/zwgk/zwxx/200911/t20091127_330531.htm[2013-07-15].

口建设和临港工业发展,已经超出了局部建设岸段海岸带资源环境承载力,而这方面的研究不够深入,加上对港口规模合理性的论证不够,给沿海地区带来了严重的生态安全影响。总体上看,我国沿海港口的规划建设未体现"生态保护优先"的原则,未确定需要生态保护的岸线资源,而是提出"深水深用、浅水浅用"的全面开发岸线的思想,没有从环境保护角度论证港口发展的合理规模,并充分考虑资源环境的承载力。

二、临港产业布局不尽合理,环境保护工作相对滞后

因港口规划建设规模过大,部分港口布局不尽合理。黄、渤海沿岸部分区域石化、钢铁等项目分布密度较高,城市的发展、重工业企业遍地开花的布局方式与近岸海域环保工作的矛盾日益突出,近岸海域水环境质量面临进一步恶化的巨大压力。一部分港口码头及临港产业园区长时间厂房或者货场闲置,区域产业规划建设超前,没有考虑到腹地、行业竞争、区位条件限制等因素,大规模的沿海规划建设,建立在对滨海湿地和生态破坏的基础之上,对海岸和海洋生态安全构成威胁。

同时,港口及临港产业集聚区布局与环境敏感区之间的冲突日益明显。根据相关港口规划环境影响报告①,大连港和厦门港均不同程度占用环境敏感区,危及环境保护敏感目标,其中厦门港总体规划涉及 3 个国家级自然保护区、1 个国家级风景名胜区和 1 个省级自然保护区。对于规划区与生态敏感区的冲突,规划通常采取申请调整自然保护区范围和功能的方法,这种做法将进一步危及重要保护物种,如大连港请求调整大连斑海豹国家级自然保护区范围,厦门港请求调整国家级中华白海豚自然保护区范围及功能区。我国港口岸线规划、港口总体布局规划及其配套设施规划体系都很完善,但环境保护规划则明显不足,相对滞后(张生光等,2008)。首先,沿海地区海域使用论证报告和项目环境影响评价报告一般仅对施工期施工范围内和运营期的环境影响提出管理和防治措施,针对性不强,缺乏相应的监督、惩处及补救措施。其次,在沿海港口和产业集群规划建设中,因为缺乏强制性的生态影响评估和生态补偿机制及恢复措施,海洋生态安全问题往往得不到重视。沿海多地大规模的沿海规划和开发建设,缺乏有针对性的、完整的项目生态风险评估、预测与防范措施,对整个沿海地区的海洋生态安全造成巨大威胁。

三、临港产业的重化工发展迅速,近岸海域生态安全风险增加

目前,我国石油需求量与日俱增,水上石油运输将占主导地位,一旦出现大的

①交通部水运所. 2006. 大连港总体规划环境影响报告;交通部规划研究院. 2006. 厦门港总体规划环境影响报告.

溢油、化学品泄漏和危险品爆炸等事故，将造成巨大的经济损失和严重的环境破坏。港口大宗货物运输的优势使临港工业成为沿海地区的经济发展重点。曹妃甸临近北京、天津及京津唐重工业区，是环渤海经济圈中各种资源最丰富、产业最密集、经济实力最强的区域。作为国家级重化工产业基地，曹妃甸承接了京津冀都市圈产业结构调整中的产业梯度转移。曹妃甸填海工程拟填海造陆 310 平方千米，建设以大码头、大钢铁、大化工、大电能为核心的曹妃甸工业区（许亚平和王震，2011）。北仑港区是宁波对外开放的窗口地区，也是浙江省临港大工业最集中的区域，临港工业的经济贡献度突出。目前，北仑临港工业已形成六大基地（任强和李振基，2011），即以台塑、台化为主体的石化基地，以春晓天然气项目和北仑电厂为主体的能源基地，以宝新不锈钢、建龙钢铁为主体的钢铁基地，以汽车零配件和吉利汽车为主体的汽车基地，以三星修造船项目为主体的修造船基地和以中华纸业白纸板项目为主体的造纸基地。

第六节　对策与建议

一、统筹沿海产业发展规划和空间布局，减轻滨海生态危机

在沿海开发战略实施的进程中，环渤海湾沿海各地的滨海产业规划具有大而全、区域间基本雷同的特点，造成产业规划和发展面临巨大的竞争，可持续发展面临巨大的挑战。例如，渤海湾沿岸产业规划都将港口建设和临港工业作为重要发展规划内容，港口建设中一味进行深水大港、多功能大港的建设，很多港口的货物吞吐量与港口设计能力之间存在巨大的差异，集装箱码头建设也存在类似的问题，港口码头长期闲置造成巨大的资源浪费。例如，在渤海西岸地区，秦皇岛、黄骅港、曹妃甸、锦州港及天津港都建成了专业化的煤炭运输码头和基地，彼此之间的竞争已成定局。加强区域性沿海产业规划的统筹兼顾与规划布局，建立自上而下的产业规划管理机制，可以节约资源、减少盲目投入，避免沿海开发中的恶性竞争。

在沿海开发的进程中，"土地"成为稀缺资源，地方政府的相关管理部门看到了围填海工程的巨大经济利益，对滨海湿地进行的多占、多围的现象十分普遍。同时，在观念上将"滨海湿地"视为"盐碱荒地"来看待，如天津滨海新区拥有水面、湿地 700 平方千米，海域面积 3000 平方千米，拥有海岸线 153 千米，天津滨海新区规划建设中将可供开发的滨海湿地称为"盐碱荒地"，大约有1200 平方千米。沿海大规模的填海造地其实是对滨海湿地的侵占，在短短的 5 年内，曹妃甸和天津滨海新区都在沿海进行了超过 100 平方千米的大规模、快速的围填海工程。

滨海湿地是近岸生态系统最重要的组成部分，具有巨大的生态服务价值。

Costanza 等认为近岸生态系统的服务价值是全球生态服务价值的 1/3，大约为 10.6 万亿美元（Costanza et al.，1997）。我国学者研究发现山东桑沟湾单位面积的生态服务价值为 424 万元/千米²（张朝晖等，2007）。关注滨海湿地生态危机和生态服务价值丧失问题，遏制大规模、快速的围填海工程，解决我国海洋生态安全问题已迫在眉睫。

二、大规模沿海开发建设中应加强海岸与海洋生态保护工程

国家沿海发展战略实施过程中，对建设土地资源的需求日益高涨，产业集聚成不可逆转之势在滨海地区展开。在国家战略规划框架下，沿海各省（直辖市）政府大力支持和推进沿海产业发展，产业集聚的规划超前、规模空前。例如，天津滨海新区的总体规划建设面积 2270 平方千米，2010 年滨海新区建成区面积 304.44 平方千米。整个天津滨海新区的填海面积将超过 200 平方千米，其中包括 30 平方千米东疆港区、13 平方千米的南疆港区及 120 平方千米的临港产业区。此外，滨海旅游区还将进行港区之外的大规模填海造陆工程。规模如此庞大的围填海工程建设和规划将带来诸多后患，如部分围填海地块长期闲置；滨海湿地大范围消亡、湿地的环境自净能力减弱，而临港工业的大规模集聚发展无疑会加重天津附近海域的污染状况；大范围的临港工业集聚区将面临极端海洋灾害的威胁，如地震海啸、极端风暴潮的影响等。因此，科学实施产业集聚区的规划十分重要，慎重对待规划涉及的生态环境问题，多学科、多相关利益者的沟通和协调有助于推进沿海产业集聚规划和开发朝着更高的目标和方向发展。

近年来，我国沿海临港产业集群发展很快，在大规模快速发展过程中对沿海生态环境的保护却并未给予足够的重视。临港产业集聚发展带来的环境污染综合效应十分突出，滨海湿地消亡和湿地生物污染物累积效应日趋明显。加强临港产业集聚区生态保护和生态保护能力建设十分迫切。发达国家在吸取围填海工程经验教训的基础上，对围填海工程生态环境影响的评价十分谨慎，有生态补偿的方案与之配套。根据作者 2012 年 7 月实地考察访问鹿特丹港，荷兰鹿特丹港在实施 20 平方千米的围填海向北海扩建的项目中，工程从 20 世纪 90 年代提出方案，完成了长达 6000 余页的工程生态环境影响评估报告，一直到 2008 年才开始施工建设，到 2013 年才启用。其配套工程包括在邻近海岸建立了 7.50 平方千米的休闲自然保护区，并在临近海区划出 250 平方千米的生态保护区。鹿特丹港扩建工程像是一场"马拉松"比赛，与国内的快速围填海工程形成鲜明对照。

现阶段我国大规模的围填海开发特别是依托港口的临港工业集群的发展，多以牺牲滨海湿地环境为代价，快速的抛石圈围、大功率水泵吹填泥沙对施工区域的海岸生态环境造成巨大甚至是毁灭性的破坏；围填海工程完成后，临港产业集群的发展又会造成新的污染和生态问题。因此，及早实施临港产业集群发展过程

中的生态保护工程和配套生态能力建设是十分必要的。此外，公众参与方式的改进和参与力度的加强，有助于唤起政府管理部门和企业对产业集群发展过程中生态保护的关注，有助于避免大规模围填海工程和临港工业集群带来的严重海洋生态灾难和环境污染问题。

三、重视生产安全管理，解决沿海石油化工产业生产安全隐患

国内外大量的石油污染事件显示，船舶溢油、滨海油罐泄漏，以及近岸海域海底石油开采过程中的溢油事故可能造成局部区域无法挽回的生态灾难。大连市在 2010～2013 年共计发生 6 次与临港石化产品储罐与油罐爆炸、起火有关的事故。我国不少地区发展临港石油化工，形成海滨油罐林立的局面，如宁波市甬江口、北仑港口、上海金山卫石化基地、大连港、青岛黄岛港区等。青岛黄岛油库爆炸、大连频发的石化产品、油罐爆炸起火事故，以及渤海湾康菲公司石油钻井平台的溢油事件等，已经拉响了我国沿海石油化工产业的生态安全警报。油轮越大，运输成本越低，因而导致全世界油轮大型化趋势，同时也增添了发生重大海上溢油事故的可能性，增加了溢油处理的难度。由于大型油轮频繁进出，我国海域成为突发性石油污染的隐患区，一旦发生超级油轮溢油事故，处置难度非常大。在相对封闭的环渤海地区，石油污染的灾害将更加严重，应给予特别的关注和重视。加强石油产品储藏、运输、装卸过程中的科学规范管理，加强生产安全管理，解决石化工业生产和运输环节的生产安全隐患，避免严重污染和爆炸事件的发生，对维系我国海岸与海洋生态安全十分重要。

四、强化沿海产业集聚区污染治理和环境监管

沿海产业集聚的快速发展给沿海环境保护带来巨大的压力，产业集聚过程中的环境保护投入明显落后于产业的投入。一些产业园区在环境保护措施没有配套实施的情况下仓促上马，大量废水、废物、废气排放，给毗邻海区生态环境带来巨大的损害。2009 年 5 月中国审计署发布渤海水污染防治审计调查结果，环渤海地区环境保护基础设施建设投入不足，工业和生活污染比较突出。调查涉及天津、大连、烟台等 13 个市，结果触目惊心：13 个市中正常生产的 180 户国家重点监控废水排放企业中有 41 户废水超标排放，其中 35 户属于石油化工、造纸和印染等污染物排放大户；13 个市的 34 个经济开发区中有 15 个开发区未建成污水集中处理设施；2007 年 13 个市随生活污水排放的 COD 比 2005 年增长 7%；51 座已运行污水处理厂中，有 18 座处理后的水质和污泥不达标；2007 年有 4000 万吨污水未经处理直接排放；有 358 个建设项目未按要求进行环境影响评价。抽查的 10 座垃圾处理场中有 6 座将收集的 62 万吨垃圾简易填埋或露天堆放，占收集

总量的31%；7个市的城市污水处理率低于全国60%的平均水平①。

国家海洋局的环境监测报告也表明近年来渤海地区是环境污染最严重的地区之一，并呈恶化趋势。说明地方环境保护部门在日常环境监管中存在明显的失职行为，地方政府干预、阻挠环境执法也是亟待解决的问题。只有加强环境保护管理的监督，才能强化沿海产业集聚区的环境监管，有效改善其环境状况，维系国家和区域海洋生态安全。

五、科学定位沿海产业集聚园区发展方向，提高企业关联度

我国滨海产业集聚发展的过程中，滨海产业集聚区经历了由简单到复杂、由小到大的不断扩张的过程。一些产业集聚区内，不同发展阶段的产业布局和发展规划存在很大的差异性，造成沿海产业集聚区内呈现出产业类型多样、关联度不高、产业链分割的状态，不利于产业园区节能、减排、降耗和节约成本。例如，杭州湾北岸的产业发展中，石化企业、煤炭企业和保税区、经济技术开发区各自为战，修筑港口码头，造成海洋空间资源的浪费并加剧滨海生态环境的破坏。加强沿海产业集聚区的统筹规划和管理，科学定位沿海产业集聚园区的发展方向，落实产业集聚区企业准入制度，关注园区内企业在原材料和产品方面的集成和关联，将有助于形成沿海产业集聚的强大优势和竞争力，推进沿海产业集聚区的可持续发展，也有利于保护海洋生态与进行海洋环境管理。

主要参考文献

包汉民. 2005. 变革和发展中的荷兰鹿特丹港. 中国港口，(2)：55-58.

常丽，薛巍. 2011. 辽宁沿海经济带产业发展研究——基于环渤海视角. 商业时代，(2)：128-131.

陈金平，罗源. 2006. 牛坑湾围垦（填海）工程对海洋生态环境影响的分析. 引进与咨询，22（10）：20-21.

戴相龙. 2006. 用科学发展观统领天津滨海新区的开发开放. 求实，(21)：39-41.

丁金钊. 2009. 疏浚物倾倒对区域海洋生态环境的影响与对策研究相关文献综述. 海洋开发与管理，26（9）：33-37.

董月娥，左书华. 2009. 1989年以来我国海洋灾害类型、危害及特征分析. 海洋地质动态，25（6）：28-33.

范素英，徐雯佳，李纪娜. 2010. 河北曹妃甸主要地表地质环境变化遥感分析. 国土资源遥感（增刊），(86)：159-162.

谷风. 1984. 日本濑户内海的污染和治理. 环境科学动态，(8)：20-21.

郭保春，李玉如. 2006. 纽约-新泽西港绿色港口之路对我国港口发展的借鉴. 水运管理，(10)：8-10.

郭志平. 2004. 我国面临的近海石油污染以及防治. 浙江海洋学院学报（自然科学版），23（3）：269-272.

国家海洋局. 2012. 2012年. 中国海洋经济统计公报. http://www. coi. gov. cn/gongbao/jingji/201302/

①钮东昊. 2009. 审计署就《渤海水污染防治审计调查结果》答问. http://www.china.com.cn/policy/txt/2009-05/22/content_17818759.htm[2013-05-10].

t20130227. 26159. html［2013-02-27］.

侯志茹. 2007. 东北地区产业集群发展动力机制研究. 东北师范大学博士学位论文.

黄忠秀. 1999. 船舶与港口水域防污染. 北京：人民交通出版社.

雷小毓. 2007. 产业集群的成长和演化机理研究. 西北大学博士学位论文.

李晨枫, 杜晓雅. 2010. 天津市滨海新区湿地类型变化及其影响分析. 测绘科学, 35 (6)：164-166.

李国一, 王彬. 2007. 港口含油废水处理技术现状及展望. 水道港口, 28 (3)：212-215.

梁佩珩. 2006. 港口的环境保护与可持续性发展. 珠江水运, (8)：16-18.

刘磊, 马铭锋, 杨帆. 2007. 我国部分港口规划存在的环境问题分析及对策建议. 中国水运 (学术版),
　　7 (2)：21-24.

刘宪斌, 李崑毓. 2011. 天津临港工业区围海造陆工程对周围海域生态环境的影响. 绿色经济与沿海城市可
　　持续发展战略研讨会论文集.

刘友金, 黄鲁成. 2001. 产业集群的区域创新优势与我国高新区的发展. 中国工业经济, (1)：33-37.

刘育, 龚凤梅, 夏北成. 2003. 关注填海造陆的生态危害. 环境科学动态, 28 (4)：25-27.

吕航. 2005. 美国的绿色港口之路. 中国船检, (8)：43-44.

吕荣胜, 邬德林. 2008. 发展环渤海港口产业集群模式研究. 天津行政学院学报, 10 (2)：57-80.

罗萍. 2010. 我国港口经济与临港产业集群的发展趋势. 综合运输, (12)：4-7.

麻智辉, 刘晓东, 高玫. 2004. 沿海发达地区产业集群发展的成功经验及启示. 地域研究与开发, 23 (4)：1-4.

孟祥林. 2006. 港城经济互动与环渤海临港产业的组合城市发展模式研究. 青岛科技大学学报 (社会科学
　　版), 22 (1)：10-15.

任强, 李振基. 2011. 北仑积极构建特色临港产业体系. 宁波通讯, 17-18.

上海国际航运研究中心. 2011. 2010 年世界主要港口货物、集装箱吞吐量统计. 港口经济, (6)：60.

邵超峰, 鞠关庭, 胡翠娟等. 2009. 长滩港绿色港口建设经验与启示. 环境污染与防治 (网络版), (6)：1-9.

石崇, 钱谊, 许燕华等. 2010. 射阳港区规划对盐城自然保护区的生态影响研究. 环境监测管理与技术,
　　22 (3)：31-34.

宋光辉, 高欣. 2013-6-3. 大连：油罐着火爆炸事故再发. 中国青年报, 第 3 版.

田汝耕, 张振克, 朱大奎. 2004. 海岸带临港工业、海运物流与全球化大生产的探讨. 世界地理研究,
　　13 (2)：1-8.

王冲, 张耀光. 2009. 我国东部沿海三大经济区产业结构比较分析. 海洋开发与管理, 26 (2)：71-78.

王缉慈, 张晔. 2008. 沿海地区外向型产业集群的形成、困境摆脱与升级前景. 改革, (5)：54-59.

王缉慈. 2001. 创新的空间——企业集群与区域发展. 北京：北京大学出版社.

王缉慈. 2004. 关于中国产业集群研究的若干概念辨析. 地理学报, 59 (增刊)：47-52.

王雷. 2004. 中国产业集群理论研究评述. 重庆工商大学学报 (社会科学版), 21 (2)：29-32.

王颖. 1994. 海洋地理学的当代发展. 地理学报, 49 (6)：669-674.

王志勇, 赵庆良, 邓岳等. 2004. 围海造陆形成后对生态环境和渔业资源的影响——以天津临港工业区滩
　　涂开发一期工程为例. 城市环境与城市生态, 17 (6)：37-39.

王志远, 蒋铁民. 2003. 渤黄海区域海洋管理. 北京：海洋出版社.

魏一豪, 吴国蔚. 2010. 渤海区域产业布局分析. 河北北方学院学报 (社会科学版), 26 (2)：44-47.

许亚平, 王震. 2011. 曹妃甸发展现代生产性服务业的战略研究. 商业经济研究, (25)：140-145.

闫世忠, 常贵晨, 丛林. 2009. 《辽宁沿海经济带发展规划》解读. 中国工程咨询, (11)：42-44.

杨静, 李海, 刘钦政等. 2010. 2006 年夏季渤海初级生产系统的数值模拟研究. 海洋预报, 27 (6)：35-44.

姚福春. 1990. 建港施工对海域生态环境的影响与对策. 环境科技, 10 (1)：76-78.

姚腾霄. 2010. 环渤海区域产业布局的现状与主要特点. 现代经济信息, (4)：167-169.

尹延鸿, 褚宏宪, 李绍全等. 2011. 曹妃甸填海工程阻断浅滩潮道初期老龙沟深槽的地形变化. 海洋地质前

沿，27（5）：1-6.

尹延鸿. 2009. 曹妃甸浅滩潮道保护意义及曹妃甸新老填海规划对比分析. 现代地质，23（2）：109-200.

曾忠禄. 1997. 产业集群与区域经济发展. 南开经济研究，（1）：69-73.

张朝晖，吕吉斌，叶属峰. 2007. 桑沟湾海洋生态系统的服务价值. 应用生态学报，18（11）：2540-2547.

张辉. 2003. 产业集群竞争力的内在经济机理. 中国软科学，（1）：70-74.

张生光，鞠美庭，邵超峰. 2008. 我国港口发展的环境问题及对策分析. 中国环境管理丛书，（1）：26-30.

张淑静. 2006. 产业集群的识别、测度和绩效评价研究. 华中科技大学博士学位论文.

张颖. 2006. 日本三湾一海地区临港经济发展研究. 商业研究，（21）：188-200.

中国热带海洋生物网编辑组. 2009. 中国海域发生过的较严重的赤潮灾害. http://www. hycfw. com/fzjz/zqhg/RedTide/2009/12/11/36101. html［2013-07-05］.

周璇，林桦. 2009. 美国港口发展模式及对我国的启示. 交通企业管理，（2）：73-74.

朱华友. 2004. 我国产业集群研究现状及理论述评. 资源开发与市场，20（2）：93-99.

朱琳. 2007. 渤海湾的生态环境压力与管理对策研究. 天津大学硕士学位论文.

Belfiore S. 2003. The growth of integrated coastal management and the role of indicators in integrated coastal management：introduction to the special issue. Ocean & Coastal Management，46（3-4）：225-234.

Costanza R，et al. 1997. The value of the world's ecosystem services and natural capital. Nature，387（15）：253-260.

Gupta A K，Gupta S K，Patil R S. 2005. Environmental management plan for ports and harbors projects. Clean Technology Environmental Policy，7（2）：133-141.

Porter M E. 1998. Clusters and the new economics of competition. Harvard Business Review，76（6）：77-90.

Smith A. 2002. 国民财富的性质和原因的研究. 郭大力，王亚南译. 北京：商务印书馆.

第四章 河口、海湾大型航运工程的
生态安全问题

第一节 我国沿海港口现状与布局规划

随着全球经济一体化的日益发展，世界贸易量大幅增加，沿海国家河口与海湾港口建设快速发展。我国交通运输部于 2006 年 9 月公布了《全国沿海港口布局规划》，全国沿海港口将在现有布局的基础上，按照适应经济、区域协调、突出重点、综合运输、节约资源的原则和思路统一布局，在区域上逐步形成环渤海、长江三角洲、东南沿海、珠江三角洲、西南沿海 5 个规模化、集约化、现代化的港口群体；在主要货类的运输上，形成系统配套、能力充分、物流成本低的煤炭、石油、铁矿石、集装箱、粮食、商品汽车及物流、陆岛滚装、旅客 8 大运输系统。5 个港口群体的功能定位分别如下①。

一、环渤海地区港口群体

环渤海地区港口群体由辽宁、津冀和山东沿海港口群组成，服务于我国北方沿海和内陆地区的社会经济发展。

辽宁沿海港口群以大连东北亚国际航运中心和营口港为主，由丹东、锦州等港口组成，主要服务于东北三省和内蒙古东部地区；运输货物定位为大型、专业化的石油、液化天然气、铁矿石和粮食等大宗散货的中转储运、商品汽车中转储运等。

津冀沿海港口群以天津北方国际航运中心和秦皇岛港为主，由唐山、黄骅等港口组成，主要服务于京津、华北及其西向延伸的部分地区；港口布局为大型、专业化的石油、天然气、铁矿石和粮食等大宗散货的中转储运设施；天津港为主布局集装箱干线港，相应布局秦皇岛、黄骅、唐山港等支线或喂给港口。

山东沿海港口群是以青岛、烟台、日照港为主并与威海等港口共同组成的，主要服务于山东半岛及其西向延伸的部分地区；港口布局为大型、专业化煤炭装船港，专业化的石油（特别是原油及其储备）、天然气、铁矿石和粮食等大宗散货的中转储运设施；以青岛港为主布局集装箱干线港，相应布局烟台、日照、威海等支线或喂给港口。

---

①中华人民共和国交通部. 2006. 全国沿海港口布局规划. http://www. gov. cn/gzdt/2007-07/20/content_691642. htm［2007-07-20］.

二、长江三角洲地区港口群体

长江三角洲地区港口群依托上海国际航运中心，以上海、宁波、连云港港为主，充分发挥舟山、温州、南京、镇江、南通、苏州等沿海和长江下游港口的作用，服务于长江三角洲及长江沿线地区的经济社会发展。

长江三角洲地区港口群集装箱运输布局以上海、宁波、苏州港为干线港，与南京、南通、镇江等长江下游港口共同组成上海国际航运中心集装箱运输系统，布局连云港、嘉兴、温州、台州等支线和喂给港口；进口石油、天然气接卸中转储运系统以上海、南通、宁波、舟山港为主，相应布局南京等港口；进口铁矿石中转运输系统以宁波、舟山、连云港港为主，相应布局上海、苏州等港口；煤炭接卸及转运系统以连云港为主；粮食中转储运系统由上海、南通、连云港、舟山和嘉兴等港口组成；以上海、南京等港口布局商品汽车运输系统，以宁波、舟山、温州等港口为主布局陆岛滚装运输系统；以上海港为主布局国内外旅客中转及邮轮运输设施。根据地区经济发展需要，在连云港港口适当布局进口原油接卸设施。

三、东南沿海地区港口群体

东南沿海地区港口群以厦门、福州港为主，由泉州、莆田、漳州等港口组成，服务于福建和江西等内陆省份部分地区的经济社会发展和对台"三通"的需要。

进口石油、天然气接卸储运系统以泉州港为主；集装箱运输系统布局以厦门港为干线港，福州、泉州、莆田、漳州等为支线港；粮食中转储运设施由福州、厦门和莆田等港口组成；布局宁德、福州、厦门、泉州、莆田、漳州等港口的陆岛滚装运输系统；以厦门港为主布局国内外旅客中转运输设施。

四、珠江三角洲地区港口群体

珠江三角洲地区港口群由粤东和珠江三角洲地区港口组成。以广州、深圳、珠海、汕头港为主，相应发展汕尾、惠州、虎门、茂名、阳江等港口，服务于华南、西南部分地区，加强广东省和内陆地区与港澳地区的交流。

该地区煤炭接卸及转运系统由广州等港口的公用码头和电力企业自用码头组成；集装箱运输系统以深圳、广州港为干线港，汕头、惠州、虎门、珠海、中山、阳江、茂名等为支线或喂给港；进口石油、天然气接卸中转储运系统由广州、深圳、珠海、惠州、茂名、虎门港等港口组成；进口铁矿石中转运输系统以广州、珠海港为主；广州、深圳港等其他港口组成粮食中转储运系统；以广州港为主布局商品汽车运输系统；以深圳、广州、珠海等港口为主布局国内外旅客中转及邮轮运输设施。

五、西南沿海地区港口群体

西南沿海地区港口群由粤西、广西沿海和海南省的港口组成。港口布局以湛江、防城、海口港为主，相应发展北海、钦州、洋浦、八所、三亚等港口，服务于西部地区开发，为海南省扩大与岛外的物资交流提供运输保障。

港口集装箱运输系统布局由湛江、防城、海口及北海、钦州、洋浦、三亚等港口组成集装箱支线或喂给港；进口石油、天然气中转储运系统由湛江、海口、洋浦、广西沿海等港口组成；进出口矿石中转运输系统由湛江、防城和八所等港口组成；湛江、防城等港口组成粮食中转储运系统；以湛江、海口、三亚等港口为主布局国内外旅客中转及邮轮运输设施。

据交通运输部副部长徐祖远在 2011 年 11 月中国国际海事会展高级海事论坛上介绍，预计到"十二五"末，我国沿海港口货物吞吐量将达到 78 亿吨，内河货运量将达到 38.5 亿吨；"十二五"时期，沿海港口规划新增深水泊位约 440 个，新增北方煤炭装船港煤炭码头通过能力 3.1 亿吨，新增大型原油码头接卸能力 1.0 亿吨，新增大型铁矿石码头接卸能力 3.9 亿吨，新增集装箱码头通过能力 5800 万 TEU[①]。

第二节　港口及航道建设对生态环境的可能影响——以长江口为例

河口与海湾港口航道等大型工程的建设，一方面着力推动了我国社会经济的快速发展，加速了我国融入全球经济一体化的进程；同时也不可避免地会对大型工程周边区域生态与环境造成一定影响，对河口区主要经济水产生物产卵场、索饵场、育肥场和洄游通道产生不利影响。

本章拟以持续 10 余年的长江口深水航道整治工程为例，分析大型航道整治工程的建设和运行所引起的河口水文和水动力特征改变、生态系统变化，以及采取的生态修复与补偿措施等。通过剖析典型个案总结河口与海湾大型工程建设的经验与教训，为实现河口与海湾大型工程建设与生态环境双赢提供政策建议。

一、长江口深水航道整治工程简介

长江口是特大型丰水、多沙河口，因长江输运细颗粒悬浮泥沙的大量落淤，

---

① 徐祖远. 有序推进沿海港口基建. 2011. http：//nanjing. chinaports. org/News＿info. htm？id =145912 ［2011-11-30］.

在口门附近形成了宽阔的水下三角洲与滩槽相间的拦门沙系，滩顶水深多年稳定在6.0米左右。为提高长江河口航道通航能力，几代人历经近40年的科研攻关，选定南港-北槽作为长江口深水航道加以治理。

长江口北槽深水航道治理工程整治建筑物由分流口鱼嘴和潜堤工程、南/北导堤工程、丁坝工程和人工疏浚工程组成（图4-1）。整治工程从1998年开始分三期实施，依次实现8.5米、10米和12.5米（理论最低潮面下，下同）通航水深的建设目标，最终在南港-北槽形成全长92.2千米、底宽350~400米的双向航道，满足第三、第四代集装箱船和5万吨级船（实载吃水深度≤11.5米）全潮双向通航，并兼顾第五、第六代集装箱船和10万吨级满载散货船及20万吨级减载散货船乘潮通过（交通部长江口航道管理局等，2011）。

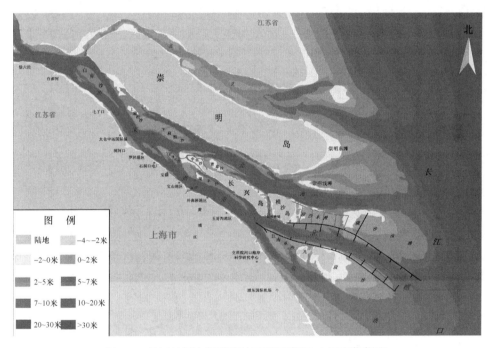

图4-1　长江口深水航道整治工程示意图（文后附彩图）

一期工程始于1998年1月，2001年6月完工，2002年9月验收，共兴建整治建筑物75.11千米。其中鱼嘴及堵堤5.53千米，南/北导堤57.89千米，丁坝11.19千米，其他护滩堤坝0.5千米；开挖8.5米水深航槽51.77千米。一期工程保证8.5米通航水深通过率稳定在100%。

二期工程始于2002年5月，主体工程2004年12月完成，2005年11月验收，共兴建整治建筑物66.37千米。其中导堤39.39千米，丁坝18.9千米，北导堤外促淤潜堤8.09千米，开挖10米水深航槽74.47千米。二期工程实现北槽航道10.0米通航水深。

三期工程始于 2006 年 9 月，共兴建整治建筑物 27. 68 千米。其中导堤（有坝田档沙堤与长兴潜堤）23. 06 千米，丁坝 4. 62 千米（延长 N1 ~ N6，S3 ~ S7，共 11 座丁坝），开挖 12. 5 米水深航槽 92. 2 千米。三期工程于 2010 年 3 月交工验收，实现 12. 5 米北槽航道全线贯通。

长江口深水航道整治工程大大提高了南港-北槽航道的通航能力，改善了安全航行条件。通过长江口的货运量显著增加，2000 ~ 2010 年货运量年均增长率在 27% 以上，使上海港货物和集装箱吞吐量稳居世界第一。长江口深水航道整治工程使江苏沿江港口的货物和集装箱吞吐量 10 年期间分别增加 6. 6 倍与 10. 8倍，带来了显著的社会经济效益（图 4-2）。深水航道整治工程导致货运量增加带动了沿江地区 GDP 增长 8404. 56 亿元，年均拉动 GDP 约 764. 05 亿元（交通部长江口航道管理局等，2011）。

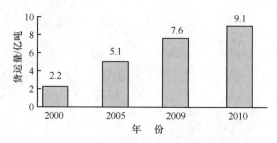

图 4-2　通过长江口的货运量逐年增长示意图

二、长江口深水航道整治工程对周边环境的可能影响

长江口深水航道整治工程在产生巨大社会经济效益的同时不可避免地对整治工程周边区域水文、地形、生态与环境造成一定影响，下面分别进行论述。

（一）对流场的影响

1. 整治工程对南北槽分流比的影响

不同于河流，像长江口这样的分汊河口在其中一个汊道兴建导堤丁坝工程，肯定会影响相邻汊道的分流比。高敏等（2009）通过实测断面资料，给出了北槽上段横沙汊道上方和下段横沙汊道下方落潮分流比工程前后 10 年间的变化（图4-3）。从该图可发现，1998 年 8 月以来北槽与南槽分流比几乎逐年减小。以下段面为例，至 2008 年 8 月，随着整治工程一期、二期、三期的推进，北槽分流比从 61. 4% 下降到 43. 6%，减少了 17. 8 个百分点。相应的，相邻的南槽进口段分流比相应增大，在南槽发生了一定程度的冲刷。

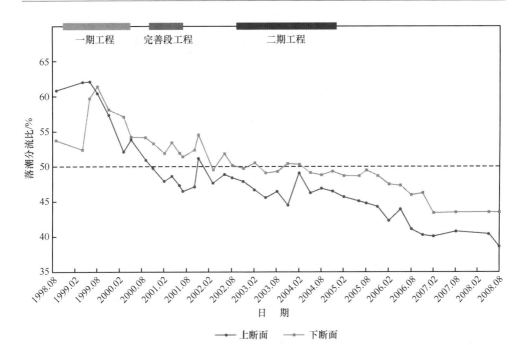

图 4-3 北槽上、下段面落潮分流比的变化

资料来源：高敏等，2009

2. 整治工程对北槽流场的影响

深水航道整治工程对北槽流场的影响主要体现在以下两方面。

一是北槽流态的变化。在 1997 年整治工程前，北槽航道上段呈往复流，流向跟航道走向存在 25°以上的夹角，航道下段则呈旋转流性质；随着一期、二期工程导堤丁坝的兴建，北槽中下段流态均有旋转流变为往复流，主轴方向与船道走向基本一致。北槽导堤丁坝兴建对附近九段沙与横沙浅滩的流态也产生直接影响，并影响到南槽与北港区域。北槽及邻近区域工程前后流态的变化，如图 4-4 所示（堵盘军，2007）。

二是北槽流速的变化。深水航道整治工程对北槽流场影响最为显著，潘灵芝（2011）利用国际上先进的 Delft3D 模型，针对北槽整治工程不同阶段设计 4 组数值实验，定量给出长江口深水航道整治不同工程阶段对流场的影响（图 4-5）。

从图 4-5 可发现，一期工程兴建的北槽上段的导堤与丁坝显著增大了北槽上段的主槽流速，最大平均流速增幅达 0.44 米/秒；北槽入口段流速明显减小，最大平均流速减幅为 0.32 米/秒；坝田区域平均流速显著减小，变化范围 −0.20～−0.78 米/秒；北槽中段及与之毗邻的区域流速减小，存在西北—东南走向的显著减小带；北槽下段流速变化微弱。

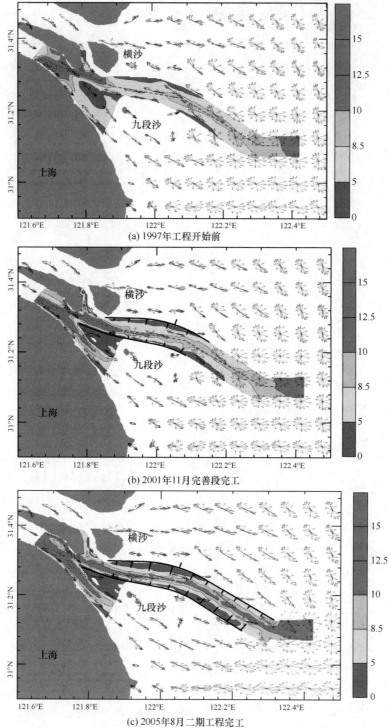

(a) 1997年工程开始前

(b) 2001年11月完善段完工

(c) 2005年8月二期工程完工

图 4-4　整治工程前后北槽及其邻近海域的流态（文后附彩图）

注：右侧色柱表示水深，单位为米。

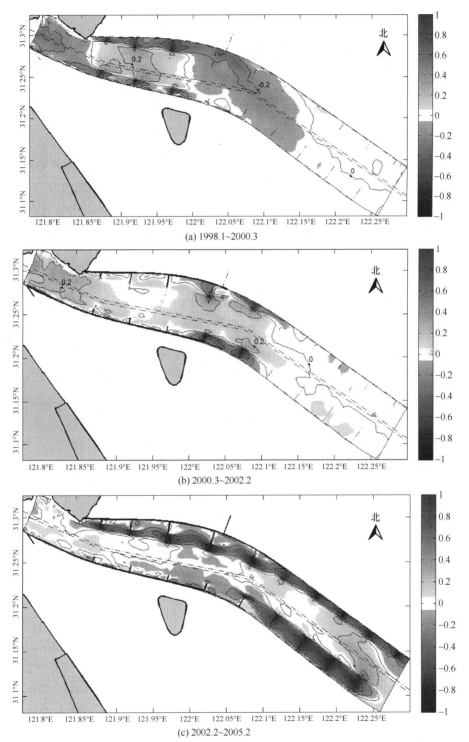

(a) 1998.1~2000.3

(b) 2000.3~2002.2

(c) 2002.2~2005.2

图 4-5 不同工程节点间北槽半月潮周期平均二维流速分布的差异（文后附彩图）
注：右侧色柱表示流速，单位为米/秒。

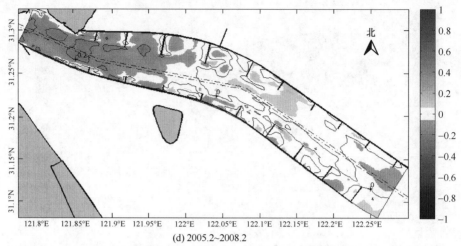

(d) 2005.2~2008.2

图 4-5　不同工程节点间北槽半月潮周期平均二维流速分布的差异（续）（文后附彩图）

一期完善段工程，南/北导堤的延长及 4 座丁坝的建设增大了北槽入口段，特别是北槽中段主槽平均流速，增大幅度为 0.12~0.45 米/秒；北槽下段流速水动力变化微弱，变化范围为-0.06~0.06 米/秒。

二期工程期间，随着南/北导堤的进一步延伸及丁坝的兴建，北槽下段主槽平均流速显著增强，最大增幅达 0.68 米/秒；北槽上中段毗邻区段主槽平均流速减弱，入口段平均流速变化微弱，坝田区域平均流速进一步减弱，减幅为-0.20~-1.20 米/秒。

2005 年 2 月~2008 年 2 月的三期工程，北槽入口段与上段平均流速减弱，中段与下段大部分区域平均流速有增有减，但流速变化范围较小。

（二）对盐度场影响

深水航道整治工程对北槽及邻近区域的盐度场也有明显影响。范中亚等（2012）利用改进后的 FVCOM 模型，在充分率定与检验基础上，对应工程前及三个不同工程阶段设计四个数值试验，讨论长江口深水航道工程不同阶段对北槽盐度场的影响。

图 4-6 是针对工程前（1977 年）和不同工程阶段（一期工程 2001 年、二期工程 2005 年、三期工程 2010 年）设计的四个数值控制试验半月潮周期平均中层盐度平面分布（左）和对应的大潮期间中层流速玫瑰图（右）。

工程前，北槽上段基本处于往复流，但与航道存在一定夹角，下段为旋转流。科氏力作用使得落潮流南偏，北槽盐度等值线向航道南侧偏移。

一期工程后，经“导堤+丁坝”束水导流作用，北槽上段落潮流速变大，同时流向基本与航道走向一致，中上段低盐度等值线下移。北槽工程建设对相邻汊道南槽和北港亦产生影响，靠近南导堤的南槽水域等盐线上移，而靠近北导堤的北港水域等盐线下移显著。

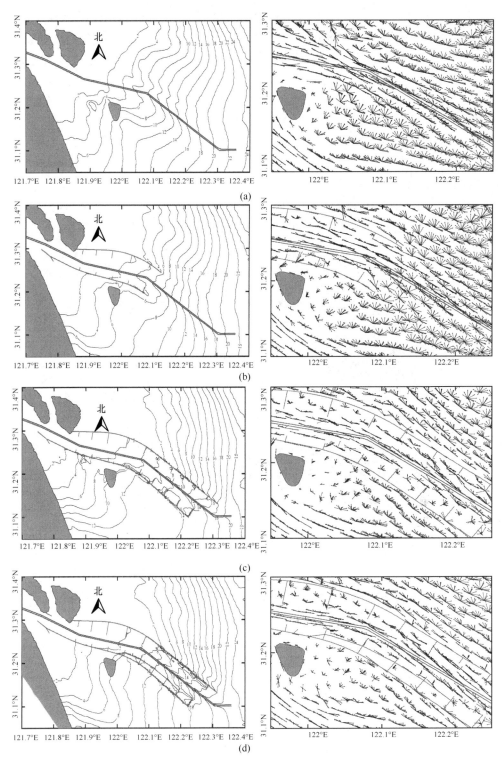

图 4-6　半月潮周期平均中层盐度分布(左) 和对应的大潮期间中层流速玫瑰图(右) (文后附彩图)

　　二期工程后，导堤工程已延伸到航道下段，航道下段流态也调整为往复流。新建坝田区域流速减小，北槽中下段主槽平均流速增大，北槽低盐度等值线继续下移。相邻汊道等盐线变化与一期工程后出现类似特征，靠近南导堤的南槽水域等盐线继续上移，靠近北导堤的北港水域等盐线下移。

　　三期工程主要以疏浚挖深为主，工程后航道中下段涨潮流流向更向北偏，与航道夹角变大；落潮流流向朝南偏，与航道夹角亦变大。航道下段水深在疏浚和导堤丁坝工程的共同作用下有显著增深，从而下段高盐水入侵有所增加，受西北方向涨潮流控制，其高盐水主要在航道北侧。南导堤下段加高工程具有非常明显的阻挡涨潮流作用。

　　图4-7给出沿北槽航道纵向断面半月潮周期平均值盐度分布，从图中可发现：一期工程后，整个北槽等盐线下移；二期工程后，1‰等盐线反弹至工程前位置，但5‰等盐线朝口外方向下移很大距离，小于5‰低盐水控制范围增大；三期工程后，1‰~5‰低盐水控制范围继续增大，下段高盐水上溯，相比工程前有少许增加。

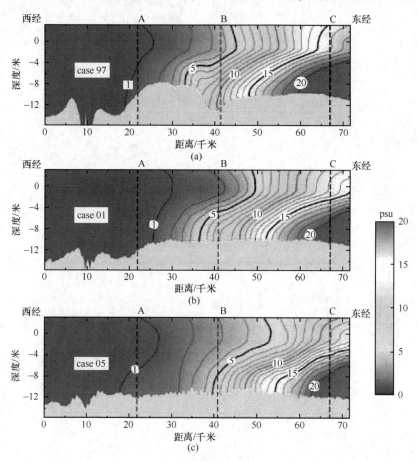

图4-7　沿航道断面半月潮周期平均值盐度分布（文后附彩图）

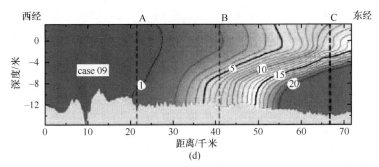

图 4-7　沿航道断面半月潮周期平均值盐度分布（续）（文后附彩图）

　　总体上，深水航道工程建设后，沿航道剖面，低盐水入侵并未改观，中上段低盐水控制范围增大；中下段高盐水入侵有少许增加；垂向上，盐淡水混合减弱，出现高度分层现象。

（三）对冲淤变化的影响

　　长江口深水航道整治工程对周边地形，特别是北槽河床冲淤变化影响显著。图 4-8 是工程前后 10 年期间北槽河床冲淤分布，从该图可看出，北槽入口段和坝田普遍淤积；北槽主槽的上、中、下段呈现"冲—淤—冲"的冲淤状态，以冲刷为主。经测算（潘灵芝，2011），自 1998～2008 年，北槽泥沙淤积总量高达 3.37 亿立方米。其中北槽入口段和坝田淤积量分别为 0.56 亿立方米和 3.50 亿立方米；主槽冲刷量为 0.69 亿立方米。航道北侧坝田自上游向海各段平均淤积厚度分别为 3.94 米、0.92 米和 2.44 米。南侧坝田自上游向下淤积厚度呈减小趋势，平均淤积厚度依次为 3.32 米、3.10 米和 1.87 米；北槽上段主槽区冲刷深度最大，平均冲刷深度高达 1.94 米。

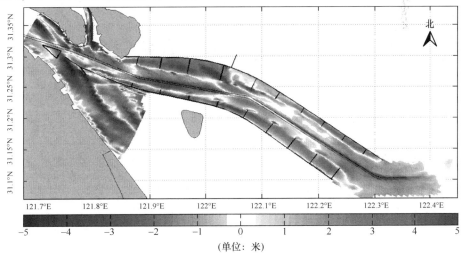

（单位：米）

图 4-8　1998 年 1 月～2008 年 2 月北槽冲淤分布（文后附彩图）

　　图 4-9～图 4-12 是不同工程阶段北槽河床的冲淤分布，从这些图可发现：一期工程期间，北槽上段主槽冲刷显著，最大冲深 1.50 米，8.5 米航道贯通，一期工程对拦门沙顶整治效果显著；中下段普遍淤积，并形成西北—东南走向淤积带。一期完善工程后，除坝田和入口段淤积外，北槽中下段的淤积带消失，北槽主槽普遍冲刷。二期工程期间入口段与坝田淤积显著，最大淤积厚度为 3.0 米；主槽下段继续冲刷，冲刷深度为 0.2～1.3 米；从 2005 年 2 月至 2008 年 2 月，坝田与北槽中段主槽南侧淤积显著，下段主槽继续呈冲刷状态。

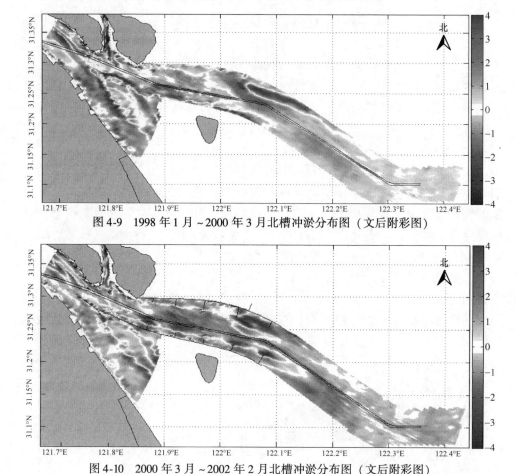

图 4-9　1998 年 1 月～2000 年 3 月北槽冲淤分布图 （文后附彩图）

图 4-10　2000 年 3 月～2002 年 2 月北槽冲淤分布图 （文后附彩图）

　　深水航道整治工程不仅对北槽河床冲淤变化影响极大，对周边区域地形演变也有重要影响。杜景龙等 （2007） 利用 1977～2004 年长江河口主要滩涂地形变化测图，分析整治工程对九段沙和横沙东滩冲淤演变的影响，如图 4-13 所示。

　　北槽深水航道工程打通了航道拦门沙，保障了长江 "黄金水道" 的畅通，同时也加快了其周边滩地的淤积速度，工程建设 6 年来两岸滩涂面积增长了约 97 平方千米，淤积速率达 16.17 平方千米/年，远远大于工程建设前 2.71 平方千米/年的淤积速率。

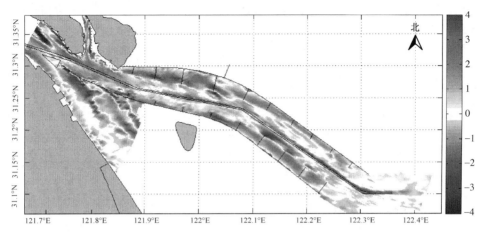

图 4-11　2002 年 2 月 ~ 2005 年 2 月北槽冲淤分布图（文后附彩图）

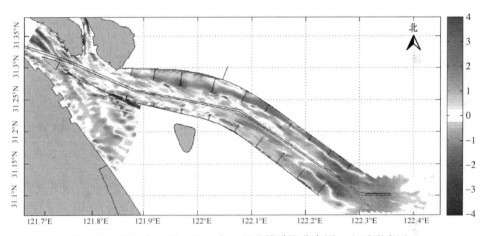

图 4-12　2005 年 2 月 ~ 2008 年 2 月北槽冲淤分布图（文后附彩图）

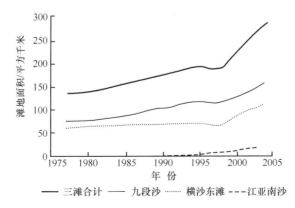

图 4-13　九段沙与横沙东滩滩地面积变化曲线

　　九段沙和江亚南沙淤积形势的变化主要是受深水航道南导堤的影响。南导堤对北向风浪的阻挡使得在堤坝的外沿形成一个长条状淤积带，九段沙滩体略向北偏移；南导堤对涨潮流的阻挡使得江亚南沙和九段沙淤积速率加快，而且淤积的速率是江亚南沙最大，九段上沙次之，九段中下沙最小：1998~2004年，江亚南沙和九段上沙的面积分别增长了2.35倍和1.83倍，九段中下沙滩地面积的增长不足20%。

　　横沙东滩的近期的冲淤变化分两个阶段，一是1998年初到2000年5月完工的深水航道北导堤工程，该阶段横沙东滩面积累计增长18.88平方千米；另一阶段是横沙东滩成陆及促淤工程，该工程使得横沙东滩全面淤长，面积增加27.15平方千米，整个横沙东滩基本连为一体，成陆效应显著增强。

（四）对生态与环境的影响

　　长江河口对人类社会的发展、生物的繁衍和进化起着重要作用。长江水流源源不断地向河口输送大量营养生源物质，其优越的自然环境给各类水生生物及鱼类的生存提供了有利的条件，孕育了丰富的生物资源，形成了著名的长江口渔场，以及毗邻的舟山渔场（南面）和吕泗渔场（北面），使长江口及其毗邻海域能成为全国生产力最高的水域。长江河口是一些溯河性和降海性游泳动物洄游的必经之路，其中珍稀水生生物（如中华鲟）和经济鱼种（如中华绒螯蟹、日本鳗鲡、松江鲈鱼）具有很高的经济价值和学术研究价值；长江口铜沙、九段沙浅滩是经济水产生物（如河蟹、白虾、鲻鱼、凤鲚等）的产卵场和育肥场。它是长江深水航道建设中的敏感点。因此保护长江河口的生态环境质量对于生物种群的繁衍和保持生态平衡具有十分重要的意义。

　　长江口深水航道治理工程位于长江入海口，是在现有入海航道基础上开挖的，工程施工主要分为疏浚作业、航道建筑物的整治。从污染物的种类来看，可归纳为如下几类：①泥浆悬浮物；②疏浚弃土；③施工船舶油污水；④生活污水及生活垃圾；⑤粉尘；⑥噪声。按造成污染的性质，可分为正常施工及运营过程中的污染物排放和突发性事故造成的污染。因此，结合深水航道治理工程特点，对生态环境的影响预测主要分为两个方面：一是正常情况下，施工期、营运期对生态环境的影响；二是事故性溢油对渔业的影响预测。

　　根据《长江口深水航道治理工程一期工程环境影响报告书》、《长江口深水航道治理工程二、三期工程环境影响报告书》和《长江口深水航道治理三期工程疏浚物临时海洋倾倒区选划论证报告》的预测和分析，结合工程建设期和营运期的工程行为特点，列出了各种工程行为与环境各要素的影响程度表（表4-1）。

表 4-1 环境各要素影响矩阵表

工程期	工程影响因素	环境要素			
		水环境	大气环境	声环境	生态环境
施工期	导堤丁坝占据的滩地空间	×	×	×	▲
	人工挖槽占据水域	×	×	×	▲
	整治构筑物料的装卸、存放、运输	▲	▲	▲	▲
	现场整治建筑物的制作、建造过程	▲	×	▲	▲
	疏浚土的挖掘与处理	●	×	▲	▲
	整治工程机具生产过程的油污水排放	●	×	×	●
	疏浚船舶的油污水排放	●	×	×	●
营运期	营运船舶的突发性溢油事故	●	×	×	●
	整治建筑物的修复工程	▲	×	▲	▲
	维护疏浚的泥土挖掘与处理	●	×	▲	▲
	疏浚船舶的油污水排放	●	×	×	●

注：×表示无影响；▲表示稍有影响；●表示影响较大

1. 对水质和沉积物的影响

工程项目对水环境和沉积物环境的影响主要是疏浚和挖抛运移过程中产生的疏浚泥沙在水中停留过程中，溶出的部分化学物质，随着水流的作用，从而影响周边水域的水质和沉积物环境。

根据 2000~2003 年春夏季长江口水域的水质、表层沉积物和浮游生物的监测结果，运用综合指数法（Q）评价，表明了长江口生态环境综合指数逐年增加，水环境质量已处于严重污染水平。

（1）对水环境质量的影响。通过对工程可能产生的各个污染因素的分析预测，深水航道治理工程对水质的影响，主要体现在疏浚、抛泥引起水体中悬浮物含量的增加，从而对水质造成一定影响。一期工程疏浚量的抛泥量相对较少，因此不致产生较大影响，不会影响水质质量。而二期、三期工程抛泥量大，吹泥作业影响范围为 8 平方千米，抛泥作业最大影响范围为 29 平方千米，挖掘作业影响范围基本控制在导堤以内，对敏感水域无明显影响，只是增加倾倒区及附近海域的水质悬浮物。如果在施工时处理好施工作业的频率，采用较先进的施工工艺并采取必要环保措施，工程作业将不会对工程海域水质产生明显不良影响。即使有少量的影响，也是局部短暂的，在一定时间内，水质将逐步有所恢复。

另外，从悬沙扩散模型结果分析，疏浚作业时泥沙悬浮、沉降、扩散，大部分泥沙在水中停留时间短，最大浑浊带区的含重金属较高的泥沙在再悬浮过程中溶入水中的重金属极其有限，除元素锌（Zn）以外，铜（Cu）、铬（Cr）、铈

（Ce）和铅（Pb）四种重金属含量不超标。如果工程中能适当控制溢流中的含沙量，则可减少细颗粒泥沙再悬浮数量，有助于进一步减少水体中重金属的含量。工程建成以后，水流扩散条件改善，水体中重金属含量的最大值将有所下降。

（2）对沉积物质量的影响。深水航道治理工程以疏浚工程为主，对河床的底泥进行开挖和搬运，将本海区的底部泥沙进行短距离（6～18 千米）的挖抛运移，可能会使沉降在底泥中的有毒有害物质的分布发生一定的变化，但一期工程疏浚增量不明显，所以对底质质量影响不会很明显。二期、三期工程虽然疏浚量明显增大，但各倾倒区水动力较强，受落潮优势流和长江径流的作用，绝大部分倾倒泥沙都向外海输移和扩散，少量泥沙沉积，因疏浚泥沙与该海域沉积环境性质的相似性，对倾倒区地形等沉积物环境影响较小，不会明显改变工程海区沉积环境的理化背景值。

2. 对水生生态系统的影响

长江口深水航道治理工程项目疏浚过程中产生的悬浮泥沙是成为对附近生态环境产生影响的主要环境影响因素，因此采用合适施工工艺，可降低疏浚、运输、吹泥与抛泥各个环节中悬浮泥沙的发生量及其扩散范围。建筑物整治也会改变原来长江口底栖生物栖息生存条件，改变游泳生物的洄游通道，对渔业资源带来影响。

近年来，长江河口区在各大水利、圈围等涉水工程的综合影响下，考虑到河口区水质恶化、水动力改变、生物种群演替等综合因素，因此，开展河口区生态修复工程，以力求尽量减少工程造成的环境损失影响。采取的生态修复措施要严格遵循《中国水生生物资源养护行动纲要》（国发〔2006〕9 号）法制化、科学化、市场化的生态补偿原则和《水生生物增殖放流管理规定》（农业部令第 20 号），选择适宜长江口区的水文与生态环境的河口性鱼类和底栖生物，用于增殖放流的亲体、苗种等水生生物应当是本地种，应当依法经检验检疫合格，确保健康无病害、无禁用药物残留。

（1）对叶绿素 a、浮游植物初级生产力的影响。水体中的叶绿素 a 含量、浮游植物的组成和数量是衡量和反映水体初级生产力的基础。在长江口深水航道施工期间，无论是疏浚工程及维护疏浚、疏浚土处理、抛泥等作业中均会产生大量的悬浮物，除了在施工中心、疏浚点分布外，高密度的悬浮物会随涨、落潮潮流影响及非潮流的影响扩散，将会形成一定范围的高浓度悬浮物分布区，致使水域中透明度下降，从而导致浮游植物光合作用能力在较短的时间内减弱，并在一定程度上影响水域的初级生产力，但这不是永久的和大范围的，而是局部的和暂时的。随着疏浚活动的结束，局部海域的水环境和浮游植物又会逐步恢复。在营运期内由于航道加深，外海水向河口楔入增加，近海及少量外海性种类随之楔入，从而会增加航道及附近水域内的叶绿素 a 含量、初级生产力及浮游植物生物量。浮游植物的种类组成、群落结构会稍趋复杂。

（2）对浮游动物的影响。水体中浮游动物是鱼、虾、贝类等水产生物的饵料基础。在深水航道治理工程疏浚作业期内，随着悬浮物浓度增加，浮游植物的数量降低，在一定程度上浮游动物数量和种类的组成也会发生改变。同时，毒性试验结果表明，当泥沙含量持续 48 小时超过 3 克/升，就可对浮游动物的生存造成负面影响；持续 96 小时的半致死浓度为 4.16 克/升。当悬沙浓度达到 7 克/升时，对轮虫的增长率将产生显著影响。但这种影响会随着施工结束而逐渐减弱和消失。在营运期内，影响结果和浮游植物相同，浮游动物种群数量、群落结构也会发生变化而趋于复杂，生物量也会趋于增加。

（3）对底栖动物的影响。底栖动物为长江口区重要水生生态系统中的生态类型之一。长江口深水航道治理工程在建筑物整治、疏浚倾倒过程中对底栖生物有一定的影响。

在建筑物整治期间，会改变原来长江口底栖生物赖以栖息的沙泥底质的生存条件，因此会使一些管栖的和穴居的以沙泥底质为主的底栖生物的生境发生变化。例如，一些蛤类、螺类、多毛类等的种群数量将明显减少，种类组成也会发生一些变化；但另一些附着性贝类，如牡蛎、贻贝、骨螺等贝类，以及固着性的甲壳动物，如藤壶等可能在种群数量上有所增加。

在疏浚作业期间，作业段的底栖生物将随疏浚物被挖起而完全被破坏；在倾倒和吹填过程中，疏浚物会将倾倒区和吹泥区的大部分底栖生物掩埋，会造成部分底栖生物没及时逃离而窒息死亡。随着疏浚施工的结束，在一定时间内，这些影响区域又将逐步恢复并形成新的底栖生物群落结构。

调查资料及历史资料表明，该海域内底栖生物年平均总生物量为 12.55 克/米^2，且一年四季中其总生物量变化不是很明显。若以长江口底栖生物年平均生物量为 12.55 克/米^2 来计算，推算出主航道范围内将损失 399 吨底栖生物生物量，若加上南/北导堤、束水丁坝及分流口工程的建设，则底栖生物生物量损失将会达千吨以上。倾倒区内底栖生物年损失量约为 130.23 吨。

3. 对渔业资源的影响

（1）对渔业生产的影响。长江口深水航道治理工程区域为刀鲚、凤鲚、鳗苗、中华绒螯蟹、中华鲟等经济水产生物及珍稀鱼类洄游通道，也是传统的渔场。工程施工期内对饵料基础（浮游生物饵料和底栖生物）产生一定的影响，那么从食物链角度，也不可避免对渔业资源带来影响，其损失量取决于饵料的减少及饵料转换系数，同时施工期内疏浚作业也必然对鱼卵、仔鱼造成一定的伤害。此外，高浓度泥沙含量致使成鱼产生回避反应，造成鱼群密度降低，而且营运期内均会在不同程度上限制部分水域进行捕捞作业，这对渔业生产将带来一定程度的影响。

(2) 对中华绒螯蟹的影响。长江口航道治理工程施工期内水域中悬浮物的剧增，对中华绒螯蟹繁殖不利，特别是对刚孵化出来的Ⅰ～Ⅱ期蚤状幼体的个体发育产生不利影响，并对种群数量和大眼幼体（蟹苗）有一定影响。

(3) 对鱼卵、仔鱼的影响。鉴于鱼卵、仔鱼类如同浮游生物一样，缺乏运动器官，常随波逐流分布于长江口区。凤鲚、银鱼、白虾、鲻鱼、鲈鱼等重要的经济水产生物均以长江口为其重要的产卵场，所产的鱼卵和其孵化后的仔鱼、幼鱼常随潮流进入长江口西段水域并溯江而上。随着长江口深水航道治理工程的开展，在施工期内，特别是在疏浚工程进行中由于悬浮物的增加，在物理条件及饵料生物减少的共同作用下，必然会降低鱼卵的孵化率，并会对少量已孵化的仔鱼和幼鱼的生长和生存带来不利影响。

此外，工程竣工后，在风浪的作用下，鱼卵、仔鱼、幼鱼在与两岸的混凝土堤坝的反复碰撞下，会增加伤害的程度。随着运输吞吐量的进一步加大，过往船只增多，螺旋桨等对鱼卵、仔鱼和幼鱼的机械损伤也将进一步加大。上述影响在水生生物的繁殖季节（4～8月）尤为明显，最终影响到渔业资源。

(4) 对鱼类洄游路线和渔场位置的影响。深水航道工程的实施，河床深挖和底泥搬运、倾倒将改变河口区局部河床的底质、地形分布，原有的流场结构、水体的运动等均会随之发生变化。原有的鱼类等水生生物的洄游路线也会随之发生一些改变，原有的一些渔场位置也会因之发生迁移。

4. 陆上基地对环境的影响

长江口深水航道治理工程横沙岛东滩基地建设中，整治构筑物原材料（如砂石料）的装、卸、堆放，砼制品加工，车辆运输等过程中产生对环境有害的粉尘和噪声。

(1) 大气污染物。横沙岛东滩基地大气污染物主要是扬尘、锅炉燃油废气和车辆废气。其中，扬尘和车辆废气属无组织排放。扬尘产生量取决于砾石料含水量、颗粒分布、气象条件等诸多因素。因此，如不采取抑尘措施，则扬尘对周边环境会产生较大影响。生活锅炉燃油废气主要污染物有 SO_2、NO_x 和 TSP，拟通过 15 米的锅炉烟囱排放。经测算，在不同风速、不同大气稳定度条件下，生活锅炉烟囱所排放的各种大气污染物的地面轴线最大浓度值均小于《环境空气质量标准》（GB 3095—1996）中的一级标准限值。

(2) 噪声。横沙岛东滩基地砂石及砼制品加工过程中将使用高噪声机械设备，声级一般可达 80～110dB（A）。通过单个点声源的距离衰减计算看出，搅拌车和装卸车噪声昼间在 30 米处、夜间在 100 米处能达到《工业企业厂界噪声标准》（GB 12348—90）中的Ⅲ类标准；搅拌站和振捣机噪声昼间在 80 米处、夜间在 250 米处能达到Ⅲ类标准。以上是单个噪声源的距离衰减情况，考虑多个声源叠加影响，则噪声影响范围会更大些。

（3）污水。污水主要分为以下两类。①生活污水：横沙岛东滩基地生活污水经生化处理后达到《上海市污水综合排放标准》（DB 31/199—1997）中的二级标准后排放，其污水排放量为450吨/日，与竹园排污口的430万吨/日相比微不足道，因此对长江口水体的影响很小。②船舶含油废水：大型船舶应设油水分离器，含油废水经分离处理达标后方可外排，对不设油水分离器的小型船舶，其所产生的含油废水应集中收集，送船舶污水处理厂处理。因此船舶含油废水对邻近水域影响不大。

5. 船舶污染对环境的影响

长江口航道治理工程主要由整治工程与疏浚工程两部分组成。在整治与疏浚中投入了大量的施工船舶机具和生产人员，这些工程活动过程中会产生各种污染物，如疏浚弃土、船舶油污水、生活污水、固体垃圾，以及可能发生的突发性溢油事故是构成生态环境影响的主要污染物。因此，可采取一系列的污染防治措施来缓解船舶污染对环境的影响。参加工程施工的一切船舶除了必须具备油水分离及粪便处理装置外，同时应提高施工质量，减少疏浚废方，从而减少和控制悬浮物的发生量；加强监督，阻止违章排污行为；加强安全生产管理，建立突发事故的应急指挥系统。

同时，长江口深水航道的建设改善了长江口入海航道的通航条件，因而将大幅度地提高通航船舶的数量。与此同时，船舶废物的产生量也随之增加。上述污染的增加对环境来说是一个客观的威胁。目前，对船舶的废弃物处理及排放有明确条例和标准，以确保水域免受污染，根据这些公约、条例和标准，油轮及400总吨以上的其他船舶必须配备油水分离器，处理机舱污水至含油量15毫克/升才允许排放，一切塑料制品、漂浮物等垃圾严禁在25海里以内投弃入海，食品废弃物及其他生活垃圾粉碎至25毫米以下时方可在距离陆地最近的3海里外投弃入海。如航行的船舶能严格贯彻执行的话，营运期间来自这方面的污染将大大受到控制，另外，加强有关规定的宣传、监督等工作仍是必要的，这样可以避免偶然突发的污染事故的发生。

6. 对敏感水域的影响

在工程施工期内，疏浚和吹泥必然对其邻近生态带来一定不利影响。其中，横沙东南侧的横沙东滩窜沟、横沙浅滩南涨潮沟、九段沙窜沟附近、九段沙尾北边滩等均在不同程度上对植被、浮游生物、底栖生物和鱼类资源有一定的影响。

（1）对九段沙生态保护区的影响。工程期间，九段沙北岸西部及东部的吹泥区附近的焦河兰蛤、缢蛏、泥螺、河蚬等软体动物及宽身大眼蟹、豆形拳蟹等均可能因被埋入深土中而死亡。九段沙北岸的部分植被，如芦苇等也会部分受到影响，随之对鸟类栖息带来一定影响。三个北吹泥区如在春季作业，则会对邻近水域中华绒螯蟹产卵、蚤状幼体发育带来一定不利影响。

（2）对中华鲟自然保护区的影响。长江口崇明岛及横沙岛东部为中华鲟幼鱼活动滞留水域，每年5～8月有一定数量上游下海的幼鲟于此水域作入海前适应性逗留。南/北导堤及其丁坝的兴建，将可能使进入航道后的幼鲟及溯江而上的亲鱼误入丁坝中，似误入迷宫而不能迅速游向所去的水域，从而影响下海或产卵时间。此外，滞留时间增加，也可能增加了鱼体被航行中的巨轮螺旋桨击中的概率。

（3）青草沙水源水质影响。1997年，青草沙取水工程已由上海市建委牵头，组织有关部门已进行了至今长达两年之久的预可行性研究。研究覆盖面很广，其中涉及河势分析、咸潮入侵和陆域排污，以及上游来水对水质的影响分析。但是，缺乏重大工程项目之间的信息交流，因此青草沙取水工程可行性研究基本上都局限于对当前状态的验证，未考虑重大水利工程等的影响。有鉴于此，目前要充分阐明长江口深水航道开挖对青草沙水源地水质的影响，确实存在不少困难。

但是，根据对工程施工期水域含沙量增量模型的计算，结果表明：含沙量增量为0.50千克/米^{3}的平均面积为19.2～23.9平方米。拟定的取水口距离工程疏浚区约50千米。因此，深水航道治理工程施工一般不会对取水口水源水质产生不良影响。深水航道竣工投入使用后，由于来往船舶增加，长江口的流动污染源排污也会增大，但这些流动污染源排污（除事故排放外），一般来说都远不及陆域污染源排污。青草沙水源地水质主要受控于上游来水。模拟结果表明，在青草沙上游来水的污染得到控制的条件下，或上游来水的污染略有增加的情况下，即便到2020年，位于长江口的上海几大排污口排污量有所增加，该水域的水质仍能维持《GB 3838—88，地面水环境质量标准》中规定的Ⅱ～Ⅲ类（就COD$_{Cr}$而言）。如果进一步精细到深水航道与青草沙之间近50千米的距离，这种因为来往船只增加而造成污染的影响就会显得更小。

第三节　长江口深水航道整治工程期间采取的生态修复工程

长江口是生产力很高的水域和优良种群的繁衍、栖息地，如许多名特优水产生物——日本鳗鲡、中华绒螯蟹、松江鲈鱼、鲥鱼、胭脂鱼和长吻鮠等；此外，长江口区也是国家一级或二级保护动物，如白鱀豚、江豚、白鲟、中华鲟、松江鲈鱼、胭脂鱼等的栖息地和洄游通道。然而近20年来，河口区及邻近区域工农业的迅速发展，人口的急剧增加。工业废水及生活污水的大量排放，以及过度捕捞、环境污染及各项非污染性工程项目的影响，导致长江河口区生态环境失去平衡并恶化，河口生态系统日趋衰退，深水航道治理工程正是处于长江口河口的敏感水域，经影响预测表明，工程本身一般不产生有毒有害物质，工程对环境的影响程度较轻，但是对底栖生物和中华绒螯蟹的生存有一定影响。

因此，长江口航道管理局在工程期间，建立了河口生态修复和生态补偿机制，积极落实了环境影响报告书及其批复中所提出的各项环境保护措施和建议，先后开展了一系列的渔业资源增殖放流及生态修复工程。2001 年 6 月至 2010 年 3 月在长江河口共进行了 6 次放流，放流品种有中华鲟幼鱼、巨牡蛎、中华绒螯蟹成蟹、花（白）鲢、花鲭、翘嘴红鲌、黄颡鱼、暗纹东方鲀及底栖动物等长江口特有品种的水生生物，累计鱼类约 40 万尾，蟹类 2.5 万只、底栖动物 600 万个。

一、长江口人工牡蛎礁的构建及其功能评估

综合运用生态系统生态学、生态恢复学、水产养殖学、河口生态学和海洋生物学等学科的理论知识，开展了长江口人工牡蛎礁生态系统构建关键技术及应用研究。内容包括河口人工牡蛎礁的构建方法、人工牡蛎礁牡蛎种群和相关礁体群落的发育及演替规律、人工牡蛎礁的生态功能（水体净化和生境价值）评估和人工牡蛎礁的综合评价指标及方法。

（一）人工牡蛎礁构建

1. 方案制定

鱼类的索饵场、产卵场、越冬场和洄游通道是其生活的重要生境。尤其在长江河口段，许多建设工程占用或破坏了鱼类生境，影响着河口生物资源的保护与可持续开发利用。长江口深水航道整治工程位于长江口南支北槽水域，此水域是中华绒螯蟹的产卵场，是刀鲚、凤鲚、日本鳗鲡和中华鲟等重要经济或珍稀鱼类的索饵场和洄游通道，因此工程建设不仅占用大量河口湿地资源，从而导致长江口鱼类生境丧失及破碎化，而且也威胁着河口经济或珍稀水生动物的种群维持和资源补充。针对长江口重要鱼类生境逐年减少的趋势，提出开展长江口重要鱼类生境（包括索饵场、产卵场、越冬场和洄游通道等）的保护与恢复研究（陈亚瞿，2003；沈新强等，2006）。通过大量收集长江口已有历史资料，他们分析了长江口水域的理化环境条件。例如，利用 2000～2003 年春夏季长江口水域的水质、表层沉积物和浮游生物的监测结果，运用综合指数法评价了长江口生态环境现状及变化趋势。结果表明，长江口生态环境综合指数逐年增加，水环境质量已处于严重污染水平。针对长江口水质恶化趋势，提出通过增殖贝类来净化长江口

水体的方案（陈亚瞿，2005；沈新强等，2006）。

长江口深水航道周围水域盐度水平分布呈现了由西向东逐渐增加的分布趋势；在同一经线上，盐度水平分布呈现了中间低、两侧高的趋势，低盐水舌自西向东伸展，底层盐度高于表层。2004年4月盐度最高（平均14.72），2005年6月次之（平均7.76），2004年9月盐度达到最低值（1.54），可见，此水域盐度季节变化显著，因此增殖的贝类物种必须对盐度有很强的适应能力，应以广盐性种类为宜。

2. 增殖贝类筛选

牡蛎、贻贝等双壳类软体动物能够高密度地聚集生长形成贝类生境，这类生境不仅能够净化水体，更能为河口和近海经济鱼类提供栖息生境。课题组初步拟定的增殖物种包括河蚬、彩虹明樱蛤、文蛤、四角蛤蜊、牡蛎和贻贝等（陈亚瞿等，2005）。同时，依据下列原则对物种进行了筛选：①引入种必须为本地种，防止外来种入侵；②能适应长江口深水航道水域的理化条件，如盐度和水温。

其中，文蛤、四角蛤蜊和贻贝在长江河口段未见有分布记录，且它们通常适宜生长于盐度较高（20左右）的水域中；在长江流域丰水期，长江口较长时间的低盐度可能导致其大量死亡。河蚬为长江口本地种，在近河口段种群密度较高，因此增殖意义不大。彩虹明樱蛤主要分布于长江口北支附近的潮间带软相淤泥质滩涂，航道周围水域水动力学条件复杂多变、盐度变化大，而且附近潮滩多以沙质为主，不适宜于该物种生长。通过反复论证，项目组最后选定广温广盐性的牡蛎作为增殖对象。根据以往的分布记录，长江口牡蛎大多为近江牡蛎（*Crassostrea ariakensis*），因此，开展了近江牡蛎的增殖与礁体构建研究（陈亚瞿，2005；沈新强等，2006）。

3. 固着礁体筛选

牡蛎是生长于硬底物上的双壳类软体动物，建造适合于牡蛎幼体生长的栖息生境（礁体）是牡蛎礁构建或恢复的关键（全为民等，2006）。牡蛎礁构建中最常用的底物材料是牡蛎壳，但缺乏足够数量的牡蛎壳是牡蛎礁构建的主要制约因子，因此筛选出适合于牡蛎固着生长的替代底物成为牡蛎礁构建或恢复研究的重点，目前常用的替代底物包括贻贝壳、蛤蜊壳、粉煤灰、混凝土、石灰石、砾石、废弃轮胎、石膏和页岩等（Quan et al.，2009a、2009b）。本项目依据牡蛎的生理生态特点和长江口的自然生态环境条件，创造性地提出以长江口深水航道整治工程的水工建筑物（南/北导堤和丁坝等）作为牡蛎固着礁体（图4-14），从而构建了面积约为14.5平方千米的特大型人工牡蛎礁（陈亚瞿，2005；沈新强等，2006；Quan et al.，2012）。

图 4-14　南/北导堤及丁坝等水工建筑物中的混凝土构件（作为牡蛎幼体固着的礁体）

4. 牡蛎亲本培育与增殖

除建造适宜牡蛎幼体固着的礁体外，持续稳定的幼体补充是牡蛎礁构建成功的关键因子。长江口为淤泥质河口海岸，沿岸或浅水水域基本为软相泥滩，自然牡蛎种群数量较少，牡蛎幼体自然补充速率很低。因此，决定通过向人工礁体模块上投放近江牡蛎亲本，其当年夏季繁殖释放的牡蛎幼体大量固着在航道工程水工建筑物的礁体模块上，形成一个人工牡蛎礁（陈亚瞿，2005；Quan et al.，2009a、2009b；2012）。

近江牡蛎亲本培育采用废弃的自行车轮胎（外径：58 厘米；内径：50 厘米）作为固着底物。2002 年 7 月上旬，1500 个轮胎架设于邻近象山港牡蛎养殖区的潮滩上（32°08′05.9″，121°31′37.4″），适时监测轮胎上牡蛎幼体的附着情况。2003 年 1 月，将附苗的轮胎移至邻近的深水区挂养。根据牡蛎对水温（5 ~ 25℃）和盐度（5 ~ 16）等环境因子的需求，2004 年 4 月初将培育的 1500 条轮胎上约 78.6 万个近江牡蛎亲本（每个轮胎上平均约 524 个近江牡蛎，牡蛎平均壳高 63 毫米）整体移植至长江口深水航道整治工程南/北导堤的混凝土模块礁体上。为防止轮胎被水流冲失，在每个轮胎上绑缚 3 个直径 12 厘米、高 15 厘米的空心圆柱形混凝土重锤（陈亚瞿，2005；沈新强等，2007）。

　　1500 个以牡蛎为主的群落型底栖动物单元由汽车运至长江口码头，再由船运到南/北导堤水域，在低潮时投放。其中，在南导堤投放牡蛎 3110 千克，投放距离为 6000 米，平均增殖生物量为 43.15 克/平方米，平均密度为 10.70 个/米²；北导堤投放牡蛎 2090 千克，投放距离为 4000 米，平均增殖生物量为 43.15 克/米²，平均增殖密度为 10.70 个/米²（沈新强等，2007；Quan et al.，2012）。

5. 牡蛎种群及相关礁体群落的动态发育及演替

　　为了及时掌握长江口人工牡蛎礁上牡蛎种群及相关礁体群落的发育及演替动态，评价人工牡蛎礁的构建效果，Quan 等于 2004～2011 年对该人工牡蛎礁上生物群落进行了系统监测（Quan et al. 2009a；2009b；2012）。

　　2004 年夏季，人工增殖的近江牡蛎亲本释放出的幼体固着到混凝土模块礁体上后，牡蛎种群密度和生物量均呈指数增长，1 年后（2005 年 8 月）达到最高密度（3321 个/米²）；此后，牡蛎种群存在明显的"自疏"现象，平均密度逐步下降，至 2007 年 11 月跌至最低值（366 个/米²）；2007～2011 年牡蛎种群数量趋于稳定，平均密度为 400～800 个/米²，平均生物量（鲜肉重）维持在 2000～3000 克/米²。牡蛎个体大小（平均壳高）随礁体发育而增长，2007～2009 年平均壳高达到 50 毫米以上，最大壳高达到 100 毫米，成体牡蛎（>70 毫米）比例均在 20% 以上，密度达到 95～225 个/米²（Quan et al.，2012）。

　　牡蛎通过不断生长形成的复杂三维礁体结构为大型底栖动物提供了良好的栖息、摄食与避难场所。研究结果表明，牡蛎礁内大型底栖动物群落也随着礁体的发育而不断增长。例如，2004 年 4 月仅发现 6 种大型底栖动物，2005 年 6 月发现 17种大型底栖动物，2011 年 8 月增长至 47 种。2004～2007 年人工牡蛎礁内大型底栖动物密度、生物量和多样性指数均呈现快速增长趋势（图 4-15）。自 2007 年以后，甲壳动物和多毛类的密度和生物量均呈现继续增长的趋势，而软体动物的密度和生物量有所下降，表明礁体群落处于快速的演替阶段（Quan et al.，2009a；2009b；2012）。

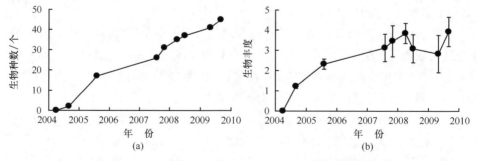

图 4-15　人工牡蛎礁上定居性大型底栖动物群落的动态变化

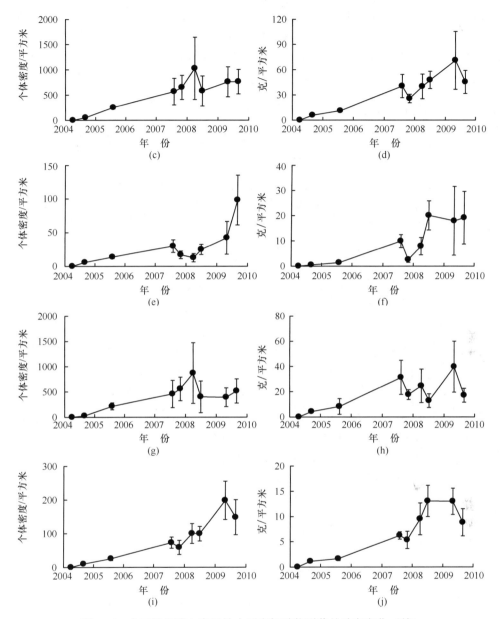

图 4-15 人工牡蛎礁上定居性大型底栖动物群落的动态变化（续）

（二）水体净化功能与环境效益评估

1. 牡蛎滤水率测定

滤水率指滤食性动物在单位时间内过滤水的总体积。2004 年 9 月开展室内实验测定了近江牡蛎的滤水率，为长江口富营养化控制及人工牡蛎礁生态评价提供理论基础（高露姣等，2006）。

根据滤水率计算，长江口人工牡蛎礁每年的滤水总量可达到 3300 亿立方米，相当于长江大通站年径流量的 37%，与长江口水体总量（3040 立方米）比较接近，相当于每年可将长江口水体滤食一遍，每年可滤食 438 吨藻类（干重）。

2. 牡蛎对重金属的生物富集作用

2005 年 6 月测定长江口人工牡蛎礁上近江牡蛎组织内重金属含量，为人工牡蛎礁的水体净化功能评估提供了科学依据。

研究发现牡蛎对 6 种重金属的生物富集系数（BCF）差异较大，其变化范围为 102～104。Cu、Zn、镉（Cd）和钟（As）的生物-沉积物富集系数（BSAF）分别是 27、23、17 和 11。牡蛎对各种重金属富集能力的大小顺序为：Cu>Zn>Cd>As>Pb>Hg（全为民等，2007）。

长江口人工牡蛎礁对重金属的总累积量分别为：24 745 千克 Cu、58 257 千克 Zn、609 千克 Pb、254 千克 Cd、0.18 千克 Hg 和 329 千克 As（全为民等，2007）。

3. 环境效益价值评估

牡蛎能大量滤食水体中的悬浮颗粒有机物（POM），从而将水体中的营养盐（N 和 P）和重金属累积至体内。据估算，长江口人工牡蛎礁上近江牡蛎种群年生长率约为 0.2，因此每年近江牡蛎种群从水体中去除的营养盐和重金属量约为总滞留量的 20%，一部分累积于活牡蛎体内，一部分由死亡牡蛎被鱼类摄食以后，通过食物链的传递作用富集于高营养级水生动物（鱼类和甲壳动物）体内。牡蛎礁的环境效益价值主要指净化营养盐和去除重金属的效益价值之和，可通过人工去除相同数量污染物的成本来计算。

经计算，该人工牡蛎礁相当于一个日处理能力约 2 万吨、投资规模约 3000 万元的大型城市污水处理厂，其环境效益价值约为 317 万元/年（全为民等，2007）。

4. 栖息地的功能及生境价值评估

（1）增加生物的多样性。与邻近的河口软相生境相比，牡蛎礁具有的硬底物结构可为许多无脊椎动物提供独特的栖息生境，从而提高河口生物的多样性。在长江口人工牡蛎礁中共记录到定居性大型底栖动物 47 种。其中，甲壳动物 22 种，占总物种数的 46.81%；软体动物各 16 种，均占总物种数的 34.04%；环节动物 4 种，占总物种数的 8.51%；鱼类 2 种，占总物种数的 4.25%；棘皮动物门、腔肠动物门和扁形动物门各 1 种，均占总物种数的 2.13%。其中，一些物种专门栖息于牡蛎礁生境，而在邻近的软相生境中没有分布，如齿纹蜒螺（*Nerita yoldi*）、多齿围沙蚕（*Perinereis nuntia*）、特异大权蟹（*Macromedaeus distinguendus*）和双纹须蚶

（*Barbatia bistrigata*）等是牡蛎礁生境上的特有种（Quan et al.，2012）。另外，在此人工牡蛎礁周围水域记录到 4 种上海市或长江口鱼类新纪录，即鳞鳍叫姑鱼（*Johnius distinctus*）、美肩鳃鳚（*Omobranchus elegans*）、短棘缟虾虎鱼（*Tridentiger brevispinis*）和竿虾虎鱼（*Luciogobius guttatus*）（倪勇等，2008）。

　　本研究利用 2011 年春季和秋季的同步监测资料，对人工牡蛎礁及其邻近的 3 种河口自然生境（盐沼、潮滩和潮下带泥滩）开展了对比研究（图 4-16）。研究结果表明，在牡蛎礁所记录到的 36 种大型底栖动物中，有 23 个物种（约 64%）仅分布于牡蛎礁生境。同时通过非度量多维标度排序（NMDS）发现，大型底栖动物群落在 4 种生境间具有显著性差异。

　　二维方差分析结果表明，大型底栖动物的物种丰度（d），Pielou 均匀度（J′）和香农-威纳多样性指数在 4 种生境间存在显著性差异，而季节间差异不显著，也没有形成显著的生境×季节互作效应。生境间的比较结果为，牡蛎礁中生物多样性最高，然后是盐沼和潮下带泥滩生境，而潮间带光滩中生物多样性最低。

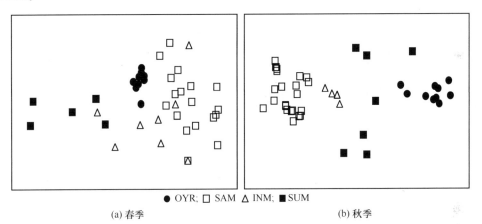

（a）春季　　　　　　　　　　　　　　　（b）秋季

● OYR: □ SAM △ INM; ■ SUM

图 4-16　人工牡蛎礁（OYR）与邻近的盐沼湿地（SAM）、潮间带光滩（INM）
和潮下带泥滩（SUM）中大型底栖动物群落的非度量多维标度排序（NMDS）

　　（2）提供饵料生物（大型底栖动物）。牡蛎被称为"生态系统工程师（ecosystem engineer）"，能通过不断叠加生长增加生境的异质性；与软相生境相比，牡蛎礁具有的复杂生境提高了大型底栖动物的成活率，为许多重要经济鱼类和甲壳动物提供了丰富的优质饵料。研究表明，人工牡蛎礁的大型底栖动物总密度和平均总生物量均高于邻近的 3 种河口自然生境。

　　（3）提供栖息生境（鱼类和游泳性甲壳动物）。作为一种特殊的河口生境类型，牡蛎礁复杂的三维结构为鱼类和虾类幼体提供了避难场所，牡蛎礁内丰富的大型无脊椎动物为许多暂时性鱼类提供了食物，从而成为鱼类和游泳性甲壳动物栖息生境（Quan et al.，2012）。因此，牡蛎礁比泥滩生境拥有更丰富的大型无脊椎动物。

研究表明，长江口人工牡蛎礁共栖息有游泳动物 67 种，其中鱼类 45 种，占总物种数的 67.2%；虾类 10 种，占总物种数的 14.9%；蟹类 12 种，均占总物种数的 17.9%。

由此可见，长江口人工牡蛎礁已成为许多重要经济水生动物（如巨指长臂虾、葛氏长臂虾、日本沼虾、日本鲟、拟穴表蟹、中国花鲈、鲻、鲅、斑尾刺虾虎鱼和叫姑鱼等）的栖息生境，并发挥了"人工鱼礁"的重要生态功能，应该作为鱼类关键生境（EFH）加以保护和管理（Quan et al.，2012）。根据 Paterson 等（2002）的研究结果，每 10 平方米的牡蛎礁可以将渔业资源的产量提高 2.6 千克/年，则长江口人工牡蛎礁每年可以增加 3700 吨渔获物，按单价 50 元/千克计算，则长江口人工牡蛎礁的栖息地价值约为 1.85 亿元/年。

（4）牡蛎礁对河口水生食物网的能量贡献。基于各物种的相对丰度和稳定同位素分析结果，Quan 等构建了长江口人工牡蛎礁的简化食物网模型。悬浮颗粒有机物和底栖微藻构成了牡蛎礁食物网的营养基础。长江口人工牡蛎礁内存在三条主要的碳流途径：①有机颗粒物（POM）→双壳类→端足类→肉食性动物；②BMI→定居性蟹类→青蟹（日本鲟，拟穴青蟹）；③混合碳源（POM 和 BMI）→藤壶→杂食性动物（如虾类，螺类，多毛类）→肉食性动物（如中国花鲈和拉氏狼牙虾虎鱼）。基于稳定 C、N 同位素分析结果表明，长江口人工牡蛎礁支持一个更高营养层次、更有活力的水生食物网，礁体内底栖动物成为许多河口经济生物（如中国花鲈、虾虎鱼、日本鲟、鲻和鲅等）的重要饵料生物（Quan et al.，2012）。

二、为修复大型河口海岸工程生态影响的水生物种增殖放流

（一）中华绒螯蟹资源增殖与种群恢复工程

1. 长江口中华绒螯蟹资源现状

中华绒螯蟹，俗称冬蟹，是长江中下游地区的重要水产经济种类，长江口区是我国最大的冬蟹天然越冬场和产卵场。每年秋冬之交，亲蟹降海洄游到河口咸淡水交汇区繁殖，于次年（或当年）4 月底 5 月初产卵，孵化成蚤状幼体。经过 1 个月左右蚤状幼体 5 次蜕皮生长成大眼幼体（蟹苗），5 月下旬至 6 月上旬随潮溯江而上，构成每年 1 ~ 2 汛的蟹苗汛期，蟹苗进入湖泊河汊，穴居、生长肥育，一直生长在淡水中，于第二年秋天再次降海洄游到河口咸淡水交汇区繁殖。

由于过度捕捞，长江口中华绒螯蟹资源正日趋枯竭，其种群不断衰退。例如，20 世纪 60 年代（1959 ~ 1968 年）长江口河蟹的平均年产量为 93.3 吨，70 年代（1971 ~ 1979 年）为 46.0 吨，80 年代（1980 ~ 1989 年）为 46.3 吨，90 年

代（1990～1999年）仅为9.0吨，2000～2004年其产量下降至1.6吨。蟹苗从1970年起被开发利用，是长江口区最有经济价值的苗种资源之一。其平均年产量70年代（1970～1979年）为6059.2千克，80年代（1980～1989年）为2526.1千克，90年代（1990～1999年）为2418.6千克，2000～2005年为1367.0千克。

由于各种大型水利工程的建设，特别是由于建坝的影响，大量的蟹苗已无法进入长江干流及支流大小河川，以致无法生长、繁衍，其天然资源已日趋下降。幸而近年来对中华绒螯蟹的人工繁殖技术获得突破，从而每年可维持15万～20万吨的捕捞产量，但其种群资源已受到严重影响，亟待复壮，种群数量也亟待增加。为了补偿长江口深水航道治理工程对中华绒螯蟹产卵场造成的破坏，交通运输部长江口航道管理局开展了长江河口区中华绒螯蟹的生态修复尝试，并且已取得了初步效果。

2. 中华绒螯蟹选种、引种和育种

中华绒螯蟹苗人工繁殖育种、选种、引种和育种，通过全人工繁殖，培育出种纯体壮的蚤状幼体经5次脱皮（Z1、Z2、Z3、Z4、Z5）再经最后一次脱皮后形成大眼幼体即蜕变成蟹苗。蟹苗再经脱皮后形成幼蟹，后经7～8次脱皮形成如五分币大小的幼蟹。

3. 增殖放流技术

根据中华绒螯蟹生物学特征，确定最适宜放流成蟹的雌雄比例为3∶1，个体规格（雄蟹140～160克/只，雌蟹90～120克/只），而按照这个标准，雄蟹体长6.5厘米、宽6.0厘米左右；雌蟹体长5.8厘米、宽5.5厘米左右最相宜。选择最适宜放流时间为12月20日，水温达到10℃以下。首次于2004年12月20日中国水产科学院东海水产研究所于长江口对阳澄湖培养成功的中华绒螯蟹亲蟹放流了25 000只，这相当于自2002～2004年长江口天然亲蟹捕捞产量的总和。

4. 中华绒螯蟹增殖放流效果评估

通过跟踪监测发现，此次中华绒螯蟹人工增殖取得成功，极大增长了中华绒螯蟹的种群数量，其成蟹产量由增殖前（1998～2004年）平均为1.6吨增长至增殖后的11.9吨，2008～2010年平均产量增加10吨以上（图4-17），表明中华绒螯蟹种群数量已达到20世纪90年代的水平。这与2004年12月20日率先在长江口区放流2.5万只中华绒螯蟹（亲蟹）和2005年至今上海市水产主管部门每年投放3万只中华绒螯蟹有着密不可分的关系。根据市场价格计算，中华绒螯蟹人工增殖产生的直接经济价值约为200万元/年。

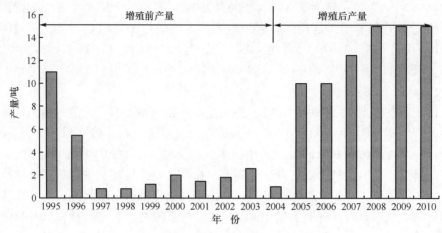

图 4-17　放流前后中华绒螯蟹产量的比较

（二）长江口重要经济鱼类和底栖生物（河蚬）增殖放流

长江口深水航道治理工程对长江口经济鱼类和底栖生物产生一定影响，从增加生物多样性的角度，开展了河口经济鱼类和河蚬增殖放流。交通部长江口航道管理局严格参照国家的相关法律，认真贯彻落实环境保护部的批复，开展了此次大规模的渔业资源增殖放流及生态修复工程，放流活动引起社会各界的广泛关注，上海市电视及平面媒体争相报道了此次生态补偿。

1. 增殖放流方案设计与实施

2008 年 11 月 25 日在长江口区新浏河沙水域开展长江口重要经济鱼类的增殖放流，共放流鲢、鳙 30 万尾，黄颡鱼 3 万尾，暗纹东方鲀 2 万尾，翘嘴鲌 3 万尾。又于 2010 年 3 月在长江口区增殖放流了河蚬 5 吨。

2. 效果评估

此次增殖放流及生态修复工程在放流物种的选择上体现了生态理念，放流物种组合体现了生态系统立体结构的层次性，既有低营养层次的物种，如鲢、鳙，也有肉食性鱼类，即黄颡鱼、翘嘴鲌；既有中上层鱼类，也有底栖性鱼类。同时，针对长江口底栖动物生物量较低，鱼类饵料资源贫乏的状况，此次生态补偿也放流了大量的底栖动物，如河蚬。这种立体的、多层次的增殖放流将极大地增加生物多样性，调控水生生态系统结构，从而达到修复长江口水生生态系统的效果。

2010 年 10 月在放流区域进行的跟踪监测结果显示：5 吨河蚬放流后在放流区域的潮间带上大型底栖动物的平均栖息密度（70.67ind./平方米）和生物量（60.03 克/平方米）远远高于 2009 年 8 月放流前潮间带上的大型底栖动物的平

均栖息密度（20.00ind./平方米）和生物量（26.43 克/平方米），表明放流河蚬取得一定的效果。

经估算，该项目放流了 5 吨河蚬，按每个河蚬平均体重 10 克计算，则在长江口投放了 50 万个河蚬，若平均滤水率为 1 升/天，每天的滤水量可达 500 立方米，则年滤水量达到 182.5 万立方米，表明这些放流河蚬发挥了巨大的"双壳动物泵"的功能，对于控制长江口水体富营养化有具有一定的功能。另外，通过放流河蚬，补充长江口河蚬种群数量，提高了大型底栖动物的生物量，从而为长江口区重要经济水生生物和珍稀保护物种提供了丰富的饵料，如河蚬是中华鲟幼鱼的主要食物之一。

与 2008 年同期拖网调查资料相比，5 月渔业资源密度尾数值和重量值均增加 2 倍；8 月份，渔业资源密度尾数值和重量值分别增加了 2.6 倍和 1.6 倍（图 4-18）。可见，通过该项目的增殖放流，增加了长江口水域渔业资源的密度，在一定程度上恢复了河口水生生物资源。另据浦东新区和崇明县渔政部门反映，近年来内河河道中黄颡鱼、鲢、鳙和翘嘴鲌数量剧增，这可能与 2008 年 11 月放流有关，增加了内河河道鱼类的种群数量，有利于发展休闲渔业。

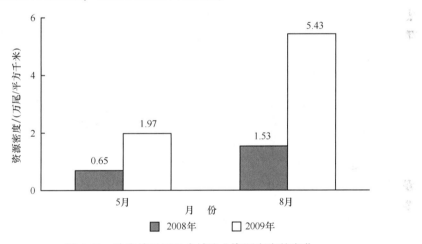

图 4-18　放流前后河口水域渔业资源密度的变化

（三）中华鲟特大规格幼鱼的增殖放流

1. 中华鲟种群数量与增殖放流情况

中华鲟是一种大型江海洄游性鱼类，栖息于我国沿海大陆架地带，是我国长江特有的 3 种鲟鱼之一。近 20 多年来，因环境污染和沿江修建水利工程阻断了中华鲟生殖洄游通道，种群处于濒危状态，已被列为国家一级保护动物，国际自然保护联盟（IUCN）红色名录濒危种，被称为水中"大熊猫"。长江口是中华鲟亲鱼进行溯河生殖洄游和幼鱼降河洄游入海的唯一必经通道。

　　长江口崇明岛及横沙岛东部为中华鲟幼鱼活动滞留水域，每年夏季均有为数不少的中华鲟亲鱼自东海回归至长江河口区上溯至长江中上游产卵。每年 5～8 月也有一定数量的幼鲟（10～30 厘米）在此水域作入海前的适应性逗留。长江口区每年因渔民大量误捕（约 7000～8000 尾）及各项工程的负面影响，常使降河的幼鱼大量死亡而危及其物种的生存。此外，由于滞留时间增加，这也可能增加了中华鲟鱼体被航行中的船只螺旋桨击中的可能性，从而增加了对中华鲟的危害。正在实施中的长江口深水航道工程，由于修筑大规模整治建筑物等，也将给中华鲟的保护带来不利影响。

　　为保护我国一级保护水生动物——中华鲟种群，尽可能减少对该物种的影响，开展对中华鲟放流工程是长江口深水航道治理工程建设最迫切和最有效的生态缓解措施，也是保护长江口生态环境最有效的生态修复措施之一，这对保护长江口生物多样性、恢复中华鲟种群具有十分重要的意义。

　　据报道，1983 年以来，已向长江投放孵化后 7～10 天的人工繁殖鲟鱼苗约 380 万尾和体重 2～10 克的幼鲟约 3.7 万尾。因中华鲟幼鱼种群自身的脆弱性，又因产卵亲鱼被过度捕捞，幼鲟归海途中容易遭受自然淘汰，受损资源并未得到明显恢复。长江口中华鲟幼鱼资源数量在葛洲坝截流后的 1982～1983 年呈直线下降趋势，1984～1991 年幼鱼资源有所回升，1992 年以后幼鲟资源又呈下降趋势。虽然近 10 年来，年均向长江投放 20 万～30 万尾的人工繁殖鱼苗，但是长江口中华鲟幼鱼资源的补充群体仍然呈减少趋势。

　　多年来，国家采取了一系列的管理措施，从保护中华鲟亲体及保护幼鲟两个重要环节入手来加强中华鲟的保护，如实行禁捕、划定保护区、开展其生长繁殖研究工作等。其中，对长江口中华鲟幼鲟的保护是保护中华鲟资源数量的根本保障。从 1988 年开始，长江渔业资源管理委员会、上海市水产局、上海市环境保护局共同努力，筹措资金，在长江口崇明岛裕安乡建立了中华鲟暂养保护站；1992 年又在崇明成立了中华鲟抢救中心。保护站 9 年中共抢救幼鲟 1973 尾，放流 385 尾，标志 110 尾，并且都在长江口放流入海，成为中华鲟补充群体。为了更好地保护中华鲟，1996 年又在崇明岛东滩扩大规模。同时，在 1994 年 6 月成立了上海长江口中华鲟幼鱼自然保护区建区规划组，并做了大量前期工作。规划拟订的长江口中华鲟幼鱼自然保护区位于崇明东滩，面积约 276 平方千米。1998 年 6 月底崇明裕安乡捕捞队在崇明东滩以北，东旺滩望海桥以南约 5 千米的近岸水域捕获 100 多尾幼鲟，体长 15 厘米左右，重 50 克左右。7 月 20 日捕获 100 尾，经测量记录后就地放流。1998 年崇明中华鲟抢救中心仅抢救幼鲟 6 尾，可见其数量之稀少，需立即采取有效措施，尽速成立长江口中华鲟幼鱼自然保护区，并应采取有力对策，以保护该物种。1999 年 12 月，农业部开展了中华鲟放流工程，长江上游（宜昌）放流中华鲟约 10 万尾。由于宜昌距河口约 1800 千米，幼鱼随江而下，可能因各种原因使得能真正入海的幼鱼数量有限。

2. 特大规格中华鲟放流

2001 年 6 月 27 日在上海宝山区长兴岛石头沙以西江段（东经 31°31′，北纬 121°31′）水域进行，共放流驯化的中华鲟 3080 尾，放流鱼规格：全长 31~50.5 厘米（平均 48.8 厘米），体重 100~450 克（通常为 250~350 克）。为查明中华鲟生态分布及洄游路线，其中有 594 尾带有标志放流牌。回捕有标志的中华鲟 6 尾，回捕率约为 1%。结果表明，长江口中华鲟试验性增殖放流取得了成功，补充了长江口中华鲟的种群资源，为保护长江口国家保护野生动物做出了良好的示范作用，极大地提高了社会保护野生动物的意识，开创了我国在河口人工生态养殖和增殖放流中华鲟的先河，为中华鲟保育开辟了新的途径。此外，2005 年 9 月 19 日由上海市中华鲟保护区管理处组织的中华鲟放流活动中，又放流了由课题组于 2000 年 12 月开始养殖的已满 5 龄的中华鲟 12 尾，其体长最大的长达 156 厘米，开创了我国中华鲟放流史上人工养殖中华鲟放流的最高纪录。

三、经验与教训

（一）深水航道整治工程和环境保护与生态补偿同步进行

生态环境保护工作作为长江口深水航道治理工程建设的有机组成部分，自立项、开工到完工一直受到交通运输部、国家环保部，以及建设单位和相关部门的高度重视。1997 年和 2001 年分别做了“长江口深水航道治理工程一期工程环境影响评价报告书”和“长江口深水航道治理工程二、三期工程环境影响评价报告书”。工程建设期间，投资 8147 万元，同步实施了一系列的环境保护和生态补偿措施。

（1）利用长江口深水航道整治工程的导堤和丁坝混凝土模块作为硬底物，结合河口海岸大型工程建设成功地构建了我国第一个特大型人工牡蛎礁系统，占地面积约 14.5 平方千米，表面积合计约 75 平方千米。导堤人工牡蛎礁的形成，已成为多种重要经济水生动物的栖息与摄食场所，同时具备了一定的水质净化功能，对长江口的生态健康有一定的促进作用。

（2）2001~2010 年共进行了 6 次放流，放流品种有中华鲟幼鱼、巨牡蛎、中华绒螯蟹成蟹、花（白）鲢、花鲭、翘嘴红鲌、黄颡鱼、暗纹东方鲀及底栖动物等长江口特有的水生生物。累计放流鱼类约 40 万尾、蟹类 2.5 万只、底栖动物 600 万个。

（3）完成了横沙东滩建设基地生活污水处理设备安装使用；制定各种措施减少大气污染、噪声污染、疏浚过程污染、溢油事故；加强对施工船舶污染物排放、收集管理，查处船舶违章排放污染物。

（4）按照长江口深水航道治理工程影响渔业生产的客观情况，结合受影响渔民转产、安置的长远考虑，本着“依法补偿、统筹兼顾、合理分担、一次解决”的原则，共支出了 5950 万元的影响渔业生产补偿费用，其中二期工程支出 4500

万元，三期工程支出 1450 万元。

系列环境保护和生态补偿措施，对长江口生态环境的有效保护起到了积极的作用。特别是结合导堤、丁坝工程成功构建我国第一个特大型人工牡蛎礁系统，在提供鱼类生境及保护生物多样性等方面发挥了巨大的生态作用，为长江口创造了一类新的鱼类生境，已成为许多重要经济水生动物的栖息地。长江口深水航道整治工程一、二、三期环境保护工作已分别于 2001 年 10 月、2005 年 10 月 和 2011 年 3 月通过国家环境保护部（国家环境保护总局）组织的专项验收。

（二）实施长效的生态与环境监测

长江口航道管理局非常重视生态与环境的监测，建立了比较全面的生态与环境监测系统。监测范围以长江口深水航道工程水域为中心，西自青草沙西端，即东经 121°27′、东至东经 122°33′水域内，总面积达 1674 平方千米，包括崇明东滩中华鲟保护区、青草沙水源地敏感区、河口水产养殖区和捕捞区等敏感区域。监测内容包括 11 项学科，涉及项目包括水、沉积物、水生生态、渔业资源、鸟类、九段沙湿地、船泊污染、陆上基地、鱼类遗传多样性、导堤牡蛎礁、疏浚物扩散等。

历时 14 年的环境与生态监测数据，较为客观地反映了长江河口在工程前后的环境与生态变化，为工程环评、政府管理部门决策提供了依据。

（三）科学评估单一工程对长江口生态环境的影响有困难

在 10 余年的长江口深水航道整治工程期间，长江河口其他项目的开发力度也很大。与此同时，长江流域高强度的人类活动，包括长江沿江经济及长三角城市圈的高速发展，都会对长江河口及其邻近区域的生态与环境产生重要影响。除一些物理过程或个别生态现象外，现有的监测资料和科学水平还很难从长江河口生态与环境的系列变化中合理区分单一工程的影响。

此外，目前有工程建设单位分别出资，针对某一工程分别进行监测和环评的做法尚有一定局限性。即使该工程确实对生态与环境影响有限，但是若考虑同时或先后进行的系列工程综合与叠加影响，其影响可能会很大。

第四节　对策与建议

沿海国家河口与海湾港口建设的快速发展，极大地推动了全球经济一体化的进程，但人们也逐渐认识到港口航道建设对当地和周边生态与环境也带来了一些负面影响，欧美等一些发达国家自 21 世纪初纷纷提出建设绿色港口、生态港口的理念。例如，荷兰政府在 2002 年批准鹿特丹港港口扩建规划中，将 1/3 以上的围填海面积专门用于生态保护，并在港口扩建项目之外建设 250 平方千米的自然保护区和海鸟保护区，以及 0.35 平方千米的新沙洲，为野生动物提供栖息地。

美国加利福尼亚州长滩港于 2005 年推出"绿色港口政策",制定了包括维护水质、清洁空气、保护土壤、海洋野生动植物及栖息地、减轻交通压力、可持续发展、社区参与等 7 个方面在内的近 40 个项目的环保方案,目前,长滩港水质已达到 10 年来的最佳水平(邵超峰等,2009)。我国交通运输部于 2011 年发布促进沿海港口健康持续发展的意见(中华人民共和国交通运输部,2011),其中专门提到要着力推动港口转型升级,发展绿色安全港口。全面加强港口环境保护力度,注重港口污水回用系统建设,提高到港船舶污水、垃圾处理水平和溢油防控能力;减少港口生产环节的扬尘和噪音,注重港口、航道工程的生态保护。

针对目前我国河口海湾大型航运工程建设中存在的问题,参照国际上较为先进的管理措施,特提出如下建议。

一、严格实施工程项目规划环评制度

为从源头防治河口海湾工程对生态与环境的影响,严格实施在重大工程项目审批前先进行工程项目规划环评的制度。同时,特别要关注同一河口海湾地区不同工程项目对生态与环境的叠加效应分析。

二、实施重大工程项目生态补偿制度

河口海湾重大工程不可避免地对当地与周边生态环境有影响,环境评价报告不仅要明确重大工程对生态与环境的影响,而且要提出生态与环境修复、补偿的方案;重大工程项目生态与环境补偿金应一起列入重大项目预算,列入成本;生态与环境补偿行为应在工程项目启动前,或视情况与工程同步进行,确保不因重大工程影响当地与周边的生态服务功能;生态补偿方案实施后应对补偿效果进行评估,确保补偿金的落实和实施结果的公信力。

三、强化河口海湾地区生态环境监测与综合研究

集成为不同工程项目服务等建设的现有监测系统,构建重要河口海湾区域统一的实时生态与环境综合监测系统,获取更加系统、全面,更具公信力的基础数据;强化河口海湾的综合研究,包括河口海湾环境容量、生态承载量、生态系统结构与功能对人类活动和气候变化响应过程、机制等研究。

主要参考文献

陈亚瞿,李春鞠,徐兆礼,等. 2005. 长江口生态修复//汪松年. 上海市水生态修复的调查研究. 上海:上海科学技术出版社:129~134.

陈亚瞿, 施利燕, 全为民. 2007. 长江口生态修复工程底栖动物群落的增殖放流及效果评估. 渔业现代化, 2: 35~39.

陈亚瞿, 叶维钧. 2003a. 长江口生态系统生物修复工程二——底栖动物的增殖放流//韦鹤平, 等. 海峡两岸水资源与水环境保护论坛. 西安: 陕西人民出版社: 241~245.

陈亚瞿, 叶维钧. 2003b. 长江口滨海湿地的生态特征及修复//汪松年. 上海湿地的开发利用保护. 上海: 上海科学技术出版社: 123~128.

陈亚瞿. 2005. 长江口水生生态修复理论和实践探讨//上海市水利学会. 人与自然和谐相处的水环境治理理论与实践. 北京: 中国水利水电出版社: 302~304.

堵盘军. 2007. 长江口及杭州湾泥沙输运研究. 华东师范大学博士学位论文.

杜景龙, 杨世伦. 2007. 长江口北槽深水航道工程对周边滩涂冲淤影响研究. 地理科学, 27 (3): 390~394.

范中亚, 葛建忠, 丁平兴, 等. 2012. 长江口深水航道工程对北槽盐度分布的影响. 华东师范大学学报, 4: 181~189.

高露姣, 沈盎绿, 陈亚瞿, 等. 2006. 巨牡蛎 (*Crassostrea* sp.) 的滤水率测定. 海洋环境科学, 25 (4): 62~65.

高敏, 范期锦, 谈泽炜, 等. 2009. 对长江口北槽分流比的分析研究. 水运工程, 5: 82~86.

交通部长江口航道管理局, 等. 2011-04-08. 长江口深水航道治理工程生态环境保护情况报告.

倪勇, 全为民, 陈亚瞿. 2008. 上海鱼类四新记录. 海洋渔业, 30 (1): 88~91.

全为民, 沈新强, 罗民波, 等. 2006. 河口地区牡蛎礁的生态功能及恢复措施. 生态学杂志, 25 (10): 1234~1239.

全为民, 张锦平, 平先隐, 等. 2007. 巨牡蛎 (*Crassostrea* sp.) 对河口环境的净化功能及其生态服务价值评估. 应用生态学报, 18 (4): 871~876.

邵超峰, 鞠关庭, 胡翠娟, 等. 2009. 长滩港绿色港口建设经验与启示. 环境污染与防治 (网络版), (6): 1~9.

沈新强, 陈亚瞿, 全为民, 等. 2007. 底栖动物对长江口水域生态环境的修复作用. 水产学报, 31 (2): 199~203.

沈新强, 陈亚瞿, 罗民波, 等. 2006. 长江口底栖生物修复的初步研究. 农业环境科学学报, 25 (2): 373~376.

中华人民共和国国家发展和改革委员会, 中华人民共和国交通运输部. 2006. 全国沿海港口布局规划. http://www. moc. gov. cn/zhuzhan/zhengwugonggao/guihuatong ji/201111/tz0111128_1146509 [2011-11-30].

中华人民共和国交通运输部. 2011. 关于促进沿海港口健康持续发展的意见.

Pan L, Ding P X, Ge J Z. 2012. Impacts of deep waterway project on morphological change within the north passage of the Changjiang estuary, China. Journal of Coastal Research, 28 (5): 1165~1176.

Peterson C H, Grabowski J H, Power S P. 2003. Estimated enhamcement of fish production resulting from restoring oyster reef habitat: quantitative valuation, Marine Ecology Series, 264: 249~264.

Quan W M, Humphries A T, Shen X Q, et al. 2012. Sessile invertebrate and benthic macrofauna community development on a created intertidal oyster (*Crassostrea ariakensis*) reef in the Yangtze River estuary, China. Journal of Shellfish Research, 31 (3): 599~610.

Quan W M, Humphries A T, Shi L Y, et al. 2012. Determination of trophic transfer at a created intertidal oyster (*Crassostrea ariakensis*) reef in theYangtze River estuary using stable isotope analyses. Estuaries and Coasts, 35: 109~120.

Quan W M, Ni Y, Shi L Y, et al. 2009a. Composition of fish communities in an intertidal salt marsh creek in the Changjiang River estuary, China. Chinese Journal of Oceanology and Limnology, 27: 806~815.

Quan W M, Zhu J X, Ni Y, et al. 2009b. Faunal utilization of constructed intertidal oyster (*Crassostrea rivularis*) reef in the Yangtze River estuary, China. Ecological Engineering, 35: 1466~1475.

第五章　大规模海水养殖的生态安全问题

进入 21 世纪以来，粮食安全已成为国际社会广泛关注的重大问题。海水养殖除了能为人类提供优质蛋白，还有缓解捕捞压力、净化海域水质（主要指藻类养殖）、促进沿海地区经济发展和扩大就业等作用。与大规模围填海及海上油气、港口、沿海产业集群等集中集约用海方式相比，海水养殖对浅海和海岸带生态属性和生态功能的改变相对较小。因此，水产养殖与盐田、稻田和人工鱼礁、人工海藻/草场等生态系统并称为人工湿地。在科学的养殖规划引导下，采用合理的养殖方式和环境友好型养殖模式，海水养殖业可以做到生态友好，并能为海洋生态环境保护和可持续发展做出贡献。

我国海水养殖业在产量和规模上取得了举世瞩目的成就，但仍面临着严重的问题，包括增养殖技术落后、单位面积产量总体较低、过度密集养殖区病害肆虐、部分企业仍滥用渔药、鱼虾类投饵养殖过度依赖鱼粉或大量使用小杂鱼等问题；与此同时，养殖规划和管理部门缺乏海岸带持续发展的战略意识，海水养殖环境影响的系统研究不足，区域性养殖强度过大、种类或类群单一，致使环境恶化和生态系统失衡等问题也大量存在，对养殖区及其毗连海域的生态环境产生了影响（张福绥和杨红生，2010）。这些问题长期得不到解决，已明显制约了海水养殖生产的效益和效率，也限制了海水养殖业的快速发展。

本章概要总结了我国海水养殖业的发展现状，并试图全面揭示其引发的生态安全问题；通过从产业布局、政策法规、科研与管理等方面深入剖析我国海水养殖生态问题产生的原因，提出了相应的政策建议，力争为解决我国海水养殖与海洋生态安全之间的矛盾提供参考。需要说明的是，虽然我国在水产养殖规模和产量上居于世界领先地位，但有关水产养殖对生态环境的影响方面的研究并不充分，相关监测数据也比较缺乏。因此，本章大量引用了国内外研究报告；本章第四节即是对国内外研究发现的汇总。

第一节　我国海水养殖发展现状

中国是世界上水产养殖产量最高的国家。从 1988 年起，我国水产养殖总产量已经超过捕捞量；至今，中国水产养殖产量已达到捕捞量的约 2.5 倍，为我国水产品人均占有量达到 40 千克立下了汗马功劳，为世界渔业发展做出了巨大贡献。2010 年中国大陆水产养殖产量为 3828.84 万吨（中华人民共和国农业部渔业局，1997~2011），约占世界水产养殖总产量的 70%。其中海水养殖总产量

1482.3 万吨，已连续多年超过海水捕捞产量（图 5-1）；海水养殖总产值 1650 亿
元人民币。2010 年，中国水产养殖总面积 764.5 万公顷，约占国土总面积的
0.79%，与我国农田面积（18.31 亿亩）之比为 5.5：100。其中淡水养殖面积
（556 万公顷）远大于海水养殖面积（208 万公顷）。中国的海水养殖业以海藻和
贝类养殖为主，对于环境的影响相对较小。近年来，中国的海水养殖业在优良品
种培育、工厂化养殖和抗风浪网箱装备研发等方面都有了显著的进步，使海水养
殖产品的生产能力大大提高；中国的海水养殖业已逐步走上了健康、环保和可持
续的发展道路。

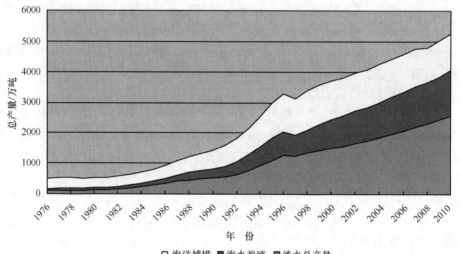

图 5-1　中国水产品总产量（1976～2010 年）
资料来源：中华人民共和国农业部渔业局．1977～2011

　　由于内陆和近海渔业资源的衰退，在未来一段时间内，中国的渔业增长仍将
依赖于养殖业的发展；与此同时，经济发展也促进了消费者对优质蛋白需要量的
不断增加。可以预见，中国的水产养殖业在今后几十年间仍将高速发展；但其发
展的空间和可持续性已越来越多地受到人们的关注（董双林，2009）。
　　我国海水养殖的种类包括鱼类、虾蟹类、贝类、藻类四大类，养殖的主要模
式包括陆基工厂化养殖、池塘养殖、滩涂养殖、筏式养殖及网箱养殖等。根据
《中国海洋统计年鉴 2008》，我国沿海 11 个省（自治区、直辖市）（不包括台湾
省）共有滩涂 242 万公顷，可养面积约 80 万公顷；10 米等深线以内的浅海面积
约 785 万公顷，其中约 80 万公顷为海水养殖占用。应该看到，中国的海水养殖
占用了大面积的滨海湿地，湿地的净化和碳汇功能降低、系统生产力下降等问题
十分突出。同时，海水养殖业还面临缺乏良种、疾病流行、集约化水平低等突出
问题；加之饲料来源（特别是鱼粉等优质蛋白源）日趋紧张，而能源、土地、
劳动力价格的上涨也导致养殖成本不断增加，增产不增效的现象日趋明显。这一

情况又刺激养殖企业盲目追求产量和生产规模,致使一些养殖海区超负荷运行,生态特征显著改变,养殖自身污染严重,进而影响了水环境和养殖产品的质量。以广东省为例,2008 年全省海水虾类和鱼类养殖氮和磷的排放总量分别为 35 392 吨和 7333 吨(颉晓勇等,2011)。广东省海水虾类和鱼类养殖产量分别约占全国总产量的1/3;据此估算,则 2008 年全国沿海因虾类和鱼类养殖所排放的 N 和 P 的总量分别为 10.6 万吨和 2.2 万吨。正因为养殖排污量大,养殖密集区水体富营养化严重,许多赤潮都发生在养殖区内及邻近海域。一些研究还发现我国沿海地区对虾养殖量与近岸海域赤潮的发生规律呈正相关关系(李静等,2008)。可见,海水养殖业对近海水域的污染不可忽视。

不过,与大规模填海和沿海工业集群,特别是发电厂和化工厂相比,海水养殖对于海洋和海岸带生态环境的影响,以及对自然种群栖息地的挤占相对较小。毕竟海水养殖所占用的空间有限,对滨海湿地和海区的物理、化学性质的改变也相对较小;海水养殖系统仍具有滨海湿地的主要特征,所以被列为人工湿地。在当下我国海洋经济快速发展的大背景下,更需要全面、客观地评价海水养殖对海洋生态环境的影响。

第二节　大规模海水养殖对海洋和海岸带生态安全的影响

近三四十年间,中国的海水养殖业发展速度很快,而产业规划、制度法规和管理措施多滞后于产业扩张的速度,导致一段时间内在一些沿海地区产业发展规模失控,对沿海生态环境造成了一定的负面影响。大规模海水养殖具有集中和集约的特点,对海洋和海岸带生态安全的影响主要来自养殖业自身污染、与自然种群的食物与空间竞争、动物逃逸、水产药物使用等方面(图 5-2)。

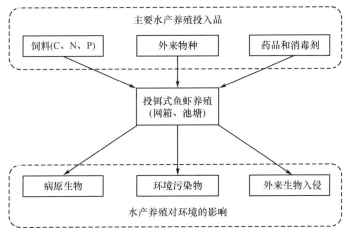

图 5-2　海水养殖的生态环境安全问题

一、海水养殖的环境污染

在中国沿海，水产养殖场和养殖设施几乎随处可见。而与这些养殖设施相联系的，或者作为水产养殖标志的，常常是随意堆砌的浮球和梗绳、粗糙老旧的厂房和扑鼻而来的鱼腥味。也正因如此，海水养殖业在人们心目中的形象并不风光；而沿海一旦开发旅游业和其他产业，海水养殖设施就首先成为"被清理"的对象。抛开其他因素不谈，海水养殖的环境污染和对景观的负面影响的确不容忽视。

在亚洲，网箱养殖在 20 世纪末 21 世纪初发展迅速，给海域环境带来巨大压力，配合饲料的研究和发展滞后是其中最主要的原因。当时，配合饲料的使用尚未推广，已投入使用的配合饲料在质量和饵料转化率上还存在一定问题。饲料是鱼类养殖的主要营养来源，质量不佳的饲料仅有部分被消化吸收，未被摄食、消化的部分和鱼类粪便及排泄物进入水体，沉积到底层。水体底部有机物富集的效应之一便是底部异养生物耗氧的增加，网箱沉积物多的海底其耗氧率甚至可能比对照区高 2 倍多（张福绥和杨红生，2010）。废物沉积速率高的海区，大多生活着厌氧生物。生物和化学作用把部分沉积物还原为无机或有机化合物，如乳酸、氨、沼气、硫化氢和还原性金属络合物。而有毒的 NH_3 和 H_2S 能妨碍鱼类的生长和健康。沉积物分解产生的 N、P 等营养物质，又重新进入水体，刺激大型和微型藻类的生长，甚至引发绿潮和赤潮。海湾网箱渔场老化的主要特征是沉积物中硫化物高和下层水体溶氧低等。有研究发现，养殖区沉积物中硫化物含量可能比湾外自然沉积物高 10 倍多，夏季下层水体溶氧量最低可达 1.36 毫克/升（张福绥和杨红生，2010），远低于溶解氧饱和值（水温20℃时为9.08毫克/升）。

鱼类网箱养殖会向周围水环境中排出大量营养盐（图 5-3）。研究表明，使用配合饲料平均每生产 1 千克鱼向环境中释放 0.82 千克 N 和 0.86 千克 P；如果用小杂鱼作为饲料，则营养盐排放量更要高出数倍（Islam，2005）。高密度的鱼类网箱养殖对局部海区的污染有可能达到非常严重的程度，包括因有机废物大量沉降致使底泥缺氧，可能导致沉积环境恶化、底栖生物的生物多样性和数量减少。例如，虹鳟鱼（*Oncorhynchus mykiss*）（淡水）网箱养殖会导致底泥中的有机物和氨氮显著升高，C、N、P 的含量都达到周边本底值的 3 倍，而 Cu、Zn 等重金属的含量则达到周边本底值的 7 倍，使周围 50 米范围内的底栖动物（贝类）显著减少，而网箱下方底栖动物死亡率达到100%；不过，在距离网箱 1～50米的地方，底栖动物似乎能得益于养殖活动带来的有机物，生长速度较快（Kullman et al.，2007）。与此相对，在适当控制养殖密度的条件下，贝类养殖对于海区水质的影响会比较轻微；同时，贝类还能通过滤食有机物和食物产出而提高生态系统的服务功能（Ferreira et al.，2009）。

图 5-3　福建的小网箱养殖区

资料来源：http：//blog. 163. com/bbcx2005@ 126/blog/static/14504552420118301113231215/

　　海水养殖的环境污染主要与养殖品种、养殖模式、养殖容量、饲料和投喂方式、药物使用及管理方式等有着密切的关系。一般认为，海水养殖会增加周围水体中的氨氮和悬浮颗粒物等（Tovar et al.，2000），从而对水质和底质造成一定的影响；不过影响的程度因养殖的品种、数量、投饵方式和管理模式，以及所在水域的物理特征而有所不同（Sarà，2007）。水产养殖的主要环境影响可能包括：改变养殖场水体和底泥的无机和有机化学特征（Šangulin et al.，2011）；增加网箱周围特别是底部水体中有机质的含量和类型（Pusceddu et al.，2007）；改变微型至大型底栖群落的数量、生物量和生物多样性（La Rosa et al.，2004；Kalantzi and Karakassis，2006）；改变浮游生物丰度和生产力分布格局（Petta et al.，1998）。虽然利用定性或定量的营养物质平衡模型，可以比较容易地估算某个养殖场向周围环境中排放的 N、P 总量（Islam，2005）；但其生态影响则需要长期监测才可获知。

　　在投饵养殖过程中，小杂鱼或人工合成饵料的投入、残饵的分解、动物排泄物的产生等，都使养殖废水富含各种营养物质。以对虾养殖为例，平均饲料效率为 15%~20%、饲料系数为 2，我国年产约 80 万吨对虾，则大约有 40 万吨以上的废物和排泄物注入大海。同时，很多虾池又集中建筑在海湾和河口地带（图 5-4），当富含有机与无机营养物质的对虾养殖水大量排放到近岸水域后，造成了这些水域营养盐和有机质的增高和溶解氧的降低，导致区域性水质污染，并引发富营养化。海水养殖废水的大量排放是导致养殖区邻近海域赤潮大面积发生的一个重要因素（张福绥和杨红生，2010）。

　　投饵型海水养殖（如鱼虾类养殖）产生的残饵和粪便中的氮、磷等营养元

图 5-4　山东莱州湾的围海养殖（文后附彩图）

资料来源：百度地图

素是导致养殖水域和周边海区富营养化的原因之一。氮循环既是水环境中也是水产养殖生态系统中物质循环的重要内容。水体中的氮是初级生产力的基础，而养殖系统的代谢废物则因氮组成的不同而影响到养殖系统营养流动的各个环节。在养殖水体内，可被藻类直接吸收利用的氮称为有效氮，主要包括铵态氮（NH_4^+）、硝态氮（NO_3^-）和亚硝态氮（NO_2^-）。当水体中溶解氧浓度高时，有效氮以硝态氮为主；反之，则以铵态氮为主（黄凤莲，2005）。其中，较高浓度的氨和亚硝酸盐都是能够诱发水产动物疾病的环境因子，是水产养殖系统中普遍存在的有毒物质。因此，水产养殖环境污染不仅能影响到周围的生态环境，也能影响养殖动物的健康和产量。

养殖贝类通过生物沉积和排泄也能形成自身污染。生物沉积物（粪和假粪）是滤食性贝类养殖的主要污染物。贝类通过生物过滤作用对水柱中浮游生物等颗粒有机物质有着巨大的影响。贝类不能全部利用所过滤的食物，其中大部分以粪和假粪的形式排出，有报道称此比例可高达95%。滤食性贝类粪和假粪的沉积增加了沉积物的数量，改变了底部沉积物的成分，进而可能影响底栖生态环境，引起底栖动物种类大大减少，而耐缺氧的多毛类开始占优势。贝类形成的生物沉积物经矿化和再悬浮后又可使营养盐重新进入水体。而营养盐的再生是滤食性贝类养殖污染的另一个重要体现。生物性沉积导致了有机沉积物的增加，增加了氧的消耗，加速了硫的还原，增强了解氮作用。现场研究结果表明，由于微生物活动的增强，加速了贝床沉积物中营养盐的再生。此外，贝类的代谢活动可产生NH_4-N、PO_4-P 等营养元素。栉孔扇贝（*Chlamys farreri*）排氨率为平均380.13 微克/（克·小时），以烟台四十里湾1996 年扇贝产量25 248 吨计算，可排泄铵2073.6 吨，可见扇贝是水体中NH_4-N 的一个重要来源。很多学者认为在浅海养殖区，由于滤食性贝类等养殖生物的排泄活动，增加了水体营养盐的浓度，能够引起藻类在春夏季的大量繁殖，极易形成赤潮，进而危害水产养殖生产（张福绥和杨红生，2010）。

二、养殖生物与自然种群的食物和空间竞争

贝类作为一种滤食动物占据了海洋食物链的中下层。养殖贝类不仅能对浮游生物种群实行下行控制，而且在大规模养殖的条件下也能对野生贝类构成食物竞争，从而抑制野生贝类的生长和繁殖（Sequeira et al.，2008）。如果抛开经济效益，而从生态系统管理的角度看，则有必要在考虑海区野生动物种群生物量及其生存需求的前提下适当控制养殖规模。与贝类的情况相反，网箱养鱼产生的残饵、粪便等往往成为野生动物的食物来源，所以投饵养殖与野生种群不构成食物竞争。

无论何种模式的海水养殖，都会占用野生生物的生存空间。海水养殖自身污染加之高密度或大规模的养殖系统过度占用了自然生态空间，有可能导致水域生物多样性下降（Rodriguez-Gallego et al.，2008）。高爱根等（2003）研究发现，在贝类、鱼类和藻类单一养殖海区，大型底栖生物的种类、密度和生物量都有明显的改变。2010年，中国水产养殖总面积约为760万公顷，海水养殖面积为210万公顷，其中，鱼类为7.9万公顷，甲壳类为31万公顷，贝类为130万公顷，藻类为12万公顷。另外，仅池塘和底播养殖总面积就接近130万公顷（中华人民共和国农业部渔业局，2011），若加上部分浅海网箱和筏式养殖，估计中国的海水养殖已占用了我国滨海湿地总面积（6.0万平方千米）（马志军，2011）的近30%。例如，在山东荣成桑沟湾的养殖海区，除了留出必要的航道用于船舶通行，几乎整个海湾都布满了海带和贝类养殖筏架，而且筏架还向湾口外侧延伸大约8千米（图5-5）。

图5-5　山东荣成桑沟湾的海带筏式养殖（文后附彩图）
注：船上为收获的海带

我国在20世纪八九十年代曾经大规模发展滩涂和浅海海水养殖业，导致大面积滨海湿地被围垦，生态功能显著改变。据《2007年浙江省海洋环境公报》显示，浙江乐清湾因围垦、围涂未得到有效控制，滨海湿地逐年减少，自然生态

功能逐渐丧失，与1934年相比，海湾自然水域实际面积缩小近1/4。山东荣成的天鹅湖原本生产海参和各种贝类，20世纪的"封港养护"和滩涂围垦直接导致了湖区和口门处泥沙淤积，湖区水面缩小、纳潮量减少、水交换率下降，湖内生态环境恶化，大叶藻（*Zostera marina*）资源衰败，生产力严重降低（图5-6）。类似问题也发生在我国其他许多沿海地区。不合理的滩涂围垦、养殖开发利用过度，还使许多重要的经济鱼、虾、蟹、贝类的栖息地、育幼场被严重破坏乃至消失，甚至导致一些生活在滨海湿地的濒危野生动植物的灭绝。例如，海南岛文昌、澄迈、儋州、临高、万宁等县（市）海域岛屿因围垦农田或开挖养殖池，对滩涂资源和红树林资源过度开发利用，致使红树林生态系统及其生物生存环境受到破坏甚至消失，使红树林生态系统退化、物种濒危甚至灭绝（江志坚和黄小平，2010）。此外，单品种、高密度的海水养殖，对养殖水域自身和邻近水域的生态系统也存在不容忽视的影响，使其生态系统趋于简单，生态平衡很容易被破坏（左玉辉和林桂兰，2008）。

图5-6　山东荣成天鹅湖因封港养护而淤积（文后附彩图）
注：荣成湾内深蓝色部分为连片的海带筏式养殖区
资料来源：Google earth

　　与陆域湖泊类似，海洋生态系统因其流动性和连续性，一旦受到轻微的扰动，其影响就可能波及整个水域和整个生态系统，而且影响持续很久、不易消除。正因为水域生态系统如此重要而又如此脆弱，欧美各国在制定有关环保法规的时候，很早就把水域的生态系统及其生物多样性列为主要的保护内容，实施从流域到近海的一体化管理，相关规定涵盖了从环境污染防控到生物质量等一系列措施。欧盟委员会充分考虑到各成员国协调合作的重要性，颁布和实施了一系列严密而科学的法律法规。例如，《欧盟 92/43/EEC（关于栖息地）指令》（*Council Directive 92/43/EEC on the Conservation of Natural Habitats and of Wild Fauna and Flora*）（1992 年颁布实施）、《欧盟水框架指令》（*The EU Water Framework Directive*）（2000 年颁布实施）、《欧盟生物多样性行动计划》（*The EU Biodiversity Action Plan*）（2006 年颁布实施）、欧盟保护生物多样性 10 年战略（2011 年颁布实施）等，都充分吸收了现代生态学和环境学的研究成果，对保护海岸带和近海渔业生物多样性做出了明确规定，并建立了科学的评估体系。中国政府也制定了许多有关保护海洋生物多样性的法规，主要有《中华人民共和国海洋环境保护法》、《中华人民共和国野生动物保护法》、《中华人民共和国渔业法》、《中华人民共和国自然保护区条例》、《中华人民共和国海洋自然保护区条例》等。但在这些法律的执行过程中，涉及海水养殖的规定不一致或不明确，多部门交叉管理的局限性，导致在海水养殖许可证的颁发和养殖活动的管理中，对生物栖息地和生物多样性保护这一重要因素的考虑还远远不够。

三、养殖动物逃逸和生物入侵

近年来，我国沿海网箱养鱼规模迅速扩大，不仅网箱的容量大大增加，而且网箱养殖的品种也日益多样化，已经从各种鱼类扩大到鲍鱼、海参、海胆等多个品种。网箱养殖因为容易受到台风等自然灾害的影响，加之在日常养殖操作过程中不慎造成养殖动物逃逸的现象比较常见。我国海南、广东、福建、浙江、山东等一些沿海地区都是受台风和风暴潮影响比较大的地区，每年因风暴潮等灾害影响，受损的海水养殖面积可占总面积的 3%；减产约 55 万吨，几乎占海水养殖总产量（1405 万吨）的 4%（国家海洋局，2011）。即使这其中只有一部分动物逃逸并在自然海区存活或者繁殖，其实际影响已经相当可观。水产养殖，特别是在开放水域的养殖活动，如果设施不完备、操作不当或管理不善，非常容易造成养殖动物的逃逸。据报道，每年大约有 200 万尾养殖大西洋鲑鱼（*Salmo salar*）逃逸到北大西洋，而逃逸到北美洲和南美洲西海岸的大西洋鲑鱼则更多（Science News，2005）。

逃逸到自然环境中的养殖鱼类比野生同类具有更强的攻击性，生长速度更快、对食物的竞争性更强。养殖动物与野生种杂交的结果是导致野生种群长期失去竞争力和生产力下降。同时，养殖动物还能把寄生虫和疾病传染给野生种群（Science News，2005）。随着养殖活动在沿海的全面展开，准确评估和有效控制养殖生物逃逸，已成为一个不容忽视的问题。

泥螺（*Bullacta exarata* Philippi）本是生长在江浙沿海和我国东北鸭绿江口附近的一种海珍品，因肉鲜味美、营养丰富，深受国内外消费者青睐。2002 年，东营垦利县从南通市引进泥螺进行增养殖实验，当时投苗面积约 1700 公顷（东营市海洋与渔业局，2011）。因东营滩涂水质好、饵料生物丰富，非常适合泥螺生长繁殖。2008 年 4 月，人们发现在东营市广利港海域的泥沙滩上，有一条约 15 千米长、300 米宽的泥螺生长带（中国新闻网，2008）。据悉，这是渤海湾最大的优质泥螺生长带，也是首次在渤海湾发现大型泥螺生长带。但问题随之而来。由于泥螺在生活过程中分泌一种黏液，泥螺密度大的滩涂上往往形成一个黏液层，从而堵塞了在沙滩上生活的其他贝类的出水孔，也影响了它们的生存。东营市发现泥螺的滩涂原来有文蛤（*Meretrix lusoria*）、菲律宾蛤仔（*Ruditapes phili-pinarium*）等多种贝类生长，但泥螺大量繁殖以后，这些贝类就越来越少了。泥螺到底构不构成生物入侵，尚待评定；但它们对生态位的占有能力显然强过本地贝类，造成本地贝类减产已是不争的事实。

新中国成立以来，以养殖为目的的海洋物种引进一直在进行着。这其中，有不太成功的，如巨藻（*Macrocystis pyrifera*（L.）Ag）、象拔蚌（*Panopea abrupta*）和大西洋浪蛤（*Spisula solidissima*）的引进；也有非常成功并造就了重要养殖产业的大菱鲆（*Scophthalmus maximus*）、海湾扇贝（*Argopecten irradians*）的引进。在大力引进新物种的同时，我国尚缺乏相应的管理制度和严格的外来种入侵的风险评估体系，导致一部分因养殖活动引入的外来物种对我国生态安全造成了很大的破坏，如互花米草（*Spartina alterniflora* Loisel）等。这些外来物种在适宜条件下暴发式生长，已经引发了本地物种减少、景观破坏、养殖产业退化、经济物种受损或遭受病害侵染等诸多问题。如何加强这方面的管理，如在引种之前进行风险评价和环境影响评估，引进后和实验驯养阶段采取适当的隔离措施等，是保证引种生态安全的必要措施。

四、渔药对生态环境的影响

海水养殖生产过程中，通常使用大量的药品杀菌消毒，如各种化学消毒剂、抗生素、激素、疫苗等。英国水产养殖中使用的化学药物有 23 种；1990 年挪威在养殖业使用的抗生素比在农业中使用的还多；我国水产养殖病害多达 170 种，新中国成立以来使用过的中西药品近 500 种（张福绥和杨红生，2010）。养殖密度过高、管理不善，特别是外界和自身污染影响了养殖区水质，使海水养殖病害问题日趋严重。而在养殖活动中不合理用药和使用违禁药品，则在某种程度上加剧了养殖环境的恶化。虽然国家已明令禁止使用氯霉素、孔雀石绿等药品，但养殖户违法违规用药的现象仍大量存在（图 5-7）。杀虫剂、除藻剂、抗生素等药品往往不易降解、残留时间长，残留的药品随养殖废水排入周边水体或在底泥中累积，可刺激和增加细菌耐药性、影响沉积物生源要素的生物地球化学循环或者直接在水生生物体内残留或积累（胡莹莹等，2004），从而可能遗留大量的生态环境和食品安全问题。

英国、挪威等一些大西洋鲑主要养殖国，都建立了一套严格的病害通报制

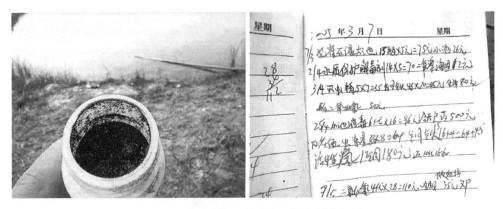

图 5-7　养殖户所用的孔雀石绿和用药记录
资料来源：麦康森，2007

度。这些国家有明确的法律规定养殖户（企业）及时上报养殖鱼类的发病情况、所用药品和用药剂量。此外，在这些国家，对养殖用药品和用药处方都有严格管理，并且必须凭有资质的兽医开具的处方用药（Burridge et al.，2010）。即便如此，如果管理不善、盲目用药仍然能对海区生态环境造成严重影响，包括药物毒杀非养殖生物而导致海区生物多样性下降。另外，很多水产药物，如抗生素都是难以降解的稳定化合物，它们的不断投入增加了在环境中的活性化学物质。这些物质的存在又增加了各类微生物的抗药性，从而增加了动物和人类患病的风险和治疗的费用。不过，最坏的结果还是有可能导致对现有抗生素全都不敏感的超级病原微生物的出现（Burridge et al.，2010）。

　　从中国的情况来看，药物的盲目使用对食品安全和消费者健康的威胁尤其值得关注。2006 年中国对日本水产品出口额占水产品总出口额的比重与 2005 年的 37.0% 相比，降低了 5 个百分点，降低的原因主要是药残问题，涉嫌违禁药品主要有孔雀石绿、扑草净、硫丹（剧毒农药）等（李清，2007）。2007 年，因药物残留问题，美国食品和药品管理局（FDA）明令禁售 5 种从中国进口的水产品（张卫兵，2010）。如果海水养殖违禁用药或用药不规范，不仅会影响水产品安全，所用药品还会随外排水进入海区，从而被周围的野生动植物吸收而进入食物链，并最终影响食物链顶端的生物（包括人类）的健康。Zou 等（2011）认为，渤海湾北部水体中抗生素浓度偏高与当地人类活动密切相关，其中水产养殖废水排放的影响不可忽视。

　　据统计，智利在 2007 年和 2008 年分别养殖了 33 万吨和 38.8 万吨大西洋鲑，抗生素用量分别为 385.6 吨和 325.6 吨，相当于每生产 1 吨大西洋鲑用掉 1 千克左右的抗生素；而挪威在同期共养殖 82 万吨大西洋鲑，所使用的抗生素总量还不到 1 吨，即每生产 1 吨大西洋鲑用掉抗生素的量还不到 1.2 克（Burridge et al.，2010）。在苏格兰、挪威、智利等国家，准许使用的抗生素类水产药物包括土霉素（oxytetracycline）、氟苯尼考（florfenicol）、氟甲喹（flumequin）、阿莫西林（amoxycillin）、恶喹酸（oxolinic acid）、林可霉素/硫酸链霉素（lincomycin/streptomycin（1∶2））、红霉素（erythromycin）等。中国在水产抗生素的准许使用范围等方面已经参照欧盟和美国的做法，但并没有采用配方制和疫病通报制度。因为我国水产药物大部分直接来源于兽药，生产企业大部分就是兽药厂，兽药和水产药物的生产和销售没有分开统计，所以一直以来都缺乏水产药物相关的产、销和用量统计数据。

相对而言，治疗水产养殖动物寄生虫病的药品对环境的毒副作用更加直接，因为除寄生虫的药物一般没有特异性，并且很多都是采取体外药浴处理，用过的废水直接排放到周边水体中。近年来，挪威和智利养殖大西洋鲑经常发生鱼虱等寄生虫病害，常用药物包括阿维菌素（avermectins），拟除虫菊酯（pyrethroids），过氧化氢（hydrogen peroxide），以及有机磷酸盐或酯（organophosphates）。这其中很多都是剧毒药物，尤其对甲壳类具有极强的杀伤力。如果经常和大量施用这些药物，必然引起养殖场附近野生甲壳类死亡，从而影响生物多样性。不过，大西洋鲑主要养殖国每年使用杀虫剂的量并不大，一般不超过 500 千克（Burridge et al.，2010）。我国一些沿海地区的养殖户在清塘的过程中，往往使用一些剧毒的药物，对周围水体中生物的杀伤力巨大。加强这方面的管理，已经刻不容缓。

此外，水产养殖本身作为病害的载体，其向自然环境中同类生物传播病害的问题也不容忽视（Forrest et al.，2009）。海水养殖逃逸的鱼类可能会将地方流行病传给野生种群，鱼虱可能就是其中的一例。在亚洲，当养殖的幼虾发生流行病时，很多养殖场的做法是连虾带水一同排入海中，这也可能会给野生种群带来危害（董双林等，2000）。

五、海水养殖其他相关生态安全问题

海水养殖的模式、技术水平、管理方式在很大程度上决定了养殖业的产品质量和经济效益，但养殖业又很容易受到海洋生态环境的影响，并同时影响着周边生态环境。海水养殖的生态安全问题因而变得复杂和多样。

（1）作为海洋与海岸工程的一种类型，围海筑塘、养殖设施、人工渔礁的不合理布局，会改变海域的水动力环境，造成淤积、侵蚀等地形、地貌改变，从而危害海域的生物多样性和生态安全。20 世纪后期，我国沿海修建了大片养殖池塘和围堰，变更了海岸线的原始地形地貌，改变了水流和水交换条件，从而对滨海湿地生态系统造成了负面影响。例如，河北省海水池塘养殖从 1987 年的15 000 公顷增加到 2005 年的 45 000 公顷，养殖占用大面积滩涂，导致像七里海这样的海湾湿地面积萎缩过半，盐沼大量消失（图 5-8）（李静等，2008）。养殖区自然地质特征改变加之污染排放增加，不仅会引起生境退化、野生渔业资源减少、生物群落演替，还会诱发赤潮和绿潮等生态灾害。

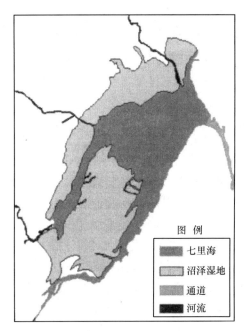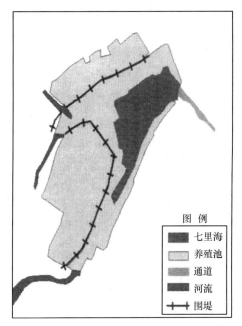

图 5-8 1956 年（左）和 2005 年（右）七里海湿地面积对比

资料来源：李静等，2008

（2）其他产业发展及其造成的生态环境破坏对水产养殖也有或多或少的影响。由于沿海工业产业带的快速发展，我国大片滩涂被围垦变成港口、工业区和城市延伸区，海水养殖面积逐年大幅缩减。同时，滩涂贝类，如缢蛏（*Sinonovacula constricta*）、文蛤、菲律宾蛤仔等的自然苗种产地也遭受了严重破坏。由于近海赤潮毒藻频发导致养殖种类死亡的事件屡屡发生，工业污染和海上溢油事件使浅海和滩涂养殖损失严重。例如，康菲石油中国有限公司为了补偿蓬莱 19-3 油田溢油事故所造成的养殖业和生态损失，分别支付 10 亿元用于养殖生物和渤海天然渔业资源损害赔偿和补偿，并支付 1 亿元和 2.5 亿元用于天然渔业资源修复和养护、渔业资源环境调查监测评估和科研等方面工作（新华网，2012）。

（3）我国部分地区利用人工海水或抽取地下水开展了大规模的陆基海水养殖。其潜在的生态问题是土壤盐渍化、水污染和水资源利用矛盾加剧等。泰国的例子应引起警惕：21 世纪初，泰国的对虾养殖区已经拓展到离海岸线 100 千米的内陆、甚至更远的泰国中部水稻主产区，对粮食生产造成一定负面影响。在山东莱州等地，有连片的鱼类（主要是大菱鲆（*Psetta maxima*）等海水鱼）养殖大棚。这些地区，因长期大规模开采地下水用于工厂化养殖，淡水和咸淡水用量已超过自然补充量，可能导致地下水位下降、区域性的地面沉降、海水倒灌等生态灾害（Chen et al.，2006）。一般说来，沿海地区如果地下水开采过量，比较严重的还会引起海水侵蚀、地下水咸化等更严重的危害。

（4）水产品安全问题层出不穷。在 20 世纪 80 年代，上海市发生了因食用受微生物污染的毛蚶导致数万人罹患甲肝的事故。近一二十年来，养殖水域污染日趋严重，加上养殖业对清洁生产重视不够，尤其是为了防止养殖动物病害而滥用药物，导致鱼、虾和贝类抗生素等污染物时有检出，严重地影响了水产品的出口和国内市场销售；大闸蟹、福寿螺、桂花鱼、多宝鱼等事件，都在我国消费者心目中造成了极坏的负面影响，也导致产业本身的巨额损失。2006 年 11 月 17 日，上海的一项抽检结果显示，市场上销售的多宝鱼药物残留超标现象严重，所抽样品全部被检出含有违禁药物，部分样品还同时检出多种违禁药物。食品安全作为粮食安全的重要组成部分，也属于生态安全的范畴。要从根本上解决水产品质量安全问题，需要从根源上治理水环境污染，并加强养殖过程管理，把有毒、有害、高污染的投入品使用降至最低。

（5）海水养殖对滨海景观的影响不容忽视。随着经济发展，人民对精神生活和文化审美的要求日渐提高，迫切要求海洋和海岸带保持和回归自然之美。而随着我国滨海旅游业的发展，修复沿海生态环境、保持和恢复自然风光已经成为新型海岸带开发的必要条件。传统海水养殖设施以脏、乱、差的形象，存在于现实与人们心目中，与旅游服务业等滨海第三产业的发展形成较大矛盾。合理规划、规范和管理海水养殖产业，使之与自然环境相协调，将成为我国未来海洋生态环境保护的重要任务之一。

（6）目前我国海水养殖管理中还存在不少问题，包括缺少科学合理的养殖区规划、对养殖许可证的审批程序不够严格、一些项目没有经过必要的环评程序就开工建设等。我国沿海很多地区，海水养殖业布局不合理的现象十分突出，池塘、网箱密集，远远超过海区生态环境容量。布局不合理与缺少科学的养殖区规划有必然联系，而各种区域和行业用海规划与国家海洋主体功能区划不协调、甚至相互矛盾的地方，则是养殖规划缺位的根本原因。另外，行政上对养殖业实行多头管理，权限相互交叉，造成管理失效。我国海水养殖业行政审批制度尚处于起步阶段，未经渔业行政主管部门审批而私建乱上养殖场、育苗场的现象比较普遍，在沿海部分地区造成养殖业过度开发现象；水域、滩涂的使用权流转十分迅速，对转让的管理规定各地也不尽相同，有时会导致许可证的有效期限无法保证。

（7）我国渔业资源日渐衰退，近海 90% 的水域已经难以捕到经济价值较高的鱼类，渔民的转产转业成为国家政策推动下的一种社会大趋势。但很多渔民受教育程度低、技能单一，无论是外出打工还是自主创业，都存在一定的困难。很多渔民就地转产搞水产养殖，但养殖业一方面需要投资，另一方面需要水面和许可证；而太多渔民转产搞养殖，又给养殖业带来竞争和压力，利润空间和生态容量都受到挑战。与此同时，我国新一轮沿海大开发已经造成大量养殖场被征用、池塘被围填的现状，导致养殖业者"失海"。一些地区由于政府补偿少、就业渠道少，"失海"养殖户也和上岸的渔民一样，面临着生计困境，甚至成为"生态难民"。可见，生态环境问题引发了资源的衰退，从而有可能危及社会稳定；而海水养殖作为我国海洋生态安全的关键环节，也需要承担起应对和消化这些不安定因素的重任。

第三节　海水养殖生态安全问题的原因分析

我国海水养殖产业目前仍然处于农业和初级工业化发展阶段之间，产业经营分散，管理难度大。既有严重的养殖渔民"失海"、水域滩涂资源使用权纠纷大量发生的现象，也有产品质量安全问题突出、种质退化明显、养殖病害和养殖水域污染加剧等问题。综合分析，产生上述问题的原因既包括产业格局和发展方式不合理、法规和管理有疏漏、意识和观念落后等方面，也包括基础科学理论和技术研究不足，对产业发展缺乏强有力的支撑等。

一、海水养殖产业格局和发展方式不合理

我国现阶段海水养殖的主要品种包括鱼、虾、贝、藻和海参等动植物种类，在《2011 中国渔业统计年鉴》中有记录的为 37 种，估计实际有 70 种以上。海水养殖普遍采用的模式包括池塘、网箱、筏式、吊笼、底播、工厂化等多种形式。海水养殖业已成为沿海地区浅海（有些地区已扩展到 20 米以外的深水区）、滩涂和陆地的重要生产经营活动。我国的海水养殖业以个体和小规模股份制经营为主，多年来仿效了农牧化的经营方式，小本经营、靠天吃饭。近 10 年来，一些大型养殖业集团公司脱颖而出，有些甚至成为上市公司，如大连獐子岛渔业公司、荣成好当家集团等，显著提升了海水养殖业生产经营水平、科技研发能力和产业形象。不过，海水养殖总体上工业化水平比较低，除了陆基工厂化养殖，其他养殖模式因客观条件限制大都采用粗放式经营，平均单位面积的养殖效率和效益都不高。

在大养殖公司不断跟踪和学习国际先进技术、产业不断升级换代、品牌意识和经营水平不断提高的同时，一些投资规模小、基础设施落后的企业，在产业升级和新技术推广应用方面难度很大。特别是涉及节能、环保、集约化生产技术的产业升级改造，往往需要可观的投资，这些是一般的养殖企业难以做到的。结果，这些企业只能进行粗放式的养殖生产，饲料效率低、病害频发，经济效益和产品质量都得不到保证。因此，基础设施更新换代慢、先进技术和管理手段得不到广泛的应用，是制约海水养殖业健康发展的一个关键因素。

由于产业结构松散、组织化程度低，尤其是大部分养殖户属于个体和小股份制经营，经营策略灵活、随意，哪个品种经济效益好就经营哪个品种，根本不考

虑自己企业的生产技术能力，更不考虑滩涂、海区的养殖容量和承载力。结果导致部分地区产业盲目发展。比如，南方很多海区形成密集连片的小网箱，致使海湾水质恶化；或者超高密度底播养殖滩涂贝类，引发病害和大面积死亡，破坏了滩涂生态环境。这样的例子比比皆是、层出不穷，给产业带来许多惨痛的教训和巨额经济损失。

目前，国内很多海水养殖（集团）公司从事产业链经营模式，把养殖、加工和销售串联起来，不仅保证了产品质量和信誉，也最大限度地满足了市场需求。比较而言，国外大部分公司专业性比较强，专门从事育苗、养殖和水产品加工的公司占大多数。国内从事海水养殖的企业众多，因为养殖企业的体制、规模、经营模式千差万别，决定了其管理水平也存在巨大差异。一家一户式的经营模式与集团公司的经营模式不可同日而语，在管理上自然也相对落后，甚至在养殖技术方面也存在很大的盲目性和不合理性。这一情况决定了我国海水养殖产业还需要进一步规范，海水养殖的健康发展仍然是一个漫长的过程。

二、海水养殖法律法规体系不完备

完善的法律法规体系是一个产业快速良好发展的重要保障，但在海水养殖领域，我国目前的相关法律法规尚不完善。水产养殖业的法制建设起步慢，一些近年来制定并开始实施的制度，如养殖许可制度、苗种生产许可制度、养殖产品质量安全管理制度等法律法规的地位低、相互之间缺乏协调性；有些法规只有要求，而没有对违法行为的明确惩处规定，使执行的效果受到影响。在我国现有法规框架下，对一些涉及海水养殖活动的权属和义务的规定不够清晰，包括：养殖滩涂所有权权属不明，海域或滩涂使用权权属不清，养殖权与海域使用权之间存在争议，养殖使用经营权有待稳定，以及养殖权征用补偿制度不完善等（宇文青，2009；沈丽萍，2011）。

海水养殖法律法规的不完善，养殖产权的不明确直接导致养殖户盲目追求短期效益，个别区域违规滥建现象严重，生产规模大大超过了水域滩涂的环境容量，加重了海水养殖环境污染，埋下了严重的生态隐患。目前我国海水养殖业的种类结构不合理和超负荷养殖现象非常普遍，如某海域适合于某种生物养殖，其养殖量就会严重超过环境容纳量，进行掠夺式养殖。局部海区长期结构单一的密集养殖，使生态系统的能量和物质由于超支而贫乏，造成循环过程的紊乱和生态失调（崔力拓和李志伟，2006）。这一方面与区域性海洋规划缺失、用海项目疏于管理有关；另一方面也与相关法律不健全、养殖户生产具有很大的随意性有关。

首先，我国水产养殖法制建设起步较晚，近年来虽已出台了不少相关的法律法规，但仍有待于进一步完善。其中，有的条款法律强制力不够，如《中华人民共和国渔业法》（2004 年）对无证养殖的处罚，只规定"责令改正，补办养殖证或者限期拆除养殖设施"，如此轻的法律责任追究力度对违法养殖者显然起不到多大威慑作用；对已领养殖证但不按规定区域和种类养殖的，则无明确的处罚条款。《水产养殖质量安全管理规定》（中华人民共和国农业部第 31 号令，2003年）对养殖生产各个环节的管理都有规定，但缺乏落实的措施和手段。《水产苗种生产管理办法》（2005 年）只强调了苗种许可证的发放，未涉及发放后的管理问题，这都增加了执法的难度。

其次，法规体系不完善，执法依据不足。比如，目前尚无专门的渔药和渔用饲料管理法规，只得参照《兽药管理条例》（2004 年）、《饲料和饲料添加剂管理条例》（2011 年）及有关行业标准进行执法。再比如，《中华人民共和国海域使用管理法》（2001 年）规定，对养殖用海要根据养殖方式和用海规模实行分级审批，在"报有批准权的人民政府批准"的同时，还需要征求同级有关部门的意见。这样极易造成同一海区多头管理的混乱，在实际执行中缺乏可操作性。

三、不重视海水养殖过程管理

对养殖过程进行规范和管理的法规不健全，海水养殖业的健康发展缺乏制度保障。我国目前海水养殖和养殖区域环境保护方面的制度存在缺失，客观上也加剧了养殖环境的污染。虽然我国海水养殖废水的排放标准均已出台（包括《SC/T 9103 海水养殖水排放要求》和《DB 31/199 污水综合排放标准》等），但这些标准并没有与强有力的法律法规结合起来，结果是有标准而得不到落实，养殖废水排放依然失控。我国对水产养殖业尚未实行排污收费制度，对于排污不达标的养殖场也没有适当的处理措施，结果导致我国海水养殖污水排放基本处于无处理状态，甚至可以随意排放。

正因为如此，每年大量的养殖废水不经处理直接排入大海，养殖污染物的过度排放对环境的影响不可小觑。以渤海海域为例，进入 20 世纪 80 年代以来，对虾养殖业在渤海水域的发展极为迅速，养殖面积多达 32 078.2 公顷。渤海海域营养盐含量的变化与 20 年来渤海沿岸养殖业的过度发展不无关系。据调查，渤海海域养殖废水的年排放量竟然高达 197 亿吨（宇文青，2009）。如今，渤海海域已成为中国赤潮的多发海域和重灾区。海水网箱养殖每养成 1 吨鱼排入环境的氮、磷负荷量分别为 161 千克和 32 千克；池塘养虾每养成 1 吨虾排入环境的氮、磷负荷量分别达到 45.8 千克和 10.1 千克（杨宇峰等，2012）。依此计算，2010年我国网箱养鱼（不含工厂化养殖）和对虾池塘养殖的产量分别为 70 万吨和 83万吨左右，估计排海氮、磷总量分别为 15 万吨和 3 万吨，说明我国沿岸海水营养盐含量的变化与水产养殖业的发展有一定关系。

我国的海水养殖管理及有关法律法规在实施过程中还存在很多问题，执法程序存在一些漏洞，包括管理体制不顺，执法主体不明晰；执法队伍力量薄弱，执法水平有待提高；立法滞后、管理和查处相脱节等（刘锡胤等，2008）。受到这些问题的制约和牵绊，使海水养殖的各项管理制度难以迅速有效地得到落实，海水养殖活动难以做到有法可依，更谈不上执法必严、违法必究。

例如，于 2003 年颁布实施的《水产养殖质量安全管理规定》中规定，县级以上地方各级人民政府渔业行政主管部门负责本行政区域内养殖水产品药物残留的监控工作。但在实际执行中却存在有些问题多头管理、有些问题管理缺位的现象。我国涉及海水养殖的渔政执法队伍力量较弱、经费不足、手段落后，难以开展有效执法。对于渔药残留等的监督和检测工作，需要比较精密的仪器和受过专业技术培训的检验人员，这是一般"县级及以上渔政管理部门"所不具备的。同时，这部法规中，对渔用饲料质量的规定是："鼓励使用配合饲料。限制直接投喂冰鲜（冻）饵料，防止残饵污染水质。禁止使用无产品质量标准、无质量检验合格证、无生产许可证和产品批准文号的饲料、饲料添加剂。禁止使用变质和过期饲料。"但对于具体由哪个部门来监督和执法，对违法者如何处罚等，都未作明确规定。

事实上，我国水产品质量由质监、工商、卫生、渔业等多个部门管理。其中渔业部门多不是执法主体。这种管理职能的交叉，在管理中容易产生政出多门、互相推诿的现象，执法效果大打折扣。

四、缺乏对海水养殖生态安全问题的系统研究

在以"可持续海水养殖与提高产出质量的科学问题"为主题的第 340 次香山科学会议学术讨论会上（香山科学会议网站，2009；中国工程院网站，2009），与会专家们提出了我国海水养殖发展中存在的关键科学问题，包括种质衰退、局部水域滩涂过度开发、养殖病害频发、养殖产品药残问题、鱼虾饲料蛋白源及养殖环境污染等。这些问题无不与海水养殖生态安全有着直接或间接的联系。这些问题已经成为制约我国海水养殖业可持续发展的瓶颈，当前迫切需要开展相关的科学和技术研究。

我国是世界水产品生产大国，水产养殖业在为保障国家粮食需求、改善人民膳食结构和提高营养水平、调整农业结构、解决"三农"问题，以及建设社会主义新农村等方面发挥着巨大作用。但我国的海水养殖业发展中也存在一些问题，主要包括以下几点。第一，水产养殖良种培育技术尚需提高。目前海水养殖良种率只有 25% 左右，远低于畜牧业和农业，养殖种类种质衰退现象突出。这一方面影响了养殖效率（缺乏生长快速、饲料效率高的优良品种）；另一方面也增加了养殖病害发生的概率（缺乏抗病抗逆的良种）。第二，局部水域滩涂过度

开发、养殖生物量超出了生态容量，导致局部水体污染和缺氧，并导致养殖生物病害的发生和大规模死亡。第三，随着养殖规模的扩大、集约化程度的提高，水产养殖病害发生频繁，养殖业生产效益下降、抗风险能力减弱。第四，鱼虾类养殖业对鱼粉资源的依赖性强，缺乏替代蛋白源，随着鱼粉价格上涨，养殖业也出现了增产不增效的现象。总之，良种选育和健康苗种培育研究、养殖容量和养殖生态安全研究、病害发生机理和病害控制技术研究，以及健康饲料和蛋白源替代技术研究已经成为海水养殖业进一步发展的关键。

长期以来，我国海水养殖领域的科学研究过于偏重技术和应用性，缺乏对养殖对象生态、生理等方面的系统性基础研究。由于缺乏基础数据和科学理论的支撑，我们对海水养殖品种优良性状的遗传机理和调控机制、对大部分养殖动物的营养需求、对养殖系统内部的生物群落及其生态功能与作用、对养殖药品和消毒剂的环境效应及其对产品质量安全的影响，特别是对养殖系统的生物地球化学过程与生态影响等方面的问题尚缺乏足够认识。只有适时适当地开展这些研究工作，才能帮助和指导我们及时解决海水养殖中存在的瓶颈问题，从而实现以生态安全为基础的可持续发展。

五、海水养殖从业者缺少生态安全意识

新中国成立以来，海水养殖业在我国海洋渔业乃至沿海地区经济社会发展中的地位和作用日益凸显。改革开放30多年来，全国海水养殖总产量增加了30多倍（中华人民共和国农业部渔业局，1977~2011）。进入21世纪，从"养捕兼举"到"以养为主"的渔业发展方针促进了我国海水养殖业朝着多品种、多模式、工厂化和集约化方向快速发展，确立了世界第一海水养殖大国的地位。由于我国海水养殖业发展速度快，大量养殖从业者都是从捕捞、农业或其他行业转产而来；加之行业准入门槛低，各类所有制经济，如国营、集体、股份制和以家庭为单位的个体经济同时存在，从而形成了经营模式、生产规模和管理水平参差不齐，甚至相差悬殊的产业现状。

这样的产业现状，给国家和地方对海水养殖行业的统一管理造成了一定的困难，行业自律和从业者自身素质的提高就显得尤为重要。而实际情况是，我国海水养殖业事实上沿袭了过去多年来农业生产的习惯，从业者中靠天吃饭的观念占主导地位：一方面是产品质量观念差、缺乏品牌意识；另一方面也缺乏足够的科学知识，缺乏生态和环境安全意识，对养殖容量、环境污染、药物残留等一些最基本的生态问题缺乏认识。此外，很多从业者法律观念淡薄，对海水养殖有关的法律法规根本不了解，或者明知故犯，如一些养殖户在生产中滥用剧毒农药和违禁药品等。我国海水养殖生产者法制意识淡薄，养殖违法现象不同程度地存在。主要表现在以下几个方面。

（1）部分地区养殖秩序混乱，养殖规模无序扩张。受局部和眼前利益的驱动，不少养殖生产者不经主管部门审批，私自建场造池或扩大养殖规模，尤其在近年来兴起的刺参、鱼类等高值海珍品养殖热潮中，个别区域违规滥建现象相当严重，生产规模大大超过了水域滩涂环境的负荷力，埋下了严重的生态隐患。

（2）生态安全意识淡薄，滥用渔药现象严重。由于养殖规模的无序扩张和水域生态环境的恶化，水产养殖病害问题日益突出，不少养殖者盲目大量用药甚至使用国家禁用药，导致养殖产品药残超标、质量下降，威胁消费者健康。前段时间在香港及内地几个省（直辖市）闹得沸沸扬扬的"孔雀石绿事件"、"大菱鲆药残风波"曾给许多鱼类养殖者造成惨重损失，给整个行业敲响了警钟。

（3）养殖废水大量排放，水域环境污染加剧。《水产养殖质量安全管理规定》指出："水产养殖废水排放应达到国家规定的排放标准"，"水产养殖单位和个人应当配置与养殖水体和生产能力相适应的水处理设施和相应的水质、水生生物检测等基础仪器设备"，但实际上这些条款没有得到有效执行。带有大量病菌、药残的污水，甚至还携带着患病养殖动物一起直接排放入海，对水域滩涂的生态环境造成严重破坏。在一些育苗与养殖场密集区，不经处理的废水大量排放还极易造成疾病的交叉感染。

与我国的情况不同，欧美发达国家（如挪威）的水产养殖从业人员都受过专业技术培训，从业者素质较高，有比较强的法律意识，也比较容易接受知识更新，并积极参与与生产有关的研究与发展事务，生产观念和安全意识都较为先进。

第四节　　国内外海水养殖生态安全的对比分析

一般认为，水产养殖的生态环境影响可以通过采取适当的养殖管理手段，或采取环境安全措施来缓解或消除。这些措施包括完善法规、严格监管和建立环境监测制度等（NCC，1989；Codling et al.，1995；GESAMP，1996、2001）。概括来看，国内外在海水养殖业发展理念、法制建设与管理措施方面还存在差异；在一些现代化技术上国内也相对落后；尤其是在基础科学研究方面，与国外差距明显。

一、产业发展理念

我国的海水养殖业经过了半个多世纪的快速发展，至今无论在规模上还是在某些技术水平上，都居于国际领先地位。但是，对如何处理好养殖业与生态安全的关系，在生态安全优先的理念上，与发达国家尚无法相比。欧美各国对海水养殖业的发展，与对其他沿海产业或项目一样，一般持谨慎态度；都需要经过严谨的环评和公众评议过程，以不影响生态和谐为原则。在欧美发达国家，法律和公众意识都是把生态环境和生物多样性保护放在首位；媒体宣传、社会舆论和文化教育等诸多领域，也都强调生态安全的重要性。海岸带自然的、甚至原生态的状态是被公众普遍接受的，认为生态系统能提供供给、调节、文化、支持等各种服务功能，经济回报只是其中的一个方面；水产养殖作为生态系统的组成部分，其存在必须以生态系统的健康和可持续为前提，其影响也必须以不改变生态系统的和谐稳定为底线。

我国的海水养殖业经过半个多世纪的发展，已经成为国家粮食安全的重要保障，也是海洋经济的重要组成部分。同时，也应该看到，多年来我国海水养殖业片面追求规模和产量，追求经济利益，已经给我国海岸带和近海生态环境带来了巨大的压力。养殖业对海岸带自然地貌的改变是巨大和明显的，对周边水域的污染、对自然生态群落的扰动也日益加剧。海水养殖业的发展，要认真吸取20世纪90年代对虾、扇贝由于盲目发展而发生大规模病害，造成巨大损失的教训，应牢固树立科学发展观和生态和谐的发展理念，走生态高效可持续发展之路。近年来，很多专家学者都倡导海水养殖产业结构调整，由"数量规模型"向"质量效益型"转变，走生态友好和稳定发展之路；在发展方向上，大力推行健康养殖模式，提高品质、扩大效益；在养殖规模上，坚持优化环境，合理布局；在养殖方法上，坚持多样化和高技术，提倡生态高效养殖和资源增殖；在养殖、饵料和苗种生产管理上，坚持科学化、规范化和标准化。所有这些努力和措施，都迎合了国家领导层和公众意识的转变，即注重生态安全，推进海水养殖业健康、协调、持续发展。

进入21世纪，发展生态系统水平的水产养殖业（ecosystem-based aquaculture，EBA）已经成为全世界养殖科研人员和产业界的共识。EBA有三个原则：在生态系统功能和服务的背景下发展水产养殖业，避免导致这些功能和服务退化到超出其自然恢复能力；水产养殖业应促进人类的福祉和所有利益相关方的平等；水产养殖业的发展不应与其他相关产业的发展冲突（Soto，2010）。EBA强调的是海洋开发利用过程中人类权利的平等和生态系统的稳定，是协调养殖产业和生态系统稳定、可持续发展的必要途径。

二、相关法规与管理措施

在欧美发达国家，实际上是严格的法规和许可制度限制了水产养殖业的发展。在欧盟，水产养殖的环境影响受到欧盟委员会指令和国际公约的约束与监管。目前有近10条欧盟委员会指令直接关系到水产养殖环境影响的管理，包括：《物种与栖息地指令》（*The Conservation of Habitats Directive*（92/43/EEC））、《野生鸟类指令》（*The Conservation of Wild Birds Directive*（79/409/EEC））和《欧盟水框架指令》（*The European Union Water Framework Directive*）、《奥斯陆和巴黎公约》（*OSPARCOM Conventions*）、《生物多样性公约》（*The Convention on Biological Diversity*）、《国际海洋科学组织法规》（*International Council for the Exploration of the Sea（ICES）Codes*）、《欧洲野生动物和自然栖息地保护公约（伯尔尼公约）》（*The Convention on the Conservation of European Wildlife and Natural Habitats（Bern Convention）*）、《海岸带管理措施》（*Coastal Zone Management initiatives*），《欧盟关于鱼类产品中残留物最大限量和水产品标志的规定》（*EC regulations on 'Maximum Residue Limits' in Fish and the Labeling of Foodstuffs*）等（Read et al.，2001）。另外还有约 50 项指令、决议和条例等间接涉及海水养殖的监督和管理，包括涉及水产品安全的法令、管理兽药产品的指令，以及与海岸带综合管理相关的决议，如《关于双壳贝类生产和投放市场的卫生条件的指令》（*Directive 91/492/EEC*）、《危险物质指令》（*Directive 2008/58/EC*）、《环境影响评价指令》（*Directive 85/337/EEC，EIA*）、《战略环评指令》（*2001/42/EC SEA*）等。这些欧盟指令或条例适用于所有欧盟国家，其监管内容包括限制在保护区发展水产养殖业、限制水产养殖排污，并明确规定了水环境质量标准。

《欧盟水框架指令》是欧盟开展流域综合治理 40 多年来所取得的一项重要成果，于 2000 年颁布实施。它涵盖了保护和改善河流、湖泊、地下水、河口及沿海水资源的新方法，将在未来 30 年里帮助欧洲实现流域综合管理和保护好天然水资源。该指令在对一系列水质指标做出规定的同时，还提出了一系列生态指标作为参照，包括水中的鱼类、鸟类和水生植物的状况，使水资源质量状况得到全面反映，并方便有关各方参照和实施。因此，水框架指令也被称作改善生态的综合措施，因为它把生境（physical habitat）质量的保护提到前所未有的高度。水框架指令引入了对话和协商机制和成本计算方法、对珍贵资源进行了优化配置、提出了改善水资源的时间表，因而对欧盟生态环境保护和改善发挥了重要作用。

欧洲是世界人口密度第二大洲，人口的不断增长使欧洲大陆的物种及其栖息地面临很大威胁。"自然 2000 保护区网络计划"（*Natura 2000 Networking Programme*，简称"Natura 2000"）就是欧盟自然与生物多样性政策的核心部分之一，也是欧盟最大的环境保护行动纲要。"Natura 2000"在欧洲大陆建立起生态走廊，通过区域合作，保护野生动植物物种、受到威胁的自然栖息地和物种迁徙路线上的重要地区。目前，欧盟 27 个成员国总领土面积的 17% 已被纳入该网络，超过 1000 种动植物和 200 多个栖息地类型受到该网络的保护。"Natura 2000"不仅是欧盟实现生物多样性统筹、系统保护与持续利用的主要工具，也是将生物多样性纳入渔业、林业、农业、区域发展等其他欧盟政策领域的重要手段。同时，建立"Natura 2000"也是欧盟履行《生物多样性公约》中"社区义务"的部分内容（张风春等，2011）。

2006 年，欧盟委员会又批准实施《欧盟生物多样性行动计划》（*The EU*

Biodiversity Action Plan，BAP），以加快实现生物多样性保护的目标。该计划中，把保护和增加海洋中的生物多样性及减少外来入侵种的影响列为主要内容。然而，根据 2010 年的研究结果，欧盟生物多样性仍然在不断丧失。这源于多方面的因素，包括生物栖息地毁坏与破碎化、土地（滨海湿地）开发导致的生境退化、自然资源过度开发和外来物种入侵。针对上述情况，2011 年 5 月 20 日，欧盟正式推出《生物多样性战略 2020》（*EU Biodiversity Strategy to 2020*），确定六大目标，主要目的是在 2020 年之前阻止欧盟地区生物多样性的流失和生态服务功能的退化，并尽一切可能进行恢复。六大目标包括全力落实现有保护生物多样性的政策法规，进一步保护欧盟地区生物栖息地和物种；通过建设"绿色"基础设施等，改善和恢复生态系统及其服务功能；确保农业和林业生产的可持续性；保护欧盟渔业资源；控制物种入侵；积极参与全球保护生物多样性的行动。总之，上述各项法令和规定形成了比较全面的欧洲海水养殖管理的法规框架。

目前，我国海水养殖权属方面的法律主要有《中华人民共和国物权法》、《中华人民共和国渔业法》、《中华人民共和国海域使用管理法》等，其中规定了海域属于国家所有（宪法和法律中都有相关的规定），而滩涂则存在国家所有和集体所有两种形式。《中华人民共和国渔业法》第 10 至第 20 条对与养殖业有关的水域使用、生态保护、良种选育、饲料和药品使用等活动做出了规定。《中华人民共和国物权法》（2007 年）第 122、第 123 条还明确肯定了海域使用权和养殖权，两者同属于用益物权。养殖用海也是属于使用海域的一种形式，是包含在海域使用众多方式中的一种（沈丽萍，2011）。例如，我国养殖业者依法取得养殖权主要有两种方式：其一，依据《中华人民共和国渔业法》第 11 条和有关土地承包经营的规定，使用集体所有或全民所有由集体经济组织使用的水域滩涂从事养殖生产，养殖权通过合同设立；其二，使用全民所有的水域滩涂从事养殖生产，养殖权的取得除必须经过行政许可设立外，养殖权人还应承担合理利用资源、保护水域环境、不损害社会公共利益等义务，必须接受渔业行政主管部门的监督检查。养殖许可证是生产者使用水域滩涂从事养殖生产活动的合法凭证，也是判断水域滩涂的养殖使用功能的基础依据。很多省、市、县又分别编制各自的地方管理规定和规划，如《水域滩涂养殖规划》和《优势水产品区域布局规划》（烟台市人民政府，2004）等，并最终依据这些地方法规来管理海水养殖业。尽管有以上法规规定，我国滩涂所有权仍存在界限模糊的问题。在我国海洋经济不断发展、某些滩涂价值不断提升的背景下，很多已被渔民开发利用的水域、滩涂，却被乡镇或其他地方政府硬性收回，并转作他用，使渔民的权益受到了严重侵害。

为了规范水产养殖生产活动，减少水产养殖病害发生；控制养殖用药，保证养殖水产品质量安全；推广生态养殖，保护养殖环境，农业部还颁布实施了一系列规定和标准，如《水产养殖质量安全管理规定》、《无公害食品海水养殖用水水质》（NY 5052—2001）和《无公害食品淡水养殖用水水质》（NY 5051—

2001），以及《海水水质标准》（GB 309—1997）等国家标准。海水养殖排放水的分级与排放水域需符合水产行业标准《海水养殖水排放要求》（SC/T 9103—2007）；使用渔用饲料应当符合《饲料和饲料添加剂管理条例》和农业部《无公害食品渔用饲料安全限量》（NY 5072—2002）；使用水产养殖用药应当符合《兽药管理条例》和农业部《无公害食品渔药使用准则》（NY 5071—2002）。这些管理规定和行业标准在一定程度上补充了现有法律条例，对海水养殖活动起到了指导作用。

我国的渔药属于兽药范畴，2004 年修订的《兽药管理条例》对包括渔药在内的兽药的研制、生产、经营、进出口、使用、监督管理、法律责任等均做了明确的规定。此外，国家还对药物残留限量、临床试验技术等制定了相关的标准和规范。然而，兽药与水产药物在使用上毕竟存在明显的区别。比如，兽药使用的对象只是养殖动物个体或群体，而水产动物生活在水中，药品的投入必然会污染养殖水并随养殖废水排放而污染临近水体。对于这一点及其相关问题，《兽药管理条例》并未提及。

综上所述，我国目前尚缺乏综合、全面、约束范围明晰和操作性强的针对海水养殖的法律法规；而现有法规中也存在界限模糊、赏罚不分明、适用性差等问题。欧盟的水资源与环境保护相关法令，对我国的环境政策，尤其是与海水养殖有关的环境政策的制定和执行，具有很好的借鉴作用。我国应取其所长，尽量学习和采纳欧盟法规中对我们有益，并且现实可行的原则和方法，为我所用。

三、养殖技术水平

1. 养殖方式

我国的海水养殖不同于某些发达国家以鱼类为主的单一品种养殖的局面，而是形成以鱼为主，鱼、虾蟹、贝、藻、参等多样化发展格局。在养殖方式上，经过 30 多年的发展，我国目前已经形成从浅海到深海、从浮筏到池塘再到集约化工业化养殖等多种养殖模式同步推进的态势。海水养殖主要分为四大类型：池塘养殖、陆地集约化养殖、浅海增养殖和滩涂养殖。目前国际上普遍提倡基于生态系统的新养殖理念，即将海水养殖活动与海洋生态系统相互协调，将生物技术与生态工程结合起来，广泛采用新设施、新技术，用节能减排、环境友好、安全健康的生态养殖新生产模式来替代传统养殖方式。我国具有多品种养殖的传统，养殖技术全面、养殖产品市场发育良好，在开展多品种综合生态养殖方面具有很强的优越性。

随着海水养殖科学技术的发展，特别是材料科学、自动控制技术、在线监测技术，以及机械化水平的提高，精准陆基循环水海水养殖正逐渐成为国际上海水养殖的主要方式之一。同时，水质调控和生态环境修复已经成为重要的养殖管理手段。一是微生态菌肥和制剂在池塘养殖中得到广泛应用。二是利用一定设施促进水体循环达到水体自净的池塘生态工程化技术。20 世纪 90 年代中期，欧洲和北美地区设施养殖和生态利用技术获得了快速发展，并逐渐形成池塘养殖的替代技术。我国自 20 世纪 90 年代开始进行了海水池塘养殖模式改造技术研究的探索，如开发了生物滤器设备、水质监测技术、水体杀菌、消毒技术等，这些研究成果为海水养殖生态工程技术研究和综合配套奠定了基础。三是人工湿地技术应用于海水养殖业，就是将人工湿地、综合生物氧化塘、生态沟渠等与池塘养殖有机结合，创建复合人工湿地与池塘养殖新型生态系统，其工艺流程简单、运行管理方便且运行费用低廉，而且在提高养殖产品档次、改善养殖产品质量、节约水资源及有效解决废水排放等方面均具有明显的理论和实践意义。

我国现有海水养殖品种 70 多个，其中大宗（或主养）品种约 30 多个。比较而言，国外海水养殖品种比较少，各国大宗养殖品种更是相对集中。比如，欧洲一些发达国家一般只养殖 3 ~ 5 个品种，而其中一个品种的产量和产值往往能占全国海水养殖的一半以上（如挪威的大西洋鲑鱼养殖）。正因为欧美发达国家养殖种类少、研究和开发力量相对集中，所以在现有大宗品种的育种和养殖技术、疫苗和饲料的开发、配套设施的现代化程度等方面都优于我国。

2. 设施设备研发

"工欲善其事必先利其器"，便捷、耐用的设备是一个产业良好发展的重要保障。由于受到材料、工艺、设计水平等限制，我国目前对海水养殖设备的研发和生产能力还十分有限，大量的装备，甚至包括最普通的水泵、弧形筛、阀门等都需要进口。与之形成鲜明对照的是，挪威、丹麦等一些养殖业远不如我们的发达国家，都有成规模的海水养殖成套设备公司，专门提供配套的育苗和养殖设施。这为养殖场运营的规范化、标准化和现代化创造了条件。挪威自主研发了深水抗风浪网箱，结合挪威峡湾水深流急的生态特点，开发出了一系列网箱养鱼实用技术，使大西洋鲑鱼的养殖实现了机械化、现代化和稳产、高产，保障了这个产业的稳步持续发展。希腊和智利等国积极效仿，也创造性地优化和拓展了各自的深水网箱养鱼技术。目前国际上关于离岸深水养殖技术的研发，主要聚焦于深水网箱装备及以深水网箱为载体的养殖技术方面，其涉及的前沿技术主要有深水网箱数字化设计技术、装备自动控制技术、养殖数字化管理技术和大型鱼类网箱养殖技术等方面（郭根喜等，2011）。最近几年来，在国家项目的资助下，我国一些公司也开发了深水抗风浪网箱，但生产能力、技术水平和总体使用效果与国外的网箱相比还有不小的差距。

据美国《国家地理》杂志（2009 年）报道，美国科学家发明了一种遥控养殖网箱，用于深海鱼类养殖（图 5-9 ~ 图 5-11）（万莉，2009）。人类对水产品的需求越来越大，这种机械化的养殖网箱不仅能帮助人类拓展海水养殖空间，减轻养殖对近海生态环境的压力，而且能够更大规模地养殖更绿色、更健康的海产品，以满足人类的需求。

图 5-9　养殖网箱可利用太阳能、波浪能或其他可再生能源为自身供给能量

资料来源：万莉，2009

图 5-10　目前暂时使用一个小船装载着发动机为养殖网箱的移动提供能量，进行自动化操作

资料来源：万莉，2009

图 5-11　研究人员正考虑为养殖网箱安装浮标，通过导航系统和 GPS 系统在岸上就可以监测养殖网箱的状况

资料来源：万莉，2009

四、基础科学研究

欧美一些发达国家虽然在养殖规模和养殖产量上不如我国，但由于人工成

本和环保成本昂贵，产业盈利必须依靠先进技术和高质量的管理，这就促使他们格外重视基础科学研究，并且通过基础研究不断提高和改进技术，提高生产效率。

1. 遗传育种

优良的海水养殖品种，在生长速度、抗病能力和饲料转化效率上都优于普通品种和野生品种，因而能提高养殖效率并间接减少养殖业的环境污染。自 20 世纪 70 年代起，挪威开始对大西洋鲑鱼的不同群体遗传结构和良种选育进行研究，这项工作目前仍在进行中，选择的性状也从最初的生长率逐步扩大到性成熟年龄、抗病能力、鱼片颜色、脂肪含量等多个性状。经过选育，大西洋鲑鱼的生长率平均提高了 80%~100%，养殖周期从选育前的 4~5 年缩短为现在的 2 年。美国对不同品系大马哈鱼进行系统选育，使该种鱼的生长速度提高了 60%~70%。过去需要 4~5 年才能养成的商品鱼（5 千克）现在 2 年即可养成，饲料系数也达到了 1∶1 甚至更低。美国从 1989 年开始研究和培育南美白对虾的"无特异病原虾"（SPF），研究的主要性状是生长速度和抗病力，经过选育使南美白对虾的生长速度提高了 21%，而抗桃拉病毒性状提高了 18.4%（王清印，2013）。

我国在"九五"以来国家"863"计划、科技支撑（攻关）计划，"十一五"以来现代农业产业技术体系、行业专项等的重点资助下，水产遗传育种研究进展很快。"十一五"期间，在继续完善和丰富选择育种理论的同时，建立了多性状复合育种等技术体系。我国至今已培育出优良水产新品种 79 个，通过了国家原良种审定委员会的审定；完成了多个水产养殖品种的基因组序列图谱绘制。不过，我国目前的水产良种推广应用的水平还比较低，还远不能与挪威大西洋鲑鱼和美国 SPF 对虾的产业化水平相比。

2. 养殖区规划

发达国家出于生态环境保护的考虑，把海水养殖作为一个潜在的污染源、病害来源和逃逸生物的来源，也作为"有碍观瞻"并且与旅游业竞争滨海景观的海洋产业来看待。因此，他们对于海水养殖业的发展持相对保守和谨慎的态度，并且通过海洋空间规划、养殖许可证颁发前的环境影响评价及监督和执法，对养殖场的选址、设计和运行进行严格管理（Read et al.，2001）。长期以来，发达国家就结合海洋生态学研究成果，以保护自然生态和生物多样性为基础制定了科学的养殖规划。包括澳大利亚在内，很多国家都严格禁止利用滨海湿地开展养殖活动。

国外经验表明，在科学调查研究的基础上制定合理的海水养殖规划，是保障产业合理发展的前提。例如，挪威针对大西洋鲑鱼等海水鱼类网箱养殖的管理规划，包括了环境容量、野生种群和水质条件等一系列的考虑，规定两个养殖场之间的距离至少在 1 千米以上，还提出了鱼类网箱养殖区连续养殖 3 年后必须转移网箱，以便受养殖污染的海区得到休养；养殖区的休养时间尽可能在 2 年以上等。澳大利亚筏式养殖规划也要求每个养殖场最大面积不超过 5 公顷，每个养殖场与周围养殖场之间的最小距离不少于 1 千米。

不过，也应该看到，无论国内还是国外，对于海水养殖生态影响的研究都远远少于对养殖技术本身的研究；而国内这方面的工作尤其欠缺。

3. 现代养殖技术

为了节水、节能和降低环境污染，国外在 20 世纪 70 年代开始研究循环水养殖技术，即在高密度集约化养殖模式（包括陆基工厂化养殖、部分池塘养殖）下，利用固液分离和生物膜技术等，使养殖废物（包括颗粒有机物和溶解在水中的营养盐）浓缩后排出，从而为养殖废水的无害化处理和资源化利用创造了条件。另外，国外还研发了纯氧增氧技术，即使用液氧向养鱼池和生物过滤器增氧，从而大大提高了单位水体的工厂化养鱼产量。目前，这些技术在一些发达国家已经被普遍采用。

通过提高设施和管理水平，不仅可以有效控制养殖水环境，并且能适当降低投饵养殖的环境影响。通过养殖水的循环利用，将养殖废物消耗在养殖系统内部，从而减少或消除了因养殖活动而导致的野生种群栖息地的退化，因而也就降低了养殖生物与野生生物之间的相互影响，并减少了病害的传播和养殖生物的逃逸（Piedrahita，2003）。与此同时，国外正在研发与循环水养殖相配套的人工湿地（即海藻或海草养殖）系统。普通的循环水养殖系统利用生物膜来转化氮盐，即将水中的氨氮、亚硝氮等转化为无毒的硝氮。这样做的结果是，虽然降低了养殖水体中有毒氮盐的浓度，但系统中的氮盐不仅没有除去而且还会不断积累。如果利用海藻（草）养殖来替代或部分替代生物滤池，则不仅能快速除去水体中有毒氮盐，而且能全面降低总氮的水平。这对于循环水养殖系统的长期稳定、安全运行非常有利（Cahill et al.，2010；Piedrahita，2003）。

近年来，国内一些专家学者通过借鉴国外经验，并结合我国海水养殖的实际情况，不断完善循环水养殖的基础理论和技术，使这项节能、高效、环保的水产养殖高新技术在我国得到了逐步推广和应用。目前，我国海水循环水工程化养殖已在山东、河北、天津、辽宁、江苏、浙江等省（直辖市）推广，养殖面积已经达到数十万平方米，养殖密度比普通陆基工厂化养殖提高 3 倍以上，并且产量稳定、发病率低，对产业发展和生态环境保护做出了重要贡献。

第五节　对策与建议

为了减少海水养殖的生态环境影响，促进海水养殖健康、高效和可持续发展，我国应从强化政策法规和监督管理、加强基础科学研究、加快新技术推广应用，以及提高从业者的生态意识和专业水平等方面着手，稳步推进产业的自律、自觉和良性发展。

1. 强化政策法规体系，保障海水养殖业有序开展

海水养殖业本身极度依赖于健康稳定的海洋生态环境和清洁的海水。对养殖区进行水污染等方面的监督执法，不仅仅是为了保护我国的海洋生态安全，也是为了保护产业自身的利益。因此，一方面要考虑养殖业造成的环境污染，另一方面也要考虑环境问题造成的渔业损失。当养殖海域或比邻区发生严重水质污染事件，特别是造成养殖业巨额损失的事件时，必须进行赔偿；当大规模沿海工业和城市化建设挤占传统养殖空间，造成渔民"失海"时，政府应出面干预、维护养殖许可证和海域使用合同的法律效力。养殖户签订了合约、缴纳了海域使用金，即拥有在合同期限和范围内开展养殖活动的不容侵犯的权利，也理应得到养殖活动所必需的好的水质和好的环境条件。

在涉及海洋的水域资源和环境保护方面，执法不力、缺乏有效监管是我国现存主要问题之一。针对陆源污染对近海环境的巨大压力，有必要在综合现有水资源管理法令的基础上，制定我国自己的水域综合管理法规，实施从源头到近海，涵盖河、湖、近海的全流域统筹管理；以污染物总量控制为原则，对所有入海河流实行定点监测、分段管理，逐步降低入海污染物的总量。另外，水环境监测项目中也要纳入化学（包括污染物）、水动力、生化和生物要素，明确和详细地制定衡量标准和具体指标，以便监督检查。法规要突出实施的可行性，应分工明确、奖罚分明。

应以现有的《水产养殖质量安全管理规定》、《水产苗种管理办法》、《兽药管理条例》等法规为基础，出台系统的、涵盖面广的、执法主体明确的水产养殖管理框架法规。海水养殖业环节多、牵涉许多相关产业，在有关法规的制（修）订中应特别重视其严密性和可操作性，特别重视养殖过程管理，重点在于对投入品和养殖废水的监管。比如，海水养殖用药和饲料的监督难度很大，可尝试通过产销渠道掌握其流通动态，从源头上遏制渔药滥用、禁止使用违规的饲料和添加剂。对于养殖排污监管的法规也应涵盖对不同养殖模式、养殖规模和水质的全面监测和记录，做到以点带面、从严治理。

我国目前涉及水产养殖权益的法规主要有《海域使用管理法》、《完善水域滩涂养殖证制度试行方案》等。为了建立健全渔业权制度体系，应加快水产养殖用益权立法和现有法规的修订完善，为养殖业健康发展营造良好的法制氛围和政策保障。此外，配合上述法规的修订与完善，我国还应建立起与之配套的管理措施，包括养殖自身污染生态补偿制度、渔业政策性保险制度、渔民生活社会保障制度、以养殖容量和生态容量研究为基础的生态系统水平的管理策略等。

2. 完善规划、监督和管理程序，规范海水养殖活动

以科学制定海洋空间规划为基础，将海洋生态保护与发展海水养殖业有机结合起来。我国应从以下几个方面完善有关工作程序，厘清责、权、利，并强化管理措施。具体包括以下几个方面。

(1) 加强近岸海域生态资源调查研究，严格控制养殖用地和用海总量。要根据辖区内生物资源、生态容量、环境条件等海洋基础生产力现状，积极开展调查研究，掌握生态资源状况和变化规律，科学确定养殖总量控制措施，以保持和谐稳定的海域生态环境。

(2) 合理布局和规划，加大海洋主体功能区划和规划的实施力度，使之与城市规划、旅游规划和养殖规划等相衔接，充分发挥宏观调控作用。要加强重点养殖岸线和海域的详细规划，强化养殖场、育苗场内部管理，配套绿化道路设施，整治场容场貌，适度规划场间距离，科学设置进排水管道，使之逐步符合环境要求。

(3) 规范申请审批程序，落实养殖、苗种生产许可制度。《中华人民共和国渔业法》明确规定，单位和个人使用国家规划用于养殖业的水域、滩涂的，应当向渔业行政主管部门申请，由当地人民政府核发养殖证。对用于养殖业的围海、筑坝、潮上带建棚和海底投石等活动，要严格依法实施可行性论证制度和环境影响评价制度，凡未经专家论证通过的项目，一律不予审批。要进一步加大行政管理力度，采取必要措施，清理整顿已建养殖场、育苗场，建立许可和登记备案制度，要使养殖（育苗）许可与所经营的品种、规模、产量相一致。符合条件的，发放《水域滩涂养殖许可证》和《水产苗种生产许可证》；凡未经审批的养殖场、育苗场，一律不得开工建设。

(4) 强化监督和检查能力，实行产地环境监管制度。充分发挥海洋环保职能，强化水处理设施和检测设备，不断提高海洋环境监视检测能力建设，加强水产养殖产地环境的监督管理。建立包括对养殖企业的场容场貌，使用饵料和渔药、添加剂及投入品经常性的检查制度。加强养殖病害防治，减少海洋污染，实现健康养殖，保证水产养殖品的质量安全。要尽快建立专业的水产养殖执法队伍。可在地方水产技术推广和水产科研等部门的基础上，进行优化整合，强化政策法规培训，赋予其水产养殖管理职能；也可在现有的渔政执法部门内，加强专业技术培训，配置水产养殖执法必要的装备，增加管理内涵，延伸执法范围，执法重点由管理渔业资源向资源管理和水产养殖管理并重发展。

(5) 严格执法，及时查处违法养殖行为。渔业行政执法队伍要严格执法，切实履行好法律赋予的职责。对不按规划、未取得养殖证和水产苗种生产许可证，擅自从事养殖生产和非法培育、引进水产苗种的，要依据《中华人民共和国渔业法》有关规定严肃查处，对不按规定使用药物、饲料添加剂及其他投入品的，要依法查处，保证水产品质量安全。坚决杜绝乱围海、乱建棚和乱投石等违法行为。要按照《中华人民共和国海洋环境保护法》的要求，加强渔业水域生态环境监督管理，及时调查处理渔业污染事故。

3. 强化科技支撑，发展生态系统水平的海水养殖业

生态系统管理是一种正在迅速发展的自然资源管理理念和思路，其研究和应用领域越来越广。生态系统管理的概念出现于 20 世纪 60 年代，随后的 20 年间其基础理论和实践应用都得到了长足发展，逐渐形成了完整的"理论—方法—模式"体系。进入 21 世纪后，先进的综合生态系统管理（integrated ecosystem management，IEM）的理论和实践也开始迅速发展。作为一种新的管理理念和管理方式，生态系统管理长期以来主要作为环境管理手段，特别是在森林、海洋、农业和水资源等管理中得到较为广泛的应用（刘树臣和喻锋，2009）。

"生态系统水平的水产养殖"是我国海水养殖可持续发展基础研究新的发展方向。它不仅是国际水产养殖发展与研究的新趋势，同时也是我国海水养殖所具有的生产规模、种类结构与经营方式的客观需求，是我们兼顾规模化和可持续发展的必由之路。

开展"生态系统水平的海水养殖"研究，必须在生态系统的大框架下研究海水养殖的生命过程、生态过程及其与外部环境的相互作用过程，在生态容量允许的范围内研究对养殖活动的综合协调机制，赋予"制种、调水、给饵、供药、管理、收获"等生产关键环节在生态系统中的作用内涵。另外，还需建立与海水养殖相关学科综合交叉研究机制，发展诸如基因组育种学、生态免疫学、营养生态学、系统能量学等交叉学科，实现海水养殖科技的跨越式发展（潘锋和庄志猛，2009）。

需要实施"单种精作"和"精准化养殖"的研究策略，集中力量突破几个大宗主导养殖品种的良种、饵料和饲养关键技术，为快速提升海水养殖的现代化水平做示范、打基础。事实上，这已经是国际上渔业发达国家成功的做法，如挪威对大西洋鲑鱼的研究、美国对沟鲇的研究。选择有代表性的养殖种类深入开展育种和养殖技术基础研究，将有助于解决我国海水养殖可持续发展中出现的共性问题。

需要在与生态系统和谐共存的大框架下，继续研究和发展生态友好型的海水养殖，兼顾产业发展、生态安全和人类福祉。目前亟待建立的技术包括：合理的生态养殖模式、先进的海洋装备及工程技术、养殖用水的高效处理技术、典型养殖水体生物修复技术和水产品洁净生产技术等。具体思路包括以下几个方面。

（1）建立动植物复合养殖系统，优化养殖海域的养殖结构，设计现代养殖工程设施，有效地控制养殖的自身污染及因养殖活动对海域环境造成的影响。严格

控制污染物的排放，优化养殖规模和模式及其对环境的负面影响，降低养殖业对水体环境的扰动。在不破坏自然种群生境的前提下开展海水养殖。

（2）应研发和推广实施生态工程化养殖，在不增加养殖面积的基础上实现稳产高产。生态工程化养殖通过养殖新模式和设施渔业中新材料与新技术的运用，一方面可以提高养殖效率，即采用工业化、自动化技术，有效提高现有养殖场的单产，并降低废物和污染物的排放；另一方面可以拓展养殖区域（向深海发展），即采取先进的海洋技术和高强度装备，将养殖区域拓展到20米水深以远的海区，明显减轻海水养殖对近岸水域的环境压力。

（3）利用海水养殖实现自然生态修复。通过海底植被的构建，恢复自然种群的栖息地。利用大叶藻（*Zostera* sp.）、鼠尾藻（*Sargassum thunbergii*）、江蓠（*Gracilaria*）、石莼（*Ulva ulva*）等在渤海湾、辽东湾等污染较严重的浅水区构建人工藻床，吸收营养盐；选择适宜的大型藻类，如海带（*Laminaria japonica*）、巨藻（*Macrocystis* sp.）、马尾藻等在长岛、长海、荣成、青岛等深水海域结合人工鱼礁的建设构建海底森林，缓解海区富营养化的态势。

4. 推广海水养殖新技术，提高从业者的知识技能

目前，世界海水养殖业正在朝精准化、自动化和机械化方向发展，在线监测、自动控制、生态调控、高度集约化已经成为主流技术。然而，鉴于我国海水养殖场大多为分散经营，养殖种类与生产方式多种多样，新技术、新方法很难快速推广应用。所以，在加强执法监管的同时，必须开展广泛的宣传和技术普及工作，增强从业者的法制意识、生态环境意识、知识技能和职业道德水平，营造健康有序的海水养殖业发展环境。

目前，我国已经建立了以水产技术推广站为基础的水产技术推广体系，通过举办技术讲座、培训、技术指导、提供咨询服务等为广大养殖户开展专业化培训，为水产技术推广和养殖户增收做出了显著贡献。根据我国海水养殖场地域分散、经营方式多样的特点，还应建立养殖户需求反馈制度。通过定期走访养殖户、问卷调查等方式，了解其技术需求，以便更全面、更准确地制定推广工作计划。与此同时，还应运用现代多媒体手段，增加知识技能普及的即时性、灵活性和趣味性；通过电视教育培训、电话咨询、电脑网上查询等方式，为养殖户提供快捷、简易、畅通的水产技术服务，为生产者及时了解和解决生产过程中的技术问题提供全方位的帮助。

加强行业组织和自律，推进产业化经营。当产业发展到一定规模时，行业协会的作用就显得非常重要。日本的渔协在水产养殖技术推广、产品销售和困难救助等方面发挥了重要作用；挪威也拥有一个由600家海水养殖公司和1万多员工组成的产业联盟，它的主要职责是制定行业规范、参与行业管理、国际合作和组织技术培训等。目前，我国有省级渔业综合性水产协会12个，省级专业性、品

种类协会20多个，各类县级水产协会50多个（刘则华，2006），形成了全国与地方相衔接的综合性、专业性、品种类协会并存的体系，对促进我国渔业经济持续发展、促进水产品进出口贸易增长和渔民增收发挥了重要作用。尽管如此，我国专门的海水养殖产业协会并不多，其组织性、服务能力和行业覆盖性仍显不足。

国家应投入专项资金，加快新技术推广应用。鉴于我国海水养殖产业经营规模参差不齐，一些中小企业出于成本和经济利益的考虑，不愿意尝试或者没有能力及时采用新品种、新技术、新设备，实现产业的升级换代。针对这种情况，国家应投入一部分产业扶持资金和环保资金，包括动用从养殖业收取的生态补偿金和海域使用金，支持和鼓励部分规模小、设备条件差的养殖户采用节能环保新技术，试验养殖优良新品种。同时，相关政府部门应加大投入，保障科研成果后续转化应用的资金，使重要的海水养殖科研成果在实际生产中得到大规模推广和应用。

主要参考文献

崔力拓，李志伟．2006．海水养殖自身污染的现状与对策．河北渔业，154：4-5，37．

邓景耀，叶昌臣，刘永昌．1990．渤黄海的对虾及其资源管理．北京：海洋出版社．

邓景耀，等．1991．海洋渔业生物学．北京：农业出版社．

东营市海洋与渔业局．2011．垦利泥螺价格大幅上涨．http：//hsdy. dongying. gov. cn/ pgXx_ XxNr. aspx？yl＝n&id＝7938［2012-01-03］．

董双林，潘克厚，Brockmann U. 2000．海水养殖对沿岸生态环境影响的研究进展．青岛海洋大学学报，30（4）：575-582．

董双林．2009．系统功能视角下的水产养殖业可持续发展．中国水产科学，16（5）：798-805．

高爱根，杨俊毅，陈全震，等．2003．象山港养殖区与非养殖区大型底栖生物生态比较研究．水产学报，27（1）：25-31．

郭根喜，陶启友，黄小华，等．2011．深水网箱养殖装备技术前沿进展．中国农业科技导报，13（5）：44-49．

国家海洋局．2011．风暴潮灾害．http：//www. soa. gov. cn/soa/hygbml/zhgb/ten/webinfo/2011/04/1303019794588408. htm［2011-10-05］．

胡莹莹，王菊英，马德毅．2004．近岸养殖区抗生素的海洋环境效应研究进展．海洋环境科学，123（4）：76-80．

黄凤莲．2005．滩涂海水种植——养殖系统微生物修复研究．中山大学博士学位论文．

江志坚，黄小平．2010．我国热带海岛开发利用存在的生态环境问题及其对策研究．海洋环境科学．29（3）：432-435．

蒋日进，等．2008．长江口沿岸碎波带仔稚鱼的种类组成及其多样性特征．动物学研究，20（3）297-304．

颉晓勇，李纯厚，孔啸兰．2011．广东省海水养殖现状与环境污染负荷评估．农业环境与发展，5：111-114．

李静，高伟明，杨会利．2008．海水池塘养殖对滨海生态环境的影响——以河北省为例．海洋开发与管理，

2: 98-102.

李清. 2007. 日本再次调整水产养殖用药规定. http: //www. boyar. cn/article/2007/04/17/88416. 2. shtml ［2012-01-31］.

刘树臣, 喻锋. 2009. 国际生态系统管理研究发展趋势. 国土资源情报, (2): 10-13, 17.

刘锡胤, 于文松, 丛日祥, 等. 2008. 水产养殖执法面临的主要问题及相应对策. 现代渔业信息, 23 (2): 20-22.

刘则华. 2006. 中国渔业协会第二次全国会员代表大会在大连召开. http: //politics. people. com. cn/GB/ 14562/4309525. html ［2013-07-06］.

马志军. 2011. 滨海湿地: 生物量最大的生态系统. 人与生物圈, 1: 4-13.

苗卫卫, 江敏. 2007. 我国水产养殖对环境的影响及其可持续发展. 农业环境科学学报, 26 (增刊): 319-323.

潘锋, 庄志猛. 2009-02-24. 建立可持续发展的海水养殖业. 科学时报, A4.

沈丽萍. 2011. 论海水养殖中若干问题的法律对策. http: //www. jxssfj. gov. cn/NewsDetail. aspx? id = 5364&classid = 98 ［2012-01-03］.

唐启升. 1981. 黄海鲜鱼世代数量波动原因的初步探讨. 海洋湖沼通报, (2): 37-45.

万莉. 2009. 科学家发明深海养鱼场, 自由漂浮可摇控. http: //www. new-syc. com/xwzx/k-jbd/2009-08/20/ con-tent 596647. htm ［2014-01-14］.

王清印. 2013. 水产遗传育种学科发展现状及发展方向//唐启升. 水产学学科发展现状及发展方向研究报告. 北京: 海洋出版社.

王宇, 胡俊超. 2012. 中海油: 蓬莱 19-3 油田溢油事故渔业损失赔偿补偿达成协议. http: // news. xinhuanet. com/fortune/2012-01/25/c_ 111460868. htm ［2013-06-20］.

香山科学会议. 2009. "可持续海水养殖与提高产出质量的科学问题" 学术讨论会将于 2009 年 2 月 11 日在 北京召开. http: //159. 226. 97. 16/ConfRead. aspx? ItemID = 1051 ［2012-01-31］.

徐兆礼, 陈佳杰. 2011. 东黄海大黄鱼洄游路线的研究. 水产学报, 35 (3): 429-437.

烟台市人民政府. 2004. 烟台市人民政府关于进一步加强全市海水养殖业管理工作的通知. http: // china. findlaw. cn/fagui/jj/25/110972. html ［2011-10-06］.

杨宇峰, 王庆, 聂湘平, 等. 2012. 海水养殖发展与渔业环境管理研究进展. 暨南大学学报 (自然科学 版), 33 (5): 531-541.

宇文青. 2009. 海水养殖的法律规制. 中国海洋大学硕士学位论文.

张风春, 朱留财, 彭宁. 2011. 欧盟 Natura 2000: 自然保护区的典范. 环境保护, (6): 73-74.

张福绥, 杨红生. 2010. 海水养殖自身污染: 现状与对策. http: //china. findlaw. cn/falvchangshi/huanjingbao-hu/haishuiyangzhi/zishenwuran/20347. html ［2012-01-30］.

张卫兵. 2010. 中国水产品质量安全事件 10 年回顾与思考. 中国卫生标准管理, 1 (5): 57-61.

中国新闻网. 2008. http: //www. jiaodong. net/news/system/2008/04/19/010227424. shtml ［2012-01-03］.

中华人民共和国农业部渔业局. 1977～2011. 1977～2011 中国渔业统计年鉴. 北京: 中国农业出版社.

左玉辉, 林桂兰. 2008. 海岸带资源环境调控. 北京: 科学出版社.

Burridge L, et al. 2010. Chemical use in salmon aquaculture: a review of current practices and possible environmen-tal effects. Aquaculture, 306: 7-23.

Cahill P L, Hurd C L, Lokman M. 2010. Keeping the water clean-Seaweed biofiltration outperforms traditional bacte-rial biofilms in recirculating aquaculture. Aquaculture, 306: 153-159.

Chen Y H, Lee W C, Chen C C, et al. 2006. Impact of externality on the optimal production of eel (Anguilla ja-ponica) aquaculture in Taiwan. Aquaculture, 257: 18-29.

Codling I D, Doughty R, Henderson A, et al. 1995. Strategies for monitoring sediments and fauna around cage fish farms. Marlow, UK: Scotland and Northern Ireland Forum for Environmental Research (SNIFFER), Report No. SR 4018, 78.

Dong L X, Su J L, Geng J Y, et al. 2007. The importance of estuarine gravitational circulation in the early life of the Bohai Penaeid Prawn. Journal of Marine Systems, 67: 253-262.

Ferreira J G, Sequeira A, Hawkins A J S, et al. 2009. Analysis of coastal and offshore aquaculture: application of the FARM model to multiple systems and shellfish species. Aquaculture, 289: 32-41.

Forrest B M, Keeley N B, Hopkins G A, et al. 2009. Bivalve aquaculture in estuaries: Review and synthesis of oyster cultivation effects. Aquaculture, 298: 1-15.

GESAMP (IMO/FAO/UNESCO-IOC/WMO/WHO/IAEA/UN/UNEP Joint Group of Experts on the Scientific Aspects of Marine Environmental Protection). 1996. Monitoring the ecological effects of coastal aquaculture wastes. Scientific Aspects of Marine Environmental Protection, 57: 38.

GESAMP (IMO/FAO/UNESCO-IOC/WMO/WHO/IAEA/UN/UNEP Joint Group of Experts on the Scientific Aspects of Marine Environmental Protection). 2001. Planning and management for sustainable coastal aquaculture development. Rep Stud GESAMP, 68: 90.

Islam M S. 2005. Nitrogen and phosphorus budget in coastal and marine cage aquaculture and impacts of effluent loading on ecosystem: review and analysis towards model development. Marine Pollution Bulletin, 50: 48-61.

Kalantzi I, Karakassis I. 2006. Benthic impacts of fish farming: meta-analysis of community and geochemical data. Marine Pollution Bulletin, 52: 484-493.

Kullman M A, Podemski C L, Kidd K A. 2007. A sediment bioassay to assess the effects of aquaculture waste on growth, reproduction, and survival of Sphaerium simile (Say) (Bivalvia: Sphaeriidae). Aquaculture, 266: 144-152.

La Rosa T, Mirto S, Mazzola A, et al. 2004. Benthic microbial indicators of fish farm impact in a coastal area of the Tyrrhenian Sea. Aquaculture, 230: 153-167.

Nature Conservancy Council (NCC). 1989. Fish farming and the safeguard of the natural marine environment of Scotland. Nature Conservancy Council, Peterborough, England, 136.

Piedrahita R H. 2003. Reducing the overall impact of tank aquaculture effluents through intensification and recirculation. Aquaculture, 226: 35-44.

Pitta P, Giamakowrou A, Divanach P, et al. 1998. Planktonic food web in marine mesocosms in the Eastern Mediterranean: bottom-up or top-down regulation. Hydrobiologia, 363: 97-105.

Pusceddu A, Fraschetti S, Mirto S, et al. 2007. Effects of intensive mariculture on sediment biochemistry. Ecological Applications, 17 (5): 1366-1378.

Read P A, Fernandes T F, Miller K L. 2001. The derivation of scientific guidelines for best environmental practice for the monitoring and regulation of marine aquaculture in Europe. J. Appl. Ichthyol, 17 (2001): 146-152.

Rodríguez-Gallego L, Meerhoff E, poersh L, et al. 2008. Establishing limits to aquaculture in a protected coastal lagoon: impact of Farfantepenaeus paulensis pens on water quality, sediment and benthic biota. Aquaculture, 277: 30-38.

Sarà G, Lo Martire M, Sanfilippo M, et al. 2011. Impacts of marine aquaculture at large spatial scales: evidences from N and P catchment loading and phytoplankton biomass. Marine Environmental Research, 30: 1-8.

Sarà G. 2007. A meta-analysis on the ecological effects of aquaculture on the water column: dissolved nutrients. Marine Environmental Research, 63: 390-408.

Science News. 2005. Risk assessments urged forfish escaping from net-pen aquaculture. http://www. sciencedaily. com/releases/2005/05/050502191757. htm [2011-10-05].

Sequeira A, Ferreira J G, Hawkins A J S, et al. 2008. Trade-offs betweenshellfish aquaculture and benthic biodiversity: a modelling approach for sustainable management. Aquaculture, 274: 313-328.

Soto D, Aguilar-Manjarrez J, Hishamunda N. 2008. Building an ecosystem approach toaquaculture. FAO/Universitat de les Illes Balears Expert Workshop, 7-11 May 2007, Palma deMallorca, Spain. FAO Fisheries and Aquaculture Proceedings. 14: 15-35.

Soto D. 2010. Aquaculture Development 4. Ecosystem approach to aquaculture. FAO Technical Guidelines for Responsible Fisheries, 5 (4): 53.

Šangulin J, Babin A, Škrgatic Z. 2011. Physical, chemical and biological properties of water column and sediment at the fish farms in the middle adriatic, Zadar County. Fresenius Environmental Bulletin, 19: 1869-1877.

Tovar A, Moreno C, Manuel-Vez M P, et al. 2000. Environmental impacts of intensive aquaculture in marine waters. Water Resource, 34 (1) 334-342.

Zou S C, Xu W H, Zhang R J, et al. 2011. Occurrence and distribution of antibiotics in coastal water of the Bohai Bay, China: Impacts of river discharge and aquaculture activities. Environmental Pollution, 159: 2913-2920.

第六章　海洋石油开发与储运的生态安全问题

近年来，随着我国国民经济的快速发展，对石油的依存度越来越高，作为中国石油工业的骄傲，1976～2002 年，大庆油田曾连续 27 年原油生产保持 5000 万吨以上，创造了油田稳产的世界奇迹。中国海洋石油总公司（简称中海油）2010年宣布，中海油国内年产石油天然气总产量首次超过 5000 万吨（安蓓和胡俊超，2010）。这意味着我国蓝色国土上诞生了一个海上"大庆油田"，我国已跨入海洋油气生产大国行列。但是随着时间的推移，部分建设时间较早的海上石油开采平台、地下储油罐、输油管等受海上恶劣环境的影响，严重老化并开始渗漏。这些生产过程中的石油渗漏对生态安全造成极大威胁。另外，随着国内石油需求的节节攀升，我国石油进口依赖度也在不断提高，其中多数通过海上船舶运输完成。石油进口主要依赖于海上油轮石油运输，作为中国近海常见的重要环境灾害之一，海洋溢油事故在过去几十年中未曾停歇。仅 1998～2008 年，中国管辖海域就发生了 733 起船舶污染事故（张瑞丹，2010）。大量的海上石油运输，以及沿海陆地及岛屿储油库及其码头的漏油事故，增加了海洋生态灾害的风险。因此，如何应对海洋石油开发与储运带来的生态安全问题，显得十分紧迫。

第一节　海洋石油开发与储运的现状

全球石油领域现状的最新报告指出，世界石油储量前 10 个国家分别是沙特362 亿吨、加拿大 184 亿吨、伊朗 181 亿吨、伊拉克 157 亿吨、科威特 138 亿吨、阿联酋 126 亿吨、委内瑞拉 109 亿吨、俄罗斯 82 亿吨、中国 60 亿吨、利比亚 54亿吨（冯晓磊，2012）。据统计，全球海洋石油资源量占全球总资源量的 34%。2009 年，海洋石油产量占世界总产量的 33%，海洋天然气产量占全球的 31%，海上油气开发已经成为全球油气开发的重要组成部分。然而，目前全球陆上石油探明率已经达到 70% 以上，而海上石油探明率仅为 34%，尚处于勘探早期阶段，因此未来还有很大的成长空间（罗文安，2011）。从区域看，海上石油勘探开发形成"三湾、两海、两湖"的格局。"三湾"即波斯湾、墨西哥湾和几内亚湾；"两海"即北海和南海；"两湖"即里海和马拉开波湖。其中，波斯湾的沙特、卡塔尔和阿联酋，里海沿岸的哈萨克斯坦、阿塞拜疆和伊朗，北海沿岸的英国和挪威，还有美国、墨西哥、巴西、委内瑞拉、尼日利亚、中国等，都是世界重要的海上油气勘探开发国（江怀友，2009）。

1982～2010 年的 29 年间，我国渤海、东海、南海崛起 80 余个油气田，2010年中国海上油气产量约占全国年产量的 1/4，表明我国已跨入海洋油气生产大国行列（安蓓和胡俊超，2010）。同时，我国原油进口量于 2009 年首次突破 2 亿吨，达到 20 379 万吨，其中的 90% 均通过海上船舶运输完成（张瑞丹，2010）。

一、我国海上油气开采现状

目前，我国海上油气资源的开发主要集中在 200 米水深以内的近海水域，钻井平台主要分布在渤海湾、东海大陆架、南海北部大陆架及北部湾等区域。

渤海油田群是我国最大的海上油田，2004 年的油气产量突破了 1000 万立方米油当量。2006 年，渤海油田群共生产油气 1561.7 万立方米，占中国海洋石油总公司全年总产量的 39%。渤海目前已投产海洋油气田 24 个，海上油气生产平台 209 个（江丞华，2013）。渤海油田群主要包括渤中油田、秦皇岛油田、蓬莱油田和锦州油田等。

东海油气田由春晓油气田、平湖油气田、龙井油气田、断桥油气田和天外天油气田等组成，占地面积达 2.2 万平方千米，探明的天然气储量达 700 亿立方米以上，由中国海洋石油总公司和中国石油化工集团公司投资建设，是中国在东海陆架盆地西湖凹陷中开发的一个大型油气田。该油气田距离上海东南 500 千米，距离宁波 350 千米，所在的位置被专家称为"东海西湖凹陷区域"（徐晓宁，2010）。该区域油气资源丰富，早在 20 世纪 70 年代，我国就开始了对东海油气资源的勘探开发，东海大陆架可能是世界上蕴藏量最丰富的油田之一，钓鱼岛附近可能成为第二个"中东"。目前已经勘测的数据表明，东海的油气储量达 77 亿吨，至少够我国使用 80 年（杨文凯，2005）。2005 年 10 月，我国在该区域的春晓油气田建成，日处理天然气 910 万立方米，现主要供宁波市区使用，将来扩产后，该油气田所产天然气将延伸至上海等地使用，将为保证我国东部沿海地区能源安全发挥重要作用（韩大匡，2010）。

南海东北部和北部湾油气资源蕴藏量丰富，这一带海域分布着许多油气田。其中，南海东北部海域珠江口盆地的主要油气田包括惠州油田群、陆丰油田群、流花油田群、番禺油田群和西江油田群等。北部湾东南部海域已发现北部湾盆地和莺歌海盆地两个海底油气盆地。目前，已经开发的油气田有涠州 11-4、涠州 11-40、涠州 12-1、东方 1-1 气田、崖城 13-1 气田等（多吉利，2009）。

作为广西北部湾经济区重要城市，北海正在加速推进北部湾能源项目建设，包括原油商业储备工程、北海至南宁成品油管道、铁山港至山口原油管道等，还启动和推进了千万吨级炼油化工一体化、广西（北海）LNG 等项目，并积极发展中下游深加工产业，形成北部湾能源产业集群带（杨强和冯抒敏，2011）。同时还修建有南海崖 13-1 气田至香港的输气管道，可以将北部湾的油气资源输送到珠三角油气需求量大的经济发达地区。

深水是未来全球获得重大油气发现潜力最大的领域。目前从水面到海床垂直距离达到 300 米以上的可称为深海。近年来，随着油气价格的走高，全球深水油气田开发正步入新的高潮。近 10 年来，全球超过 1 亿吨储量以上的重大油气发现有 60% 以上来自于海洋，其中一半以上在深海。这意味着深海将是未来能源开发的主要领域（陈晓晨，2010）。2006 年，中石油集团海洋石油工程公司牵头承担了国家"863"项目"南海深水油气勘探开发"的"深水半潜式钻井平台关键技术"课题，迈开了进军深海油气开发的步伐（黄悦华和任克忍，2007）。目前，中海油在海上作业的船有三条，即南海 5 号、南海 6 号和先锋号。2011 年 5 月，由中海油和中船集团共同打造的 3000 米深水半潜式钻井平台（指一半在海平面漂浮，一半在水下的钻井平台）——"海洋石油 981"在上海建造完成并举行命名仪式。"海洋石油 981"是我国首座自主设计、建造的第六代深水半潜式钻井平台，最大作业水深 3000 米，钻井深度可达 12000 米，从设计、建造到完工持续了 6 年时间。该钻井平台可在我国南海、东南亚和西亚等地进行海上油气田的勘探和开发作业。2006 年，中海油和合作伙伴在南海东北部海域珠江口盆地钻获我国第一个深水天然气田并命名为荔湾 3-1。2009～2010 年，双方在这一水域又先后成功开发流花 34-2 和流花 29-1 两个深水天然气田。根据中海油的规划，到 2020 年，即"十三五"末在我国深海将实现大庆油田的产能和规模，并建立重大的深海装备船队，掌握深海技术，产能将达到 4000 万～5000 万吨（杨青，2011）。

二、我国海上石油储运状况

随着我国经济的持续快速发展，能源需求也持续增加。在当前国际形势错综复杂的情况下，我国石油资源大量依赖进口，形成了能源安全隐患。目前我国石油进口量 50% 左右来自中东地区，其次为非洲、东南亚和欧洲等地，预计今后这种格局也不会发生较大变化。除少部分俄罗斯石油可通过管线运输外，其余绝大部分石油均须通过海上运输（陈武和李云峰，2011）。仅从运输线路上看，我国进口石油运输线路单一，大部分石油进口运输都要通过中东—波斯湾—印度洋—马六甲海峡这一海上运输要道。

管道运输是油气运输的一种重要方式，可以避免海上恶劣的自然环境，以及油轮需要通过海峡和岛屿等地缘和政治因素的影响。中国未来的石油资源运输主要有两条通道：一条是计划中的运输油气的管道，即从中亚进入中国西部，再通过横贯国内的管道系统到达中国东海岸的油气大陆桥；另一条就是从中东经印度洋到西太平洋的海上运输线。由于近几年海上石油开采量越来越大，海上石油管道的建设日益增多，对于保障石油安全运输和储运起到重要作用（李宁，2003）。我国第一条长距离海底管道是 1992 年投产的锦州 20-2 天然气凝析油混输管道，该管道全长 48.6 千米，管径为 304.8 毫米，是第一条由国内铺管船敷设的海底管道。我国迄今最长的海底管道是 1995 年年底建成投产的由南海崖 13-1 气田至香港的海底输气管道，该管道全长 787 千米，管径为 711.2 毫米，年输气量为 29 亿立方米（李宁，2003）。

　　从 1996 年起，我国就已经成为石油和石油产品净进口国。目前，我国的石油和石油产品进口已占全部供应量的 1/3。国家信息中心 2008 年 9 月 22 日发表了题为 "2000 年以来中国能源经济形势分析" 的报告，预测国内石油消费量到 2020 年将达到 5.72 亿吨，对进口石油的依存度将达到 66%。随着我国能源需求的不断增长及能源供给安全风险的增大，我国应加大力度建立和完善能源战略储备体系，确立合理的石油储备量。国际能源署建议其成员国的战略石油储备标准是 90 天的石油净进口量；美国战略石油储备的目标是 5.8 亿桶，可供 300 天使用；日本拥有可供 160 多天使用的石油储备。自 2003 年起，我国开始在沿海地区建设第一批战略石油储备基地。2007 年 12 月 18 日，国家发展和改革委员会宣布，中国国家石油储备中心正式成立，旨在加强中国战略石油储备建设，健全石油储备管理体系，用 15 年时间分三期完成石油储备基地的建设。2008 年我国石油储备总量为 1640 万立方米，约合 1400 万吨（按照英国石油（BP）统计资料的换算标准，1 立方米原油相当于 0.8581 吨），相当于我国 10 余天原油进口量，加上国内 21 天进口量的商用石油储备能力，我国总的石油储备能力可达到 30 天原油进口量（赵婷，2011），与美、日等国相比，我国还需进一步提高石油储备能力。根据第二期石油储备基地建设计划，中国将开建 8 个二期战略石油储备基地，包括沿海的广东湛江和惠州、辽宁锦州及天津等地。另外，三期战略石油储备也在准备开始建设，沿海的海南省和河北省曹妃甸等有希望被选为三期工程的储油基地。2020 年整个项目一旦完成，中国的储备总规模有望达到 100 天左右的石油净进口量，将国家石油储备能力提升到约 8500 万吨，相当于 90 天的石油净进口量，这也是国际能源署（IEA）规定的战略石油储备能力的 "达标线"（赵婷，2011）。

　　目前，中国战略石油储备的来源首先是国有石油企业在国内的油田。以冀东南堡油田为例，该油田以其储量规模大、单井产量高等优势，构成了战略石油储备的重要支柱。但光依靠国内的油田并非长远之计，保证国家战略储备的油源稳定供应，需要依托国际合作（姚培硕，2007）。中外合建炼油厂成为 "找油" 新模式；另外，在国际市场上采购原油，将成为我国战略石油储备的主要方式（姚培硕，2007）。《长江三角洲、珠江三角洲、渤海湾三区域沿海港口建设规划（2004~2010 年）》于 2004 年经国务院审议通过，以煤炭、原油、铁矿石和集装箱四大货类为主（国家发展和改革委员会交通运输司，2005）。原油进口是沿海各港口码头的重要战略功能之一。渤海湾地区 2010 年前大型港口进口原油接卸能力为 3000 万吨，主要包括由大连、青岛、天津等港口组成的深水、专业化进口原油中转运输系统。长江三角洲地区 2010 年前进口原油接卸能力为 2500 万吨，主要依托以上海、宁波、舟山为主的港口组成的中转运输系统进口原油。珠江三角洲地区 2010 年前进口原油接卸能力 2400 万吨，主要以惠州、深圳、珠海等珠江口外港口进口原油、成品油、液化天然气（LNG）为主，同时珠江口内的广州、东莞等港口也建有成品油、液化石油气（LPG）进口油气中转运输系统（国家发展和改革委员会交通运输司，2005）。

第二节　海洋石油开发与储运中的典型溢油事故分析

石油及其产品在开采、炼制、储运和使用过程中，若发生泄漏进入海洋环境，会造成严重污染，其中溢油污染危害最大，被称为海洋污染的超级杀手。据统计，全世界因油轮事故溢入海洋的石油每年约为 39 万吨；1973～2006 年，中国沿海共发生大小船舶溢油事故 2635 起，其中溢油 50 吨以上的重大船舶溢油事故 69 起，总溢油量达 37 077 吨（王传远等，2009）。

一、我国近海溢油事故概况

我国 1987～2002 年近海港口船舶、码头共发生大小溢油事故 1984 起，共溢油 14 202 吨。其中溢油不足 10 吨的 1918 起，绝大部分是操作性事故，占总事故次数的 97%（劳辉，2003），事故统计见表 6-1。

表 6-1　我国船舶、码头溢油事故统计（1987～2002 年）

溢油事故分级	溢油次数	占总次数的比重/%	溢油量/吨	平均溢油量/吨	占总溢油量的比重/%
<10 吨	1 918	97	673	0.35	5
10～50 吨	26	1	491	19	3
>50 吨	41	2	13 038	318	92
总计	1 985	100	14 202	202	100

研究表明，国内石化系统发生的各类事故中储运系统占 27.8%。范继义（2003，2005）对 1050 例储运系统的事故发生区域分为油品储存区、收发油作业区、辅助作业区、其他等四种区域做了统计分析，结果见表 6-2。从表中可以看出储存区发生的事故概率最高，为 44.5%；其次是作业区，为 40.6%。

表 6-2　事故发生区域统计表

项目	储存区		作业区		辅助区		其他	
	数目/起	所占比重/%	数目/起	所占比重/%	数目/起	所占比重/%	数目/起	所占比重/%
着火爆炸	106	10.1	225	21.4	39	3.7	75	7.2
油品泄漏	171	16.3	109	10.4	—	—	14	1.3

续表

项目	储存区		作业区		辅助区		其他	
	数目/起	所占比重/%	数目/起	所占比重/%	数目/起	所占比重/%	数目/起	所占比重/%
设备损坏	54	5.1	7	0.7	—	—	1	0.1
其他	20	1.9	20	1.9	1	0.1	13	1.2
合计	467	44.5	426	40.6	40	3.8	117	11.1

综上所述，在事故类型方面，储运过程中火灾爆炸事故概率最大，为 42.4%，其次为油品泄漏，为 28.0%，且事故主要发生在罐区和作业区（表 6-3）。火灾爆炸事故的危害最大，且造成人员伤亡数目多，经济损失重大（表 6-4）。因此火灾和溢油事故预防应该引起足够重视（范继义，2005）。

表 6-3　储运过程中典型风险事故统计结果

事故类型	发生次数	所占比重/%
着火爆炸	445	42.4
油品泄漏	294	28.0
油品变质	195	18.6
设备损坏	62	5.9
其他	54	5.1
合计	1050	100

表 6-4　国内典型的油罐事故

地点	时间	事故概况		损伤情况
		类型	原因	
青岛油库	1989-8-12	老罐区，5 座油罐特大火灾爆炸，燃烧 104 小时，扑灭	雷击引起大火	死亡 17 人，伤害 78 人，烧毁油罐 5 座，直接经济损失 3000 多万元，600 吨原油流入大海，海域和海岸受到严重污染
某炼油厂	1993-10-21	1 万立方米汽油外溢导致爆炸，发生特大火灾事故	操作失误，汽油外溢后，在罐区内挥发扩散，形成爆炸气体，56 米外行驶的拖拉机排气火花点燃大面积扩散的油气，引起爆炸	死亡 2 人，罐顶燃起大火，156 辆消防车，17 小时扑灭大火。直接经济损失 39 多万元，两个装置停车。燃烧烟气污染了周围环境

二、2010～2011 年造成严重影响的国内漏油事故

（一）大连中石油国际储运有限公司事件

2010 年 7 月 16 日 18 时许，位于辽宁省大连市新港附近的大连中石油国际储运

有限公司原油罐区输油管道发生爆炸，造成原油大量泄漏并引起火灾（图6-1）。该事故系一艘30万吨级的外籍油轮在卸油附加添加剂时引起了陆地输油管线发生爆炸，从而引发大火和原油泄漏。大连输油管线爆炸事故造成50平方千米的海面遭受污染（图6-2），当地出动近20艘清污船并布设围油栏约7000米，在事发水域不停巡逻监控油污。这起事故溢油量超万吨，创下当时中国海上溢油事故之最（刘玥，2010）。

图6-1　大连中石油国际储运有限公司103号罐和周边泵房及主要输油管道严重损坏
资料来源：http：//accident. nrcc. com. cn：9090/SafeWeb/case_ detail. php?
ID=80&MainClassID=1&ChildrenClassID=3.

图6-2　爆炸油罐附近被污染的海水
资料来源：http：//china. yzdsb. com. cn/system/2010/07/21/010604424. shtml.

（二）渤海湾蓬莱19-3油田漏油事故

2011年6月初，中国海洋石油总公司和美国康菲石油公司的全资子公司康菲石油中国有限公司合作开发的蓬莱19-3油田发生溢油事故。蓬莱19-3油田位于山东半岛的渤海海域（李翊，2011），是中国国内建成的最大的海上油气田，面积覆盖约 3200 平方千米，由中海油和美国康菲石油合作开发。中海油拥有油田 51% 的权益；康菲石油担任作业者，拥有其余 49% 的权益。此次事故中，直接肇事者是美国康菲石油公司的全资子公司康菲中国，康菲石油是美国第三大能源公司和最大的炼油公司。本次溢油单日最大分布面积达到 158 平方千米，溢油污染主要集中在蓬莱 19-3 油田周边和西北部海域，840 平方千米的第一类水质一夜之间变为第四类水质。蓬莱 19-3 油田附近海域海水石油类平均浓度超过历史背景值 40.5 倍，最高浓度达到历史背景值的 86.4 倍。溢油点附近海洋沉积物样品有油污附着，个别站点石油类含量是历史背景值的 37.6 倍（李翔，2011）。蓬莱 19-3 油田溢油事故联合调查组深入调查分析，初步认为：造成此次溢油的原因从油田地质方面来说，作业者（即康菲中国）回注增压作业不正确，注采比失调，破坏了地层和断层的稳定性，形成窜流通道，因此发生海底溢油（阮煜琳，2011）。

三、造成重大生态影响的国际典型溢油事件案例

据统计，1976 ~ 1985 年，全球海上共发生 100 吨以上重大溢油事故 293 次（包括开阔海面、狭长航道、港口码头溢油事故），平均每年 29.3 次。这期间全球海上运输石油平均每年 170 000 万吨，则平均每运输 5800 万吨石油发生一次重大溢油事故（浦宝康，1986）。航道和港口溢油事故发生率占整个石油运输过程事故发生率的 75%。由此计算，航道和港口水域发生 100 吨溢油事故平均 10 年一次。因此，海上重要石油运输通道同时也是重要的海上石油污染分布区。比如，波斯湾—印度洋—马六甲海峡—南海—台湾海峡就是一条重要的石油运输通道，也是一条石油污染线。这条运输线既是一些发达国家，如澳大利亚、日本、韩国等国家的能源要道，也是一些新兴经济体，如中国、印度等国及东南亚地区相关国家的海上能源生命线。

根据相关报道的资料（郑青亭，2011），全球油轮溢油事故统计见表 6-5。

表 6-5　近 40 年全球严重石油泄漏事件

时间	事件经过	危害影响
2010 年 4 月 20 日	美国路易斯安那州一处海上钻井平台爆炸	造成 11 人失踪。该钻井平台 4 月 22 日沉没，泄漏大量原油。目前墨西哥湾浮油面积一天内扩大至少两倍，原油泄漏的速度远超出预期
2007 年 11 月	俄罗斯油轮"伏尔加石油 139"号遇狂风解体沉没	装载 4700 吨重油的俄罗斯油轮"伏尔加石油 139"号在刻赤海峡遭遇狂风，解体沉没，3000 多吨重油泄漏，致使出事海域遭严重污染

续表

时间	事件经过	危害影响
2002 年 11 月 19 日	装载着 7.7 万吨燃油的巴哈马籍油轮"威望"号在西班牙海域沉没	石油泄漏污染的海岸长达 400 千米，随船体沉入 3600 米深海的约 6 万吨燃油只能任其慢慢泄漏。法国、西班牙及葡萄牙共计数千千米海岸受污染，数万只海鸟死亡
1999 年 12 月 12 日	马耳他籍油轮"埃里卡"号发生断裂事故	泄漏 1 万多吨重油，沿海 400 千米区域受到污染。法国西海岸被 300 万加仑*石油污染，20 多万只海鸟死亡，当地渔业资源遭到致命打击
1996 年 2 月 15 日	利比里亚油轮"海洋女王"号在威尔士海岸搁浅	14.7 万吨原油泄漏，超过 2.5 万只水鸟死亡
1992 年 12 月 3 日	希腊油轮"爱琴海"号在西班牙西北海岸搁浅	至少 6 万多吨原油泄漏，污染加利西亚沿岸 200 千米区域
1991 年 1 月	伊拉克军队撤出科威特前点燃科威特境内油井	多达 100 万吨石油泄漏，污染沙特阿拉伯西北部沿海 500 千米区域
1989 年 3 月 24 日	美国埃克森公司"埃克森·阿尔迪兹"号在阿拉斯加威廉王子岛海岸触礁搁浅	泄漏 5 万吨原油，8600 千米海岸线受到污染，30 万只海鸟和 5000 多头海獭、海豹死亡，当地鲑鱼和鲱鱼近于灭绝，数十家企业破产或濒临倒闭
1979 年 6 月 3 日	墨西哥湾克斯托克 1 号探测油井发生井喷	100 万吨石油流入墨西哥湾，产生大面积浮油
1978 年 3 月	利比里亚油轮"阿莫科·加的斯"号在法国西部布列塔尼附近海域沉没	23 万吨原油泄漏，沿海 400 千米区域受到污染
1967 年 3 月	利比里亚油轮"托雷峡谷"号在英国锡利群岛附近海域沉没	12 万吨原油倾入大海，浮油漂至法国海岸

* 1 加仑=4.54609 升

（一）2010 年 BP 在墨西哥湾的漏油事故

2010 年 4 月 20 日夜间，位于墨西哥湾的"深水地平线"钻井平台发生爆炸并引发大火（图 6-3），大约 36 小时后钻井平台沉入墨西哥湾，11 名工作人员死亡。钻井平台底部油井自 4 月 24 日起漏油不止。据统计约有 440 万桶原油流入墨西哥湾。墨西哥湾原油泄漏事件，让全世界为之震惊。美国这次石油钻井平台上发生的原油泄漏可以算得上美国历史上的重大生态灾难，而且主要由人为因素造成（贝少军和董艳，2010；姚斌和赵士振，2010；刘莉，2011）。

图 6-3　英国石油公司在墨西哥湾的钻井平台爆炸起火

资料来源：http：//world. people. com. cn/GB/15094417. html.

（二）2007 年俄罗斯油轮"伏尔加石油 139"号溢油事故

2007 年 11 月 11 日凌晨，一艘载有 4000 多吨重油的俄罗斯油轮"伏尔加石油 139"号在刻赤海峡遭遇暴风雨后发生断裂，导致 3000 多吨重油流入黑海和亚速海之间的刻赤海峡（郑青亭，2011）。俄罗斯环境监察部门官员表示，事故造成非常严重的"环境灾难"，使这一地区的海洋生物面临严重后果，要恢复刻赤海峡的生态环境可能需要 10 年的时间（刘莉，2011）。

（三）2002 年利比里亚籍油轮"威望"号溢油事故

2002 年 11 月，利比里亚籍油轮"威望"号在西班牙西北部海域解体沉没（图 6-4），至少 6.3 万吨重油泄漏。法国、西班牙及葡萄牙共计数千千米海岸受到污染，数万只海鸟死亡。因船体受损漏油的"威望"号油轮在西班牙西北部海域解体沉没。部分泄漏原油被海水冲到了西班牙加利西亚地区的海滩和渔港，对当地生态环境构成了严重威胁。还有部分泄漏油料随海潮流向西班牙西南部和葡萄牙西北部海域，法国西南部沿岸及北非海域也受到漏油污染影响（刘莉，2011）。

（四）1999 年"埃里卡"号油轮在法国西北部发生溢油事故

1999 年 12 月，"埃里卡"号油轮在法国西北部海域遭遇风暴，断裂沉没，泄漏 1 万多吨重油，沿海 400 千米区域受到污染。"埃里卡"号断裂沉没后泄出的重油形成的"黑潮"肆虐法国西部大西洋海岸（刘莉，2011）。

综上所述，海上石油开采和石油储运导致的溢油事故虽然仅发生在开采平台、港口、码头等主要地点，但相对陆地而言，海洋生态系统更为脆弱，由于洋流、海流等的影响，一个环节的破坏就可能导致整个海洋生态系统平衡的破坏。

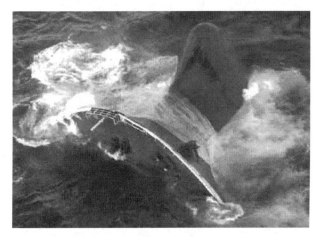

图6-4　利比里亚籍油轮"威望"号 解体沉没

资料来源：http：//news. xinhuanet. com/world/2011-08/25/c_ 121893080_ 5. htm.

所以，在海洋石油开发和储运过程中，海洋生态保护的紧迫性和必要性应该引起足够重视。

第三节　海洋石油开发与储运对海洋生态环境的影响分析

一、我国海洋油气区环境状况

2006～2010 年，国家海洋局在我国管辖海域开展了海水环境质量监测，监测结果显示，我国管辖海域海水环境质量状况总体较好。夏季全海域海水符合第一类海水水质标准的海域面积约占我国管辖海域面积的 94% 。近岸局部海域水质低于第四类海水水质标准，面积约 4.8 平方千米，主要超标物质是无机氮、活性磷酸盐和石油类。其中，主要污染区域分布在黄海北部近岸、辽东湾、渤海湾、莱州湾、长江口、杭州湾、珠江口和部分大中城市近岸海域（国家海洋局，2011）。其他季节，渤海和黄海海水中无机氮、活性磷酸盐含量比夏季略有升高，东海和南海海水水质基本稳定。总体来看，近几年我国近海海域除了东海和南海海域水质状态基本稳定外，渤海和黄海北部沿岸部分海域水质有变劣的趋势（国家海洋局，2011）。

2010 年度全国海上在生产油气的平台有 195 个，其产生的生产水排海量为 12 168 万立方米，比 2009 年降低 26%（图6-5）；此外，钻井泥浆和钻屑排海量分别为 52 847 立方米和 45 694 立方米，比 2009 年分别降低 11% 和 6%（国家海洋局，2011）。

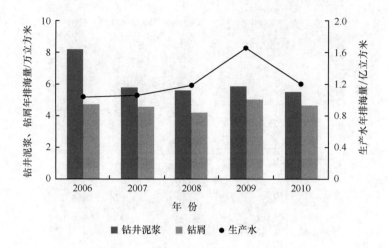

图 6-5　2006～2010 年海上油气平台生产水、钻井泥浆和钻屑等排放量情况

资料来源：国家海洋局，2011

2010 年对油气区开展了水质、沉积物质量、底栖生物群落等监测，监测结果显示，在油井正常运转的情况下，油气区水质和沉积物质量均符合海洋油气区的环境保护要求，底栖生物群落状况基本稳定，油气开发活动未对邻近海域海洋功能造成影响（国家海洋局，2011）。

可见，海洋油气生产区水质、沉积物整体符合海洋油气区生产保护要求，底栖生物群落基本保持稳定，但是突发漏油事故给部分海域带来了生态破坏，对附近海域的渔业和旅游业造成不小的影响，对整个海洋生态安全产生危害，应该引起有关部门的足够重视。

二、石油开采与储运的主要污染因素分析

1. 开采阶段

污染源主要包括钻井泥浆、钻屑，钻井废水，生活污水、生活垃圾和工业垃圾等（图 6-6）。另外还包括开采阶段的突发溢油事故。

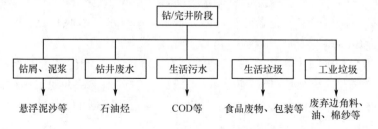

图 6-6　钻井阶段的产污环节及污染物种类

2. 海上生产阶段污染源

海上生产阶段污染源包括含油污水、修井废水、洗井废水、落地油、生活污水、生活垃圾和燃气发电机废气，以及生产生活供热锅炉产生的废气。另外，还包括突然溢油事故。

3. 石油储运过程的水污染源

石油储运过程的主要水污染源包括：船舶机舱水、含油压舱水、原油储罐切水、机修间含油污水、初期雨污水、其他油污水和生活污水，以及突发溢油事故。

4. 废弃油气平台、管线污染源

海上油气田停止生产后，对于没有其他用途或合理存在理由的平台与管线都要进行最终的废弃处理（李新仲和徐本和，2003）。拆除和堵塞井口时，先前钻井沉积的大量岩屑可能会泄漏造成二次污染。同时，井口内的气体和液体、地层内的气体和液体，尤其是残油会由于地下压力沿采油井口溢出造成环境污染。对废弃平台和管线处理不当会导致平台和管线中的气体、液体等残留物泄漏，造成海洋环境的污染。部分平台和管线由于结构过于庞大或建造在深水中，对其进行拆除和转移缺乏经济性，因此采用清洗后不进行拆除的处理方式，无论是上部结构的疲劳腐蚀，还是下部结构的海洋生物附着，都会对原有海洋环境造成影响（罗超等，2009）。

三、溢油事故对海洋生态环境的影响分析

海上石油开采、储运等过程中突发性溢油事故，会对周围海域环境和生态产生重大影响。当石油进入海洋后，会漂浮在水面并迅速扩散，形成油膜，阻碍水体自空气中摄取氧气，抑制水中浮游植物的光合作用，致使水中溶解氧逐渐减少，鱼、虾、贝、藻类窒息死亡。油膜还能堵住鱼鳃，造成呼吸困难并导致其死亡。石油中含有多种有毒物质，可使海洋生物急性、慢性中毒。不同种类生物对石油类的敏感性和耐污能力不同，同类生物的不同生命阶段中，稚幼体阶段对油类污染物最敏感。在被石油严重污染的水域中孵化出来的幼鱼死亡率极高，变态畸形率也极高。漂浮的油污和石油挥发分解后剩下的沥青块黏度极高，海鸟沾污后不能飞翔导致死亡，渔具沾污后就不能再使用。总之，油污染对海洋生物的生长、发育及群落结构直接产生影响，还会破坏食物链，使海洋生态系统失调，其直接与潜在的影响均是十分巨大的。同时，海上溢油对海洋生态的影响具有长期性。

在石油勘探开发中，溢油事故主要有井喷、管道断裂、海上油船事故等。溢油污染对海洋生物的影响主要包括两方面。一方面是机械堵塞黏裹或覆盖动植物的表面和细微结构，重者引起生物的窒息死亡，轻者影响其呼吸和摄食。当海上发生溢油后，海洋生物会首先受到直接危害。另一方面，溢油污染对海洋生物和渔业资源的危害还取决于石油的化学组成、特性及其在海洋里存在的形式（贾晓平等，1999；2000）。一般在石油不同的组分中，低沸点的芳香族烃对一切生物均有毒性，而高沸点的芳香族烃则具有长效毒性，它们均会对海洋生物构成危害。据报道，2010 年墨西哥湾溢油事件给当地渔业经济造成严重影响和破坏，合计经济损失高达 2.47 亿美元（McCrea-Strub et al.，2011）。除此之外，发生溢油事故后由于需要喷洒大量的分散剂，用于消解分散石油，这些分散剂往往含有大量对生物体产生毒害的物质，如壬基酚聚氧乙烯醚等会对海洋生物生长发育造成不良影响（Judson et al.，2010）。

溢油污染对渔业资源的影响主要包括以下几个方面。①使被污染海区的鱼虾回避，造成渔场破坏；或直接、间接引起鱼类死亡，造成捕捞量的直接减少。②油污染通过生物呼吸、体表渗透和食物链传递富集于生物体内，使海产品质量下降，造成商业价值的损失（沈新强等，2008）。③使鱼类产卵的成活率下降、孵化仔鱼的畸形率和死亡率提高，影响种群资源延续，造成资源补充量的明显下降。由于溢油污染对海洋生物的影响是长期、持久的，所以其对近岸海洋生物和海洋生态系统的影响极为严重。例如，1989 年 Exxon Valdez 溢油事故造成大量原油进入海洋，造成大量海洋生物死亡，生态系统恢复极为缓慢，其对近岸海洋生物的持久性不利影响可能会长达几十年（Peterson et al.，2003）。

另外，石油含有物镍（Ni）、钒（V）、铜（Cu）、砷（As）、镉（Cd）、汞（Hg）等重金属，会使一些生物体蛋白质发生变性而死亡，并且会在海产品中积累，从而威胁人类健康。随着海上污染面积增大和原油泄漏的增多，灾难可能会进一步扩大。例如，原油中所含的苯和甲苯等有毒化合物可能会进入海洋生态系统的食物链，从低等的藻类到高等哺乳动物及人类，无一幸免。

（一）溢油对浮游生物的影响分析

石油会破坏浮游植物细胞，损坏叶绿素及干扰气体交换，从而妨碍其光合作用。这种破坏作用程度取决于石油的类型、浓度及浮游植物的种类。从长期效应看，在溢油污染的海域浮游生物种群结构发生变化，耐油性物种比例明显增加，不同种群对溢油污染反应也有差异。Piehler 等（2003）研究结果表明，溢油对潮间带底栖微藻生产力和细胞数量有显著影响，如图 6-7 所示，受溢油污染的微藻生产力显著低于对照。

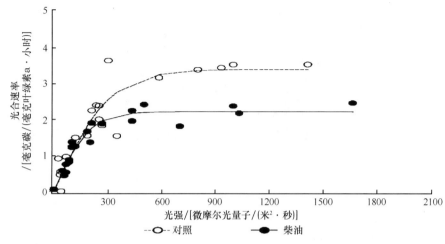

图 6-7　溢油污染对微藻光合速率的影响

资料来源：Piehler et al.，2003

　　蓝细菌（*Anabaena* sp.）对溢油污染比羽纹纲硅藻（*Pennate diatom*）更敏感，细胞数量即使在低浓度的油污染中仍显著低于对照，但低浓度污染的蓝细菌较容易恢复（图 6-8）。羽纹纲硅藻在不同浓度梯度溢油污染下细胞数量差异显著，油浓度越高细胞数量越少，油浓度越低恢复量越高，且个体体积<20 微米的羽纹硅藻累积量大于个体>20 微米的硅藻（图 6-9）。浮游动物石油急性中毒致死浓度范围一般为 0.1～15 毫克/升，永久性（终生性）浮游动物幼体的敏感性大于阶段性（临时性）的底栖生物幼体，而它们各自幼体的敏感性又大于成体（沈南南等，2006）。墨西哥湾溢油事件碳同位素示踪试验研究结果表明，石油中的烃类化合物可以迅速进入近岸海域浮游生物食物链，进而影响到其他生物（Graham et al.，2010）。

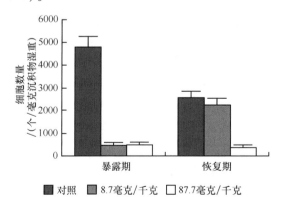

图 6-8　蓝细菌在不同浓度油污染下细胞数量变化及恢复情况

资料来源：Piehler et al.，2003

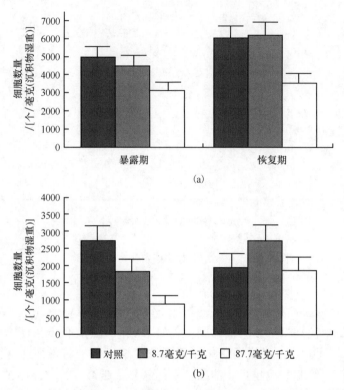

图 6-9 羽纹纲硅藻 (a<20 微米, b>20 微米) 在不同浓度油污染下
细胞数量变化及恢复情况

资料来源: Piehler et al. , 2003

(二) 溢油对底栖生物的影响分析

溢油对底栖生物的影响与对浮游生物的影响不同, 因为溢油在海底主要是被海洋微生物分解, 这样就会消耗掉大量的氧, 深海底部无法进行光合作用, 所以会导致缺氧, 进而导致很多底栖生物缺氧死亡 (Atlas, 1981)。BP 石油公司墨西哥湾溢油事故就对底栖固着生物生存带来严重影响 (Joye and MacDonald, 2010)。

底栖生物随种类的不同对石油浓度的适应存在差异, 多数底栖生物石油急性中毒致死浓度相对其幼体的致死浓度范围更大一些。软体动物双壳类能吸收水中含量较低的石油。例如, 0.01 毫克/千克的石油可能使牡蛎表现出明显的油味, 严重的油味可持续半年; 受石油污染的牡蛎会因纤毛腮上皮细胞麻痹而破坏其摄食机制并进而导致死亡 (张爱君等, 2006)。底栖动物长期生活在溢油污染的水体中, 摄食率下降, 运动能力下降, 生殖能力下降, 可能造成不可逆的生理毒害。溢油产生的有机污染物——萘也会严重影响红树林生态系统中底栖动物的活动能力, 浓度越高, 影响时间越长, 动物的爬行活动能力越差 (Mackey and

Hodgkinson，1996）。Akcha 等（2000）研究表明，溢油有机污染物对紫贻贝（*Mytilus edulis*）的不同生物标志物（乙酰胆碱酶（AchE）、过氧化氢酶（CAT）、谷胱甘肽转移酶（GST）等酶活指标及 DNA 加合物）有严重影响。4 周后，对AchE 的抑制作用达 75%；CAT 活性增加 15%；GST 活性降低 10%。贻贝体内对3，4-苯并芘的富集量为 581 毫克/千克，富集倍数达 10 倍。作为溢油中多环芳烃（PAHs）的典型成分 3，4-苯并芘在紫贻贝体内具有强富集性和神经毒性作用，并对抗氧化系统具有明显的损伤作用（李艳梅等，2011）。

溢油污染对贝类幼体尤其是浮游幼虫的危害最大，贝类幼虫在摄取饵料时，几乎无选择的也同时摄取海水中悬浮油分。进入胃中的油滴破乳后互相结合成大油滴，最终充满胃，使其不能排泄而导致死亡。另外，成体与幼体具有相同的摄食方式，可同时摄取海水中的悬浮油水，最终导致死亡。

（三）溢油对虾类的影响分析

石油污染对虾幼体变态、成活率均有显著影响。吴彰宽和陈民山（1985）研究表明，在 50 毫克/升的油污海水中，受精卵、无节幼体、蚤状幼体和糠虾幼体的成活率、变态率较对照组分别降低了 19.5%、25.9%、19.3% 和10.0%。仔虾的成活率无十分明显的变化（表 6-6）。当油污海水浓度升到 100毫克/升时，受精卵孵化降低为零，无节幼体的变态率较对照组降低了 74.7%。据吴彰宽报道，胜利原油对对虾（*Penaeus orientalis*）各发育阶段影响的最低浓度分别是受精卵为 56 毫克/升，无节幼体为 3.2 毫克/升，蚤状幼体为 0.1 毫克/升，糠虾幼体为 1.8 毫克/升，仔虾为 5.6 毫克/升，其中蚤状幼体为最敏感的阶段。

表 6-6　原油对对虾幼体发育的影响

污染物	浓度/（毫克/升）	各发育阶段的变态率、成活率/%				
		受精卵	无节幼体	蚤状幼体	糠虾幼体	仔虾
原油	0	47.3	94.7	79.3	92.5	100
	5	45.4	93.3	77.5	87.5	96.0
	10	41.6	86.7	75.0	82.5	94.0
	25	39.1	80.0	80.0	85.0	80.0
	50	27.8	68.8	60.0	82.5	90.0
	100	0	20.0	65.0	75.0	88.0

石油对虾的毒性效应主要表现在水中微小的乳化油粒，伴随虾的呼吸破乳后黏附在鳃上，形成"黑鳃"，轻者会影响呼吸并由于呼吸障碍引起其他病变，重者可导致窒息死亡。这种效应随油的浓度的增加和虾在油水中浸泡的时间而加剧。第一，对仔虾的脱皮有一定影响，虾的脱皮犹如一次"分娩"，需要有健壮

的身体和适宜的环境条件才能完成，石油粒对鳃的沾污造成呼吸障碍和身体素质下降，使许多仔虾在脱皮后随即死亡，有的虽在第一次没有死亡，而第二次必将死亡，当海水中油浓度达到1.8毫克/升时可影响仔虾的生长；第二，石油油滴可通过摄食方式进入仔虾的胃和肠道，阻碍消化和降低食欲，使其逐渐衰弱。第三，石油还会阻碍水气交换，从而降低水中溶解氧含量，影响虾幼体、仔虾的发育及新陈代谢。据统计，我国渤海海域1974～2004年石油烃类物质在虾体内的干重累积量增加了0.712毫克/千克，天津滨海由于石油烃类物质增加导致甲壳类生物产量减少6.59%（Xu et al.，2011）。

（四）溢油对鱼类及其他大型海洋生物的影响分析

首先，海洋溢油污染大多数是以油膜的形式漂浮在海洋表面或搁浅在海滩，对生活在海洋底层的鱼类和其他大型海洋生物一般不会造成明显的直接危害。其次，一般鱼类都有良好的味觉和视觉器官，对油膜遮蔽和油类的异味有回避反应能力。另外，鱼体外表、口腔和鳃都具有疏油亲水的黏液保护，使油类不能轻易渗入。但是溢油污染会严重影响鱼卵和仔鱼，导致经济鱼类、鱼卵和幼体发生畸变和死亡。石油对鱼卵和仔鱼的急性致死浓度为0.1～4.0毫克/升。国内外许多研究机构的研究均表明，高浓度的石油会使鱼卵、仔幼鱼短时间内中毒死亡，低浓度的长期亚急性毒性可干扰鱼类摄食和繁殖（陈民山和范贵旗，1991），其毒性随石油组分的不同而有所差异。另外，不同种类的鱼及同种鱼的不同组织部位对溢油污染物的累积也不同（Hellou et al.，2006），如图6-10所示，毛鳞鱼（*Mallotus villosus*）、拟庸鲽（*Hippoglossoides platessoides*）、美洲黄盖鲽（*Limanda ferruginea*）和大西洋鲱（*Clupea harengus*）对溢油中的有机污染物烷基萘的累积

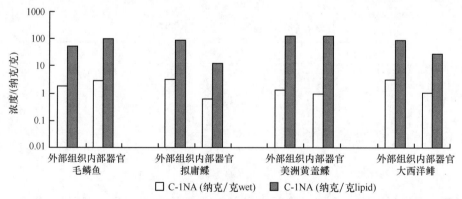

图6-10　不同鱼类对溢油中有机污染物烷基萘（NA）累积差异

注：其中C-1NA表示具有1个烷基甲基的全部烷基萘同系物浓度总和，wet表示鱼体湿重，

lipid表示脂类含量。

资料来源：Hellou et al.，2006

主要集中在含油脂多的组织内（阴影），毛鳞鱼内部器官中的累积量大于外部组织中的累积量，大西洋鲱和拟庸鲽则是外部组织稍大于内部器官，美洲黄盖鲽则二者差异不显著。以大西洋鲱为例，鱼类体内污染物的含量与鱼体型大小也有关系，体型越大对有机污染物的累积量越高（Hellou et al.，2006）（图6-11）。

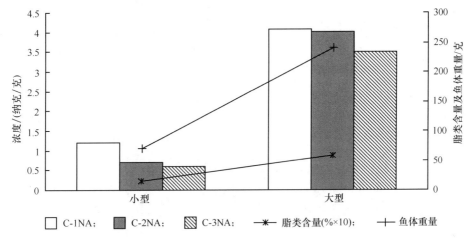

图6-11　不同体型大小鲱鱼对溢油中有机污染物 NA（烷基萘）累积差异

注：C-1NA、C-2NA 和 C-3NA 分别表示具有 1、2、3 个烷基甲基的全部烷基萘同系物浓度总和。

资料来源：Hellou et al.，2006

另外，鱼类通过摄食可使体内积累一定量的原油，常给人类食用带来不能接受的油异味。鱼类从海洋中吸收石油烃影响鱼类体内脂类含量，鱼类各组织中肝脏石油烃含量最高。墨西哥湾溢油事故污染最严重的区域，鱼类体内检测到的石油污染物的含量达到 0.024 皮克/克，生活在沿岸的人患癌症的风险升高 6×10^{-8}（Schaum et al.，2010）。

溢油还会对大型海洋生物产生危害。以墨西哥湾溢油事件为例，墨西哥湾沿海受到溢油影响并急需采取措施进行保护的海洋生物种类众多，既有鱼类、哺乳类，还有爬行类等，如电鳐（Torpedinidae）、锯鳐（Pristis）、玳瑁（*Eretmochelys imbricata*）、棱皮龟（*Dermochelys coriacea*）、黑色石斑鱼（*Hypoplectrus nigricans*）、海牛（Trichechus）、抹香鲸（*Physeter macrocephalus*）等（Campagna et al.，2011）。

美国科学家的研究显示，墨西哥湾漏油事件正在影响海底食物链。他们已经发现了海底食物链变化的端倪：一些生物因原油泄露相继死亡或受到严重生存挑战，而另一些生物已经适应了污染的环境，种群数量正在增长，如海鞘（Ascidiacea）正在大面积死亡。海鞘形状像黄瓜，通体是胶状组织，是海龟的食物。科学家也从附近海域的蟹类壳中发现了石油粒，而它们正是很多鱼类、海龟及海鸟的主要食物。但是，一些能够消化石油的微生物的数量增长快速（郑青亭，2011）。

（五）溢油对珊瑚的影响分析

以 BP 石油公司在墨西哥湾的漏油事件为例，由于漏油油井的位置靠近墨西哥湾的大陆架，这里繁盛的珊瑚也面临生存威胁，如柱状珊瑚和石星珊瑚均受到溢油污染的严重威胁（Campagna et al.，2011）。根据美国国家海洋和大气管理局（NOAA）的水下探测结果，在距离石油泄漏点西南方 11 千米的海区，研究人员在 1500 米深的海底发现近 40 处受到严重损害的珊瑚礁群，90% 的珊瑚处于濒临死亡状态。黑色的有毒物质混合着珊瑚虫剥落的外组织，以及其他海底有机体的残骸，覆盖了大多数珊瑚礁群，将原本生机勃勃的深海世界变成一座珊瑚礁的"墓群"（图 6-12）。珊瑚礁被破坏，造成的生态危害更大，有更多的海洋生物将会消失，因为这些美丽的珊瑚礁是许多海洋生物的栖息地（高岚，2011）。

图 6-12　墨西哥湾深海珊瑚礁资源受到石油污染破坏

资料来源：http://www.eedu.org.cn/news/envir/overseasnews/201011/53932.html.

（六）溢油对自然保护区、滨海湿地及旅游区等生态敏感区的影响分析

溢油污染不仅影响保护区、滨海湿地和旅游区的自然景观，导致美学上的破坏，还会打破自然保护区和滨海湿地的生态平衡，贝类场、鱼虾蟹场，以及产卵场、索饵场、部分水鸟觅食区、斑海豹（*Phoca largha*）的产仔场等生态敏感区都将受到严重影响，海洋湿地生态环境将遭受很大的破坏，并在短时间内难以恢复到正常状态。另外，来不及逃避的鸟类一旦粘上原油就会变得难以活动，同时，原油黏附破坏鸟羽的疏水性将使其失去保湿和防水性能，从而导致冻死、饿死。

墨西哥湾漏油事故发生后对路易斯安那州等滨海湿地带来严重影响（图 6-13），同时对附近海鸟带来毁灭性打击。据统计，美国野生动物保护部门在墨西哥湾海岸发现了约 600 只死亡的水鸟，以及 223 只满身油污苦苦挣扎的水中动物（图 6-14）（张晓涛，2010）。另外，发生突发性溢油，即使具有一定逃避能力的鱼、虾、蟹类也难逃厄运，底栖贝类更是坐以待毙。

图 6-13 2010 年 5 月 20 日, 浮油入侵路易斯安那州的沿海湿地
资料来源: http://www.dahe.cn/xwzx/gj/t20100531_1810563.htm.

图 6-14 墨西哥湾油污中的海鸟褐鹈鹕 (*Pelecanus occidentalis*)
资料来源: http://news.xinhuanet.com/world/2010-06/08/c_12197830.htm.

　　1999 年 12 月, 马耳他籍油轮 "埃里卡" 号在法国西北部海域遭遇风暴, 断裂沉没, 导致约 7.5 万只海鸟死亡, 有近 200 千米的滨海湿地岸线受到油膜和油斑侵袭 (刘莉, 2011)。

　　2002 年 11 月, 利比里亚籍油轮 "威望" 号在西班牙海域沉没, 事发海域是西班牙和欧盟鱼类资源最为丰富的区域之一, 在当地滨海湿地过冬的鸟类可多达数十万只, 鸟类 200 多种。布满滨海湿地的油污使大量鸟类窒息而死, 尤以雀鸟所受的威胁最大 (刘莉, 2011)。

　　溢油污染还会对污染源附近的海水浴场等旅游区带来经济损失, 威胁人类健康, 影响旅游业的发展。2011 年发生在渤海蓬莱 19-3 的溢油事故就对附近浴场产生影响。例如, 辽宁绥中东戴河浴场沿岸和河北京唐港浅水湾浴场均发现油污颗粒, 经中国海监北海区检验鉴定中心分析鉴定, 均来自渤海溢油事故的蓬莱19-3 油田 (付献杰和余璐, 2011)。

四、石油开采与储运的生态环境保护措施

(一) 石油开采过程中主要的环境保护措施

　　石油开采过程应采取措施防治污染。平台上含油污水、生产污水通过排水管

网收集后进入开式排放系统，净化处理后达标排海。生活污水（黑水）经处理后达标排海，生活垃圾经粉碎、沉降和电催化等措施处理后达标排海。

开式排放系统接受石油开采平台开式排放管汇来的生产废水、含油雨污水。生产废水（含油）、含油雨污水，经排放管汇入开式排放罐内，在开式排放罐内将水中的原油分离出来，经开式排放泵送回闭式排放罐，除去原油的污水则流入油水分离器再次除油，除油后的污水进入陆上终端污水处理站处理。污油则由污油提升泵送回到闭式排放罐。

根据《中华人民共和国海岸工程建设项目污染损害海洋环境管理条例》第十五条的规定：建设港口、码头，应当设置与其吞吐能力和货物种类相适应的防污设施，应急配备海上重大船舶事故及污染损害事故应急设备和器材。根据《港口码头溢油应急设备配备要求》（JT/T 451—2009）中的有关要求，应配备应急设施和设备。

采取的漏油控制和清理措施包括使用围油栏围住漏油，并使用无毒石油生物分解剂对浮油进行分解。此外，还应及时在临近海岸线部署一定的人力，以备及时清理泄漏原油。

目前国际上通行的治理及回收石油的技术、方法大概分以下几类。

（1）物理处理法：使用清污船及附属回收装置、围油栏、吸油材料及磁性分离等。

（2）化学处理法：燃烧、使用化学处理剂（如乳化分散剂、凝油剂、集油剂、沉降剂）等。

（3）生物处理法：人工选择、培育，甚至改良噬油微生物，然后将其投放到受污海域，进行人工石油烃类生物降解。其中，生物降解法的优点在于迅速、无残毒、低成本，是目前研究的重点。但是，实际应用方面还不是太多，应加大这方面的研究力度，加快转化微生物处理的实际应用能力（李丽等，2001；Oh et al.，2001）。

（二）石油储运过程中有效防范溢油事故的举措

石油及其产品大多通过海上运输，有直接到港和二程转运两种方式。由于考虑到大型油轮远洋运输的经济性和大多目的港的水深条件有限，国内一般多采用二程转运的形式进行，这也是国际海运技术的发展趋势。

用先进的输油臂进行油气装卸，输油臂后方设置具有自动控制能力的切断阀，可有效减少装卸过程中的油气挥发和事故性溢油的风险，有利于环境保护。另外，在装船码头设置油气回收装置，可大大减少装船过程中的油气排放，减少对环境的影响，也是油品专用码头防止油气污染的有效手段。

石油储罐区是事故多发区，储罐基础最好采用振冲碎石桩和钢筋混凝土环墙作为储罐基础，防止由于不均与沉降，造成储罐应力破坏，导致储罐油料漏。地基所采用的钢储罐底板、沥青砂面层、细粒式沥青混凝土、钢筋混凝土底板、混凝土垫层均具有一定的油类吸附、阻滞能力。在此基础上，还可以研究设计在罐组内加高密度聚乙烯（HDPE）防渗膜进行防渗，最大程度减少安全隐患。

　　储罐选型也是保障石油储运安全的重要步骤。在石油及其产品的储存过程中，浮顶罐是一种最佳清洁生产工艺。根据《清洁生产标准　石油炼制业》（HJ/T 125—2003），原油/燃料油储罐采用外浮顶罐，且采用双浮顶浮盘；汽油和柴油采用内浮顶罐，符合"轻油（原油、汽油、柴油、石油等）储存使用浮顶罐"的要求，可以最大程度保障石油储运安全。浮顶油罐绝大部分液面是被浮顶覆盖的，而浮顶与罐壁之间的环形空间则依靠密封装置来减少油品的蒸发损失。内浮顶罐采用充气密封圈密封，可大大减少油品蒸发损失、减少环境污染，也有利于油罐的安全操作。另外，每三年进行管道壁厚的测量，对严重管壁减薄的管段，及时维修更换，避免爆管、漏油事故的发生。同时，储罐应设置罐底漏油指示监测孔，通过人工定期巡视监测泄露指示孔，可及时发现并处理原油泄漏。同时应用现代化的监控预警装置和自动化设备，最大程度保障油气储运安全。

（三）海上溢油事故应急预案

　　建立由码头、油库、工作船队、消防、环保等部门负责人及专职人员组成的应急机构，根据《中国海上船舶溢油应急计划》的要求，制定一系列应急反应机制，当事故发生时在最短的时间内做出应急反应。应急反应一般程序为：出现污染→报告→初步控制事故发展→通报有关单位→启动上级事故应急预案→评价→处理决定→调动→现场处理→检查进度→报告和总结。

1. 现场控制和处理

　　对现场的控制和处理有以下几种方式。①对事故现场水域进行监控、及时疏散附近船舶、维持正常的通航秩序。②若发现船体破损进水，应组织排水和堵漏；若碰撞引起火灾或油污染，应按火灾应变部署油污应急计划处理；若发生人员伤亡，应立即组织抢救。③如碰撞的船舶受损严重可能沉没，应立即通知拖轮、工程船只赶往现场施救，将遇难船舶拖离到安全水域或合适地点进行停泊，以保持航道的畅通。④受损船舶如沉没，应准确测定船位，必要时按规定设标，并及时组织力量打捞清障。⑤船舶、码头如发生人员落水，应立即按规定的信号报警，并用有效手段向主管机关报告。⑥船舶、码头应迅速按"应急部署"积极进行自救，按安全操作方法向落水者投放救生圈（带绳）、救生衣或其他浮具，船舶可施放救生艇（筏）向落水者施救。⑦考虑到流向、风向，应适当扩大搜救范围，施救时应从落水者下风处缓速接近落水者并将其救助上船。⑧夜间要考虑到照明问题，必要时对搜救水域实施交通管制，保证搜救工作顺利进行和通航水域的安全。⑨如果泊位发生火灾和爆炸事故，则停靠该泊位的船舶必须马上用最快的方法向码头水域安全应急办公室报告，同时停止船上一切作业，积极施救；码头应急中心根据火灾地点和火情按消防应急方案，下达灭火指令，并监控和指挥整个灭火行动，直至整个灭火行动结束。⑩听到码头警报器响声或得到码头关于失火的通知后，停靠在火区以外泊位的各船舶也应停止一切作业，同时迅速做好消防准备并将主机、舵机和解缆装备都调整到随时能够启用的位置。⑪一旦发生燃料油泄漏，应立即组织关闭堵漏，防止溢油源继续溢出，并使用围油栏控制油污扩散，同时通知有关部门，争取外援进行现场处置。⑫与环保和海洋部门合作，对溢油进行跟踪监测，以掌握环境受到污染的情况，获取认证资料，供领导决策及事故处理参考。

2. 应急救援保障

应急救援保障包括消防、医疗救护、污染物处理和处置、通信联络、交通运输等设备器材。其中主要配备围油栏、灭火器材、救生设备等，用于事故发生初期的自救和控制。

3. 监视和报告制度

主要包括通知、评价、处理决定、调查和善后处理等。日常监视及接受信息的工作应安排专人负责，一旦发生事故，收到并确认第一来源信息后立即通知应急事故处理领导小组，在应急事故处理领导小组向上一级机构汇报的同时，启动应急预案。

4. 事后处理

事后处理做好以下三类事项。①事故处理完毕后，在未得到现场指挥人员或公安消防等机构的同意之前，严禁破坏现场，以便专家取证，分析事故的原因，现场处理人员暂时不要撤离，以防止死灰复燃；②协助相关部门调查事故原因；③事故处理结束后，应对事故进行总结，写出事故报告。

5. 培训和演习

应急队伍要根据预案的要求，进行定期的桌面或实战演练，培训学习及知识更新，以检验预案的可操作性、适应性和严密性，从而改进和完善应急反应预案，并组织人力编写《突发事故应急手册》，人手一册，便于查阅和使用。具体演练内容的要求应根据训练目的来设定，通常包括：事故险情总设定；分阶段、分专业情况设定及各专业应急队伍的任务与行动要求、应达到的行动目标；分阶段的组织指挥和各种保障的情况设定及应达到的具体目标；各阶段演练的起止时间，以及对告急、险情逼真、所采取的办法等要具有实战感。同时演练应预先拟制好各种文书，规范记录，包括情况设定，各种号令、命令、指示、通告、通报等。

6. 公众教育及其他注意事项

对石油港区职工和港区邻近地区的居民定期进行安全防范意识和自我保护措施的宣传及教育，同时还应注意以下几方面安全防范措施。①建立污水处理设施的日常运行管理制度，严格按操作规程操作。要保证混凝加药的运行，使出水稳定达标。②按照要求在原油装卸码头配置相应的应急设施，一旦发生溢油事故，应及时通告有关单位和组织，同时做好本港区的溢油事故应急工作，减少船舶油污对海洋生态环境的影响。③工艺管道除根据工艺需要设置切断阀门外，在通向水域引桥、引堤的根部和装卸油平台靠近装卸设备的管道上，还应设置便于操作的切断阀，当采用电动、液动或气动控制方式时，应有手动操作功能。④输送油品管道的伸缩接头、阀门、油管与船舶连接处应设有集油沟、集油池或接油盘。

（四）石油污染事故生态补偿措施及其案例

生态赔偿是指在污染事故发生后，污染事故的责任者对受害者的生态环境所受损失的资金或实物的给付，其目的是补偿生态环境的受害者，并使受损害的生态环境恢复到损害发生之前的状态。海洋溢油污染导致的损害既可能包括人身伤亡和直接的有形财产损失，也包括污染后渔民不能捕鱼引起的纯经济损失，还包括对动植物生存环境的破坏导致的物种减少或灭绝、景观破坏及环境美学价值的减损等。因此，生态赔偿主要应当包括除人身伤亡、有形财产损失、清污费用以外的恢复环境的措施、费用等。生态补偿涉及方方面面，范围广泛，人员复杂，因此生态补偿是一个全球性的难题。

目前国际上的石油污染损害赔偿基金的运作模式大概有三种：第一种是依据国际海事组织公约设立的国际油污损害赔偿基金（IOPC FUND）；第二种是未加入国际油污损害赔偿基金公约，而设立本国油污基金（如美国），它的赔偿限额比 IOPC FUND 还要高；第三种是既加入了国际油污损害赔偿基金公约，又设立了本国基金（如加拿大）。

最近 10 年间，作为全美最大的炼油公司，康菲公司分别在路易斯安那州、华盛顿州、佛罗里达州、得克萨斯州涉及多起环境诉讼或纠纷，最终或被各州地区法院判决赔偿，或被州政府部门责令罚款，或与联邦及州政府达成和解协议，共计偿付 67 862 万美元。早在 2004 年，据美联社电，康菲公司曾暂时同意向佛罗里达州 Panhandle 地区多达 7000 名业主支付 7000 万美元，用于经济损失补偿和医学检查（梁嘉琳，2011）。

2008 年 1 月 16 日，"Erika" 事故的审判终于结束了历时 8 年多的司法程序和 4 个月的庭审辩论，获得了法国巴黎高等法院长达 278 页的判决书。判决书判定法国道达尔公司（TOTAL）、意大利船东 Giuseppe Savarese 和 Panship 船舶管理公司技术经理 Antonio Pollara 等被告对此次海洋污染负有共同责任，向布列塔尼当局、法国政府及其他受溢油污染影响的相关方共赔偿 1.92 亿欧元。同时，判定上述被告承担污染民事责任，TOTAL 等两家公司均再被处以最高限额 37.5 万欧元罚款（徐华，2010）。

2007 年 12 月 7 日，香港籍油轮"Hebei Spirit"号在韩国西海岸泰安郡大山港外锚泊时，由于当时气候条件恶劣，无辜地被一艘韩国籍浮吊船"三星 1 号"碰撞，导致约 1.09 万吨原油泄漏入海，造成了韩国有史以来最严重的海洋生态灾难，其清污、恢复生态及海洋资源的经济赔偿已达天文数字。关于"Hebei Spirit"轮案，截至 2009 年 10 月 12 日，韩国已向 IOPC Funds 提交 7870 宗索赔案，索赔总额达 10 530 亿韩元；还有 3098 宗索赔案，总额约达 4650 亿韩元；经评估的 1907 宗索赔案中 978 宗被拒。船东保险人（Skuld Club）已赔付 659.26 亿韩元给 740 宗索赔案，包括赔付韩国政府总额达 251.05 亿韩元与 260 宗相关的索赔案。经最新评估，由该起事故造成的损失为 5420 亿～5770 亿韩元（2.72 亿～2.89 亿英镑）（徐华，2010）。

在美国由于有了油污法的制约，在墨西哥湾漏油事件中，钻井平台的油气权益持有方 BP 承诺用 200 亿美元建立赔偿基金，一次性偿付此次漏油事故中遭受财产损失的墨西哥湾居民，换得受害者不将其送上法庭。此外，美国政府 2010 年年底就已经将墨西哥湾漏油事件提起诉讼。根据美国《清洁水法》，若 BP 最终被判定负有完全责任，则面临超过 210 亿美元的罚金（梁嘉琳，2011）。

1999 年 12 月，马耳他籍油轮"埃里卡"号在法国西北部海域断裂沉没，导致海域大面积污染。法国一家法院做出判决，法国石油工业巨头道达尔集团对 1999 年"埃里卡"号油轮断裂沉没造成的严重污染负有责任，罚款 37.5 万欧元。道达尔和其他三名被告还须向大约 100 名原告支付 1.92 亿欧元赔偿金。据悉，这是法国法院首次判定破坏环境责任方应给予受损方相应赔偿（刘莉，2011）。

2011 年 6 月 4 日和 17 日，位于渤海中部的蓬莱 19-3 油田先后发生溢油事故，对渤海海洋生态环境造成严重的污染损害。康菲公司和中海油总计支付 16.83 亿元人民币，其中，康菲公司出资 10.9 亿元人民币，赔偿本次溢油事故对海洋生态造成的损失；中海油和康菲公司分别出资 4.8 亿元人民币和 1.13 亿元人民币，承担保护渤海环境的社会责任。上述资金按国家有关法律规定，用于渤海生态建设与环境保护、渤海入海石油类污染物减排、受损海洋生境修复、溢油对生态影响的监测和研究等（蔡岩红，2012）。

第四节　海洋石油开发与储运生态安全问题的原因

1. 石油开发与储运的法规有待完善

我国虽然在 1983 年颁布实施了《中华人民共和国海洋石油勘探开发环境保

护管理条例》，以及相关的管理办法与法规，但我国有关海洋环境资源保护的法律法规在深度和力度方面还有待进一步加强：有些法律法规在实际中因缺乏监控、疏于管理等原因而得不到执行；有些法律由于规定原则性过强，缺乏可操作性；有些法律法规对海洋油气开发企业的污染行为的处理，没有威慑力。石油储运的安全监管制度不完善，没有完全与相关国际公约接轨，需进一步完善我国海洋石油开发与储运方面的法规，强化海洋环境管理，保护和改善海洋生态环境。

2. 开采方式欠合理

石油开采应该在有充足的科学依据和完善的技术支撑的前提下进行合理、循序渐进的开采。以渤海湾为例，渤海海域地质油藏的特点是构造破碎、断裂发育、油藏复杂。地下油气水分布常呈现"忽油忽水、忽深忽浅、忽隐忽现"状况；断层分布像久旱的稻田或河滩布满如"龟裂纹"般大小的断层和裂隙，不适合强化开采方式。

3. 管理制度与事故应急体制不健全

我国的海洋管理体制有必要重新论证，尽快理顺"九龙治水"的局面，环境保护部、国土资源部、国家海洋局、交通运输部海事局、农业部渔业局等主管部门应建立更及时、更高效的部际协同机制，建立常态化的应急机制。相关管理部门一方面在职责范围内，尽快采取措施；另一方面，要从长期保护好海洋环境出发，推动建立"防、治、赔"体系，以预防为主。因此，相关管理部门把力量凝聚到从抓关系到海洋生态安全的长远性、根本性的问题，完善体制和机制，引导社会加快淘汰不具备安全生产条件的海上设施、运输船舶，促进船舶制造业的结构调整和优化。

墨西哥湾石油污染修复工作中美国采用了适应性管理，即通过在管理过程和结果中学习知识，从而确定和优化管理战略的系统方法，重视对不确定性环境和事件的动态学习、信息反馈和预案调整。这些理论方法对于突发事件的应急管理机制研究具有重要的方法论意义。目前我国处理应急事件的可操作性实战经验不足，应将适应性管理应用于海洋漏油应急事件处理中，可以使我们在整个应急事件处理过程中获得一个全新的视角和方法，避免科学研究成果滞后而无法用于具体案例实践，同时也有助于应急政策、法规、应急预案的制定和参与者达成共识，不断完善我国漏油事件应急管理机制。

4. 清油、堵漏及生态修复工作不到位

因为清油、堵漏及生态修复工作不到位，未能及时有效制止漏油事故造成的生态破坏，国外的做法和经验值得我们学习和借鉴。例如，墨西哥湾漏油生态修复工作主要包括栖息地、水质、资源恢复和保护，以及提高生态恢复力。由于遭受污染的生态系统异常脆弱，抗干扰能力差，所以美国的修复方案加入了对富营养化、含污染物海洋输入水体（河流、雨水和船舶压舱水）的限制。

5. 赔偿和处罚制度及执行机制不完善

我国法律层面尚没有完善的海洋生态补偿机制和法规。2010 年 8 月 13 日，山东省财政厅、海洋与渔业厅联合下发了《山东省海洋生态损害赔偿费和损失补偿费管理暂行办法》，将海洋生态损害赔偿和损失补偿合并做出规定，这在我国尚属首创（江南，2010）。长期以来，由于没有相关的赔偿、补偿办法和规定，主管部门代表国家在主张赔偿和补偿要求时，往往难以执行。不仅需要对利益相关方的经济损失进行赔偿，海洋管理部门也可以代表国家对责任方提出对海洋环境的长期生态损失进行索赔，国际做法和经验值得我们学习和借鉴。

第五节　　对策与建议

从我国目前的海洋污染情况来看，海洋生态环境是非常脆弱的，要实现海洋生态安全和资源的可持续利用，必须重视海洋生态环境保护。为了当代人的利益，更是为了子孙后代的发展，在海洋石油开采与储运过程中，必须树立可持续发展的原则，必须采取有效措施来防治石油资源开发及运输中对海洋生态环境和渔业资源带来的不利影响。

1. 完善防治石油开发与储运污染海洋的法律法规，依法保障海洋生态安全

海洋石油勘探开发和运输过程中，不可避免地会产生各类油气污染物。海洋石油污染问题的产生不仅是经济和技术方面的因素，立法滞后、管理不严、执法力度不够也是主要原因。我国虽然在 1983 年颁布实施了《中华人民共和国海洋石油勘探开发环境保护管理条例》，而且为了便于操作，结合海洋石油开发的一些具体问题，国家海洋局陆续制定颁布了《海洋石油勘探开发环境保护管理条例实施办法》、《海洋石油勘探开发溢油应急计划编制和审批程序》及《海洋石油勘探开发化学消油剂使用规定》等有关行政法规。但我国有关海洋环境资源保护的法律法规在深度和力度方面还有待进一步加强：有些法律法规在实际中因缺乏监控、疏于管理等原因而得不到执行；有些法律由于规定原则性过强，缺乏可操作性；有些法律法规对海洋油气开发企业的污染行为的处理，仅是经济处罚，数额不大，没有威慑力。今后，要加大立法进度和执法力度，完善海洋环境保护法规、标准、技术指南和管理办法，用法律法规调整和规范人们的行为，依法保护海洋环境资源，加快制定和完善相关法律，使海洋石油污染防治工作逐步走上法制化、正规化轨道，真正遵守"有法可依，有法必依，执法必严，违法必究"的原则，同时要加强全国海洋污染监测、监视网的建设，建立健全海洋环境污染的监测、监视系统和溢油监视网络，重点做好石油作业港区（码头）周边水域、主航道经过的海域、海上油田作业海域及海洋倾废的环境监控，及时掌握石油污染状况的信息，监督处理违法行为和环境异常现象。要建立海上执法监察队伍，重视执法检查工作，使海洋石油污染防治工作逐步走上法制化、正规化轨道，减小海洋石油开发和运输中石油污染对海洋生态环境的影响。

2. 强化海洋石油开发对环境影响的评价工作

在海洋油气开发生产作业之前，要根据油田开发建设项目的工程规模和开发方式，结合所在海域的环境功能要求，对油田开发建设项目所产生的影响进行全面的环境影响评价，强化对各种风险事故源的分析，提出切实可行的风险防范措施和周全的应急预案。对污染防治措施执行不力，未严格履行"三同时"的海上油气田开发项目，一律不得施工建设和投产使用或实施作业。

海洋油气开发环境评价对象要由对单个油气开发项目的环境影响评价转化为对项目所在海域的累积影响评价，由对油气开发项目的评价扩展到对政府政策的影响评价。对环境影响评价的理解由单纯的环境污染评价扩大到对整体海域的生态环境影响的评价。将油气开发项目环境影响评价与环境规划相结合，并纳入环境规划之中，环境规划部门与环境影响评价的联系与合作加强，使环境评价、规划、管理成为一个有机的整体。

3. 加强对海洋石油气开发与储运的监督管理，防止海洋溢油污染

政府和国家海洋管理部门要加强规划，引导、优化产业结构与布局，禁止在可能造成生态严重失衡的海区开展海上工程项目。要积极鼓励海洋石油开发企业采用清洁生产工艺，从源头上减少污染物的产生量。鼓励和支持石油开发企业积极推动建立海洋环境生态基金，为保护海洋生态安全承担更多责任。海洋油气开发企业在制定中长期发展规划和生产经营计划时，要制定周密可行的海洋环境保护管理和污染治理计划，做到科学规划、分步实施、稳步推进，全面提高企业防治污染能力。海洋石油开发与储运企业在开采过程中要把保护环境视为己任，在海洋油气开发企业引入 ISO 14001 管理制度，建立 HSE（健康（health）、安全（safety）和环境（environmental）的简称）管理体系。HSE 管理的核心是预防安全环境事故的发生，可以有机地将健康、安全和环境管理纳入到一个管理体系之中，有效地减少环境事故的发生。

4. 健全海上溢油事故应急机制

由海上事故导致的污染虽然是海洋石油污染的一部分，但因为海上事故发生突然、危害程度大，因此，必须建立健全海洋溢油应急响应体系，合理配置溢油应急环保设备和调度各方力量，快速、高效地开展海上溢油事故的处理工作，减少污染和损失。目前国家海洋局已在秦皇岛、烟台、上海、厦门、广州等区域建立了港口溢油应急响应中心，国家海事局也已颁布了全国各个海区的溢油应急计划。但我国目前的溢油应急反应能力还只能应对小规模的船舶溢油事故，对于重大溢油事故，应对能力还有很大的差距。我们应根据国际惯例健全应急响应体系，要求海洋石油勘探开发平台，有油类作业的港口、码头、装卸站和船舶必须按有关规定编制溢油应急计划，储备应急物资，以备突发性石油污染事故发生时，能迅速拟订清油除污的方案，提供所需的物资与设备，紧急动员应急抢救队伍立即奔赴现场进行清油除污工作，切实把随时可能发生的灾害降低到最低程度。对已经发生环境污染事故的企业，要认真分析环境污染事故产生的原因和规律，吸取教训，制定改进方案和措施。

5. 重视溢油应急技术和油污染处理技术的开发与产品的研制

溢油应急技术包括溢油监视监测、报警、溢油鉴别、溢油扩散预报和溢油回收处理等一系列高新技术。与一些发达国家业已成套、成熟的溢油防治技术系统相比，我国的溢油应急技术系统还处于起步阶段。目前在我国海域从事石油开采的中外公司，虽各自拥有自己的溢油应急设备和设施，但溢油应急反应能力只能应对一级以下溢油。因此，如何及时发现溢油，尽量回收溢油，提高污油的处理技术与水平，仍然是当前防治海洋石油污染工作的重要课题。首先，我们应不断提升监测技术水平，增加监测密度，实现对海上溢油事故的实时监控。其次，必须加强溢油回收技术研究，提高溢油的回收比例。再者，要加大污油处理技术研究，不断地开发新的污油处理设备、工艺和化学药剂。

6. 建立健全生态赔偿机制

我国加入了《1969 年国际油污损害民事责任公约》，并出台相关法规与司法解释，对船舶溢油污染事故的民事赔偿问题进行指导。2011 年 7 月 1 日开始实施的《最高人民法院关于审理船舶油污损害赔偿纠纷案件若干问题的规定》对船舶油污的各项损害赔偿项目、责任限制及船舶油污基金均进行了详尽地规定，这一制度也相对完善。渔民的经济损失可以根据 2008 年 6 月 1 日开始实施的国家标准《渔业污染事故经济损失计算方法》进行计算，但该计算方法在法律层面依旧存在诸多模糊地带。另外，对于钻井平台和油罐油管的漏油处罚，具体的制度安排迄今依旧缺失，因此应该进一步完善船舶油污损害和溢油事故的法律法规。对于海洋生态损害赔偿补偿的法律机制，我国业内已经呼吁多年，但在立法层面始终没有建立相应制度，对于各类开发活动造成的海洋生态损害的补偿和赔偿大多停留在口号上。目前海洋开发热度高涨，已经对海洋生态造成巨大压力和威胁，需要从法规制度上对保护海洋和海岸带生态环境予以规范，真正做到有法可依，同时要加大处罚力度，以改变"守法成本高、违法成本低"的局面，依法保护海洋生态环境及渔业资源，保障渔民的合法权益。

建议认真总结 2011 年渤海中部的蓬莱 19-3 油田溢油事故生态赔偿的成功经验，完善我国海洋溢油污染事故生态损失赔偿制度与机制，使之制度化。

7. 加强海洋环境保护教育，提高民众环保意识

我国海洋石油开发和储运企业队伍中，存在一些重生产、轻环保的不良倾向，特别是在目前石油价格高涨，经济发展对石油的需求无止境的情况下。所以要加强对海洋油气开发作业人员进行保护海洋政策法规的普及宣传工作，提高他们保护海洋环境的责任心。加强对油气开发企业人员和渔民的海洋意识和海洋法律、法规教育，开展海洋环境和知识普及；鼓励和支持渔民和海洋石油开发企业参与海洋环境保护行动，组织渔民海洋环境保护和监测志愿者队伍，提高渔民的海洋意识和参与度，对涉及渔民切身利益或渔民关注的石油开发海域开展志愿监测行动，以弥补专业监测的不足；采取鼓励政策，鼓励企业设立海洋环境生态基金，推动海洋环境保护事业健康发展。

总之，海洋石油开发与储运的生态安全问题必须引起高度关注，海洋生态环境保护是社会公益事业，更是政府、企业和公众的共同责任。建设海洋强国、美丽中国，首先要树立环保意识，把环境效益、生态文明纳入社会发展和经济建设中统筹考虑，在石油开发过程既重视经济效益，又重视生态环境保护，确保二者兼顾、协调发展。

主要参考文献

安蓓，胡俊超 . 2010. 我国建成海上"大庆油田"海油年产油气超过 5000 万吨 . http：//news. xinhuanet. com/fortune/2010-12/24/c_ 12916054. htm［2013-07-02］.

贝少军，董艳 . 2010. 墨西哥湾溢油启示录 . 中国海事，（6）：4-6.

蔡岩红 . 2012. 蓬莱溢油事故海洋生态损害索赔取得重大进展 . http：//news. china. com. cn/rollnews/2012-04/28/content_ 13958369. htm［2013-06-28］.

陈民山，范贵旗 . 1991. 胜利原油对海洋鱼类胚胎及仔鱼的毒性效应 . 海洋环境科学，10（2）：1-5.

陈武，李云峰 . 2011. 新时期我国能源安全战略的思考 . 能源技术经济，23（3）：16-21.

陈晓晨 . 2010. 海洋油气开发走向何方？http：//finance. sina. com. cn/roll/20100628/02598189168. shtml［2010-06-28］.

多吉利 . 2009. 中国油气田简介 . http：//www. duojili. cn/article/1/2009050610418. html［2013-07-05］.

范继义 . 2003. 油库 1050 例安全事故数据的统计分析 . 石油库与加油站，12（6）：19-21.

范继义 . 2005. 油库千例事故分析 . 北京：中国石化出版社.

冯晓磊 . 2012. 世界石油还可开采 46 年，中国石油总储量全球第九 . http：//business. sohu. com/20121212/n360181677. shtml［2013-06-27］.

付献杰，余璐 . 2011. 市海洋局启动应急预案，天津近海海域未发现油污污染 . http：//www. 022net. com/2011/7-21/462522312898814. html［2013-07-04］.

高岚 . 2010. 漏油对深海生态威胁致命，墨西哥湾现"珊瑚墓群". http：//www. eedu. org. cn/news/envir/

overseasnews/201011/53932. html［2013-06-28］．

国家发展和改革委员会交通运输司．2005.《长江三角洲、珠江三角洲、渤海湾三区域沿海港口建设规划（2004～2010 年）》内容简介．交通运输系统工程与信息，4：10.

国家海洋局．2011. 2010 年中国海洋环境质量公报．http：//www. soa. gov. cn/zwgk/hygb/zghyhizlgb/201211/t20121107_ 5527. html［2013-05-25］．

韩大匡．2010. 中国油气田开发现状、面临的挑战和技术发展方向．中国工程科学，12（5）：51-57.

黄悦华，任克忍．2007. 我国海洋石油钻井平台现状与技术发展分析．石油机械，35（9）：157-160.

贾晓平，林钦，蔡文贵．1999. 海洋动物体石油烃污染评价标准参考值的探讨．湛江海洋大学学报，19（3）33-37.

贾晓平，林钦，蔡文贵．2000. 原油和燃油对南海重要海水增养殖生物的急性毒性试验．水产学报，24（1）：33-37.

江丞华．2013-06-18. 我国石油战略值得商榷，海上油气开发战略亟须重新审定．中国企业报，第 9 版．

江怀友，潘继平，鲁庆江．2009. 世界石油工业勘探现状与方法．http：//center. cnpc. com. cn/bk/system/2009/04/30/001235713. shtml［2013-06-27］．

江南．2010. 海洋污染何日休？观察与思考，9.

劳辉．2003. 最近 29 年我国沿海船舶、码头溢油 50 吨以上事故统计．交通环保，（6）：46.

李丽，张利平，张元亮．2001. 石油烃类化合物降解菌的研究概况．微生物学通报，28（5）：89-92.

李宁．2003. 我国海洋石油油气储运回顾与展望．油气储运，22（9）：30-32.

李新仲，徐本和．2003. 海上油气田的废弃处置．中国海上油气（工程），15（1）：46-49.

李艳梅，曾文炉，余强，等．2011. 海洋溢油污染的生态与健康危害．生态毒理学报，6（4）：345-351.

李翊．2011. 溢油危机和脆弱的渤海．http：//www. lifeweek. com. cn/2011/0714/34010. shtml［2013-06-25］．

梁嘉琳．2011-9-13. 康菲污染环境被指案底累累．经济参考报．第 2 版．

刘莉．2011. 对待漏油事故，必须提高"漏油成本"．http：//news. xinhuanet. com/world/2011-08/25/c_121893080_ 6. htm［2013-06-25］．

刘玥．2010. 大连新港"7·16"爆炸现场引发火情．http：//www. caijing. com. cn/2010-10-25/110551343. html［2013-06-25］．

罗超，王琮，赵冬岩．2009. 弃置平台与管线对海洋环境的影响．油气田环境保护，1：42-44.

罗文安．2011. 海工行业：油价上涨助推加速扩张．http：//minfinance. minmetals. com. cn/article. do？ article_millseconds=1304566223326&method=get&column_ no=0702［2013-06-27］．

浦宝康．1986. 1976 年至 1985 年船舶重大溢油事故的分析．交通环保，38（6）：26-28.

阮煜琳．2011. 联合调查组认定蓬莱 19-3 油田溢油事故属责任事故．http：//www. chinanews. com/ny/2011/09-02/3303933. shtml［2013-07-03］．

沈南南，李纯厚，王晓伟．2006. 石油污染对海洋浮游生物的影响．生物技术通报，（S1）：95-99.

沈新强，丁跃平，袁骐．2008. 海洋溢油事故对天然渔业资源损害评估．中国农业科技导报，10（1）：93-97.

王传远，贺世杰，李延太，等．2009. 中国海洋溢油污染现状及其生态影响研究．海洋科学，6：57-60.

吴彰宽，陈民山．1985. 胜利原油对对虾受精卵及幼体发育的影响．海洋环境科学，9（2）：35-39.

徐华．2010. 油污赔偿：货主角色悄然转变．中国船检，5：31-33.

徐晓宁．2010. 暴风眼中的春晓油气田，中国拥有无可争辩的主权．http：//www. stuln. com/lxag/xgzl/2010-11-30/Article_ 61331. shtml［2013-07-03］．

杨强，冯抒敏．2011. 中国两大石油巨头加速推进北部湾能源项目建设．http：//www. chinanews. com/cj/2011/01-13/2784062. shtml［2013-06-27］．

杨青.2011-5-24. 中国自主深海开采油气"船"昨日启航. 北京青年报. 第 B6 版.

杨文凯.2005. 77 亿吨东海油气争夺战，中日谁踩了谁的线. http：//club. kdnet. net/dispbbs. asp？id = 676600&boardid = 1 ［2013-06-28］.

姚斌，赵士振.2010. BP"漏油门"：他人亡羊，我快补牢——墨西哥湾漏油事故对中国石化海上油气生产作业的警示. 中国石化，6：12-15.

姚培硕.2007. 中国战略石油储备哪里来. http：//gb. cri. cn/12764/2007/12/21/2945@1885845. htm ［2013-06-29］.

张爱君，邹洁，马兆党，等.2006. 石油污染对牡蛎超显微结构毒性效应的研究. 海洋环境科学，S1：6-10.

张瑞丹.2010. 海洋溢油之痛. http：//www. 360doc. com/content/1010731/14/142_42724597. shtml ［2013-07-10］.

张晓涛.2010. 墨西哥湾生态环境恢复需要数年，数百只水鸟死亡. http：//www. chinanews. com/gj/gj-bm/news/2010/06-08/2330926. shtml ［2013-06-27］.

赵婷.2011. 2020 国家石油储备能力提升至 8500 万吨. http：//news. sohu. com/20110118/n278933033. shtml ［2013-01-27］.

郑青亭.2011. 国外漏油事件是如何处理的. http：//world. people. com. cn/GB/15094417. html ［2013-07-02］.

Akcha F, Izuel C, Venier P, et al. 2000. Enzymatic biomarker measurement and study of DNA adduct formation in benzo ［a］ pyrene-contaminated mussels, Mytilus galloprovincialis. Aquatic Toxicology, 49 （4）：269-287.

Atlas RM. 1981. Microbial degradation of petroleum hydrocar-bon：an environmental perspective. Microbiology and Molecular Biology Reviews, 45：180-209.

Campagna C, Short F T, Polidoro B A, et al. 2011. Gulf of Mexico oil blowout increases risks to globally threatened species. BioScience, 61 （5）：393-397.

Graham W M, Condon R H, Carmichael R H, et al. 2010. Oil carbon entered the coastal planktonic food web during the Deepwater Horizon oil spill. Environmental Research Letters. 10. 1088/1748-9326/5/4/045301.

Hellou J, Leonard J, Collier T K, et al. 2006. Assessing PAH exposure in feral finfish from the Northwest Atlantic. Marine Pollution Bulletin, 52 （4）：433-441.

Joye S, MacDonald I. 2010. Offshore oceanic impacts from the BP oil spill. Nature Geoscience, 3：446.

Judson R S, Martin M T, Reif D M, et al. 2010. Analysis of eight oil spill dispersants using rapid, in vitro tests for endocrine and other biological activity. Environmental Science & Technology, 44 （15）：5979-5985.

Mackey A P, Hodgkinson M. 1996. Assessment of the impact of naphthalene contamination on mangrove fauna using behavioral bioassays. Bulletin of Environmental Contamination and Toxicology, 56：279-286.

McCrea-Strub A, Kleisner K, Sumaila U R, et al. 2011. Potential impact of the deepwater horizon oil spill on commercial fisheries in the gulf of Mexico. Fisheries, 36 （7）：332-336.

Oh Y S, Sim D O, Kim S J. 2001. Effects of nutrients on crude oil biodegradation in the upper intertidal zone. Marine Pollution Bulletin, 42 （12）：1367-1372.

Peterson C H, Rice S D, Short J W, et al. 2003. Long-term ecosystem response to the exxon valdez oil spill. Science, 302 （5653）：2082-2086.

Piehler M F, Winkelmann V, Twomey L J, et al. 2003. Impacts of diesel fuel exposure on the microphytobenthic community of an intertidal sand flat. Journal of Experimental Marine Biology and Ecology, 297 （2）：219-237.

Schaum J, Cohen M, Perry S, et al. 2010. Screening level assessment of risks due to dioxin emissions from burning oil from the BP deepwate horizon gulf of Mexico spill. Environmental Science and Technology, 44：9383-9389.

Xu S, Song J, Yuan H, et al. 2011. Petroleum hydrocarbons and their effects on fishery species in the Bohai Sea, North China. Journal of Environmental Science, 23 （4）：553-559.

第七章 海岛开发工程的生态安全问题

　　海岛是海洋生态系统的重要组成部分，是特殊的海洋环境和资源的复合区域。我国是世界上海岛数量最多的国家之一，海岛的开发、建设、保护与管理是当前实施社会经济可持续发展的重要内容。依据《联合国海洋法公约》规定，海岛是划分内水、领海及200海里专属经济区等管辖海域的重要标志，维护海岛就是维护我国的海洋领土安全。海岛也是国防安全的天然屏障，具有重要的军事利用价值。而随着海洋经济的迅猛发展，海岛的地缘优势和资源特色更为引人关注。目前，以海岛为基地建设深水良港、发展陆海交通、开发海上油气、从事海上渔业和发展海上旅游等成为海洋开发的热点方向。但海岛与大陆分离，大多面积狭小，地域结构简单，资源构成相对单一，生态系统十分脆弱，极易遭受损害，导致海岛资源开发与生态环境保护之间的矛盾日益突出。特别是在《中华人民共和国海岛保护法》（简称《海岛保护法》）实施以前，我国的海岛开发缺乏统一的开发与保护规划，开发粗放而盲目，给海岛生态环境造成了相当大的破坏。由于炸岛炸礁、填海连岛等行为造成我国许多海岛消失，岛屿生态环境受损严重，海岛邻近水域污染加剧。

　　海岛盲目开发引发的生态安全问题引起了国家及各方人士的高度重视。经多方筹备与论证，《海岛保护法》于2009年12月26日由第十一届全国人大常委会第十二次会议审议通过，并于2010年3月1日正式实施。这是我国第一部加强海岛保护与管理、规范海岛开发利用秩序的法律。《海岛保护法》的颁布实施，开启了我国海岛工作的新篇章。为确保《海岛保护法》的贯彻实施，全国各级海洋主管部门通过发布海岛政策法规、编制海岛保护规划、开展海岛执法等手段，初步构建起了比较完备的管理体系。

　　目前，全国沿海各地的海岛开发仍然紧锣密鼓。我国12个海岛县（区）和191个海岛乡镇正在大力建设岛陆交通、开发海岛旅游、强化海岛渔业、发展海岛工业，以转变海岛产业结构，提升海岛经济。与此同时，无人岛的开发也如火如荼。2011年4月12日，国家海洋局公布了我国第一批开发利用的176个无居民海岛的名录，主要用于海岛旅游文化、海岛工业及交通运输开发。此外，以山东省为主的沿海省（直辖市）在填海造地规划设计中，开始将传统的沿岸平推式填海改变为离岸人工岛建设开发。这种新的填海方式会给海洋生态环境造成何种影响，还有待于观察和研究。因此，在当前的形势下，本书总结了我国海岛开发中的历史问题，分析和预测了当前海岛开发对海洋生态环境的影响和趋势，汇集了国际海岛管理与保护的最新理念和相关经验，并对我国进一步完善海岛开发中的生态安全管理与保护提出了可能的对策与措施。

第一节　我国海岛开发的现状与趋势

一、我国海岛的数量与分布

1982 年发布的《联合国海洋法公约》第 121 条规定："岛屿是四面环水并在高潮时高于水面的自然形成的陆地区域。"2009 年 12 月 26 日通过的《中华人民共和国海岛保护法》第二条也明确指出："本法所称海岛，是指四面环海水并在高潮时高于水面的自然形成的陆地区域，包括有居民海岛和无居民海岛。"

我国是世界上海岛数量最多的国家之一，大小海岛星罗棋布，形态各异。据 1988~1995 年的全国海岛资源综合调查结果显示，全国面积大于 500 平方米的海岛（除海南岛本岛和台湾、香港、澳门等所属岛屿外）为 6961 个，其中有人常住岛为 433 个，人口 453 万人（《全国海岛资源综合调查报告》编写组，1996）。2004~2009 年，国家海洋局组织开展了"我国近海海洋综合资源调查与评价专项"（简称 908 专项），对包括海岛在内的我国海洋资源进行了更为全面的调查。根据新的调查统计，我国共有海岛 10 100 多个，其中约有 9600 个为无居民海岛，常住居民的岛屿有 460 余个，面积大于 500 平方米的海岛有 7300 多个。海岛总面积约 8 万平方千米，为我国陆地面积的 8%，海岛岸线长 14 000 千米（表7-1）（吴桑云和刘宝银，2008）。

表 7-1　我国海岛资源调查结果

	1988~1995 年全国海岛综合资源调查数据	2004~2009 年 908 专项调查数据
海岛总数	不详	10 100 多个
面积>500 平方米海岛数量	6 961 个	7 300 多个
有人岛数量	433 个	460 多个
无人岛数量	6 528 个	9 600 多个
海岛总面积	6 691 平方千米	约 80 000 平方千米
海岛岸线	12 710 千米	14 000 千米

我国海岛位于亚洲大陆以东，太平洋西部边缘，分布在南北跨越纬度 38°、东西跨越经度 17°的广阔海域中。最东是钓鱼岛东边的赤尾屿，最南端是南沙群岛的曾母暗沙，最北的岛屿是辽宁省的小笔架山。我国海岛东部与朝鲜半岛和日本为邻，南部周边被菲律宾、马来西亚、文莱、印度尼西亚和越南等国家所环绕。

我国海岛在各海区的分布量差异很大，渤海区内海岛数量占总数的 4%，黄海区占 5%，东海区占 66%，南海区占 25%。70% 的海岛距大陆岸线小于 10 千米，距大陆 10～100 千米的占 27%，100 千米之外的占 3%（国家海洋局，2012）。

以各省（自治区、直辖市）海岛分布的数量而论，浙江省最多，岛屿数约占全国海岛总数的 43.9%，其次是福建省、广东省和广西壮族自治区，分别占 22.2%、10.9% 和 10.4%；海岛最少的省、直辖市是天津市、上海市和江苏省，其总和仅占全国海岛总数的 0.5%。

二、我国海岛的价值

海岛是海陆兼备的重要海上国土，是海洋生态系统的重要组成部分，是特殊的海洋资源和环境的复合体。我国海岛数目众多，分布广泛。海岛总面积约 8 万平方千米，依托于海岛的海域面积十分广阔。海岛涉及国家海洋权益和国防安全，其生态系统独特，蕴藏各种资源，具有重要的社会、经济、政治和生态价值。

1. 国家权益价值

按《联合国海洋法公约》规定，海岛是划分国家内水、领海和 200 海里专属经济区等管辖海域的重要标志，一个孤立岛屿可拥有自己的领海、毗连区、专属经济区和大陆架，涉及海域面积达 43 万平方千米。我国已经公布的 77 个领海基点中，位于海岛上的有 75 个，其中 67 个位于无居民海岛（高战朝，2005）。通常说中国有 300 万平方千米的"蓝色国土"，其中很大部分是基于中国的海岛来计算的，维护海岛安全就是维护海洋国土的安全。

2. 海岛的军事价值

海岛是国防安全的天然屏障。散布于辽阔海域中的群岛、海岛具有重要的军事利用价值。充分利用我国领海基点岛屿和其他重要位置的岛屿的军事价值，是我国控制海权的重要保障。例如，有的海岛可以建成军事驻地、军事训练基地及建设军事设施等；有的海岛可以控制海域的战略通道；有的海岛可以建成濒临大陆架的海防前哨；远离陆地的大洋中的海岛，可以作为核武器试验基地。目前，我国长山群岛、庙岛群岛、舟山群岛、万山群岛和南海诸岛等，都是中国国防的要塞。

3. 海岛的生态服务价值

海岛由岛陆、潮间带、岛基和环岛近海水域四种相互联系的生态环境构成。海岛生态系统是指在海岛区域范围内，由共同栖息着的所有生物（即生物群落）与其环境组成的一个整体，由非生物环境、生产者、消费者和分解者共同构成了相互联系、相互制约，并具有自我调节功能的复合体。

我国海岛广布于温带、亚热带和热带海域,生物种类繁多,不同区域海岛的岛体、海岸线、沙滩、植被、淡水和周边海域的各种生物群落和非生物环境共同形成了各具特色、相对独立的海岛生态系统,一些海岛还有红树林、珊瑚礁等特殊生境;海岛及其周边海域自然资源丰富,有港口、渔业、旅游、油气、生物、海水、海洋能等优势资源和潜在资源(国家海洋局,2012)。传统视点大多关注海岛的资源开发价值,如生物、港口、旅游、能源、淡水、矿石等资源的价值,而轻忽了海岛生态系统所同时具备的水土保持、气候与气体调节、水质净化、废物处理等其他生态服务价值。2005 年联合国发布的《千年生态系统评估报告》(*Millennium Ecosystem Assessment Reports*,MA)里,指出包括海岛在内的海洋生态系统和陆地生态系统一样,具有供给、调节、支持及社会文化四大类生态服务功能,其具体项目参见表 7-2。

表7-2 海岛生态系统的生态服务功能

生态服务功能		海岛生态系统			主要应用
		岛陆 生态系统	潮间带 生态系统	近海海域 生态系统	
供给功能	食物	★	★	★	海岛渔业、海岛农业
	原材料	★	★	★	海岛工业、能源业
	医药资源	★	★	★	海岛医药业
	水供给	★	★		全国约有 9% 的海岛有淡水
	空间资源	★	★	★	生产生活基地、港口交通
调节功能	气候调节	★	★	★	
	气体调节	★	★	★	
	涵养水源	★			
	干扰调节	★	★		
	生物控制	★	★	★	
	空气净化	★			
	水质净化	★	★	★	
支持功能	初级生产	★	★	★	
	土壤保持	★			
	养分循环	★	★	★	
	生物多样性	★	★	★	
社会文化功能	休闲娱乐	★	★	★	海岛旅游
	科研教育	★	★	★	海岛科研基地

注:★表示该生态功能显著。

资料来源:陈彬和俞炜炜,2006

作为海岛居住人口赖以生存和发展之地,海岛的供给功能支撑着海岛渔业、海岛农业、海岛工业、能源业、医药业、港口、交通、旅游业的发展,是我国海洋经济的重要组成部分。然而,与陆地相比,大多数海岛面积狭小,处于封闭和独立的地理位置，生态十分脆弱。对其供给功能的过度开发极易造成海岛生态环境的破坏，损害其调节和支持功能，从而使海岛生态系统失衡，可持续性被破坏。

三、我国海岛开发背景与相关政策

新中国成立初期至 20 世纪 70 年代末，由于严峻的国际形势，我国对海岛的开发与建设以军事利用为主，处于封闭和半封闭模式。长山群岛、庙岛群岛、舟山群岛、万山群岛、南海诸岛，以及其他一些岛屿，如今已是各种不同级别的陆军要塞、海军基地、水警区、巡防区、观通站、导航台站、指挥哨所。

20 世纪 70 年代末，在改革开放方针的指引下，中国沿海省（直辖市）相继出台一些政策和措施，鼓励海岛的保护和开发利用。1986 年我国首次召开了全国海岛工作座谈会，会议认为，海岛开发建设，要认真做好调查研究，尽快摸清情况，确定海岛开发的方针、原则和总体规划，并且要针对海岛的特殊性，制定出切合实际的海岛开发政策法规。1988～1993 年，国家有关部门开展了对全国海岛资源的首次综合调查与开发试验（沈文周，1995）。在全国海岛综合调查基础上，中国于 20 世纪 90 年代先后开展了三批海岛开发、保护和管理试点。第一批包括山东省长岛、浙江省舟山六横岛、福建省海坛岛、辽宁省长海、广东省南澳岛、广西壮族自治区涠洲岛等 6 个国家级开发试验区。第二批为国家海洋局自 1999 年始分批建立的 11 个海岛管理试点（王忠，2003）。

2003 年国家海洋局、民政部和总参谋部联合发布《无居民海岛保护与利用管理规定》，允许个人或机构履行申请审批程序后开发利用无人岛，租用期最长为 50 年。其中第三条规定："无居民海岛属于国家所有。国家实行无居民海岛功能区划和保护与利用规划制度。国家鼓励无居民海岛的合理开发利用和保护，严格限制炸岛、岛上采挖砂石、实体坝连岛工程等损害无居民海岛及其周围海域生态环境和自然景观的活动。"

为了维护海岛生态系统的稳定，合理开发利用海岛资源，我国于 20 世纪 80 年代开始海岛保护区的建设管理工作，最早是 1980 年在渤海划定的蛇岛自然保护区（王在峰等，2011）。目前全国已建涉及海岛的自然保护区和特别保护区共 57 个，含 805 个海岛，其中海洋自然保护区 48 个，含 524 个海岛；海洋特别保护区 9 个，含 281 个海岛（吴姗姗，2011；国家海洋局，2012）。

2009 年 12 月 26 日，中华人民共和国第十一届全国人民代表大会常务委员会第十二次会议通过《中华人民共和国海岛保护法》简称《海岛保护法》，自 2010 年 3 月 1 日起施行。《海岛保护法》明确无居民海岛属国家所有，并对有居民海岛和无居民海岛的生态保护进行了严格规定。其内容包括防止海岛生态破坏，严格限制海岛建筑物和设施的建设，严格限制填海连岛工程，严格限制在海岛采石、挖砂和砍伐，严格保护海岛沙滩、珊瑚和珊瑚礁，严格保护海岛历史、人文遗迹和物种，严格保护海岛植被、淡水资源等，明确无居民海岛的利用，必须在规划确定可以利用的前提下有偿使用，避免破坏和浪费等。此外，还包括国家安排海岛保护专项资金，用于海岛的保护、生态修复工作等。《海岛保护法》的颁布实施，开启了我国海岛工作的新篇章。为确保《海岛保护法》的贯彻实施，全国各级海洋主管部门通过发布海岛政策法规、编制海岛保护规划、开展海岛执法等手段，初步构建起了比较完善的管理体系。

　　为进一步规范海岛的开发与保护管理，2007 年，国家海洋局启动了海岛保护规划修编工作。2008 年，浙江、福建、广东、广西四个省（自治区）被确定为省级海岛保护规划编制的试点。《浙江省重要海岛开发利用与保护规划》决定在全省挑选出 100 个重要海岛，重点开发港口物流、清洁能源、滨海旅游等，为全面打造现代海洋产业体系起到核心引领作用。《广西壮族自治区海岛保护规划》将广西海岛划分为 7 大功能区，重点开发港口运输、旅游娱乐、渔业资源利用、公共服务等。《福建省海岛开发建设和保护规划》对省内 99 个有人居住海岛进行了基础设施、社会事业、产业发展、生态建设与保护等主要方面至 2020 年的长期规划。《广东省海岛保护规划》规划将无居民海岛分为特殊保护类、保留类和适度利用类，实施分类保护；强化有居民海岛的生态保护；并对省内海岛分为 5 个一级区，并往下划分 28 个二级区进行保护；打造南澳岛、万山群岛、川山群岛等 11 个海岛旅游组团，形成达濠岛、龙穴岛、东海岛等 7 个海岛港口与临港工业区等。

　　2012 年 2 月 29 日，国务院批准实施了《全国海岛保护规划》，提出到 2020 年实现"海岛生态保护显著加强、海岛开发秩序逐步规范、海岛人居环境明显改善、特殊用途海岛保护力度增强"等规划目标，明确了海岛分类、分区保护的具体要求，确定了 10 项重点工程，分别为：海岛资源和生态调查评估、海岛典型生态系统和物种多样性保护、领海基点海岛保护、海岛生态修复、海岛淡水资源保护与利用、海岛可再生能源建设、边远海岛开发利用、海岛防灾减灾、海岛名称标志设置和海岛监视监测系统建设。同时，在 10 年规划期内，还将新建 10 个自然保护区、30 个海洋特别保护区，对 10% 的海岛实施严格保护，选择 10～20 个典型生态受损的海岛进行生态修复试点，并在组织领导、法制建设、能力建设、公众参与、工程管理和资金保障等方面提出了具体保障措施。这是继《海岛保护法》之后，我国在推进海岛事业发展方面的又一重大举措，对于保护海岛及其周边海域生态系统，合理开发利用海岛资源，维护国家海洋权益，促进海岛地区经济社会可持续发展等方面具有重要意义。

四、有居民海岛开发现状

　　我国有人居住的岛屿达 460 余个，人口约 547 万人。有人岛的数量尽管只占全国海岛总数的 6%，面积却占海岛总面积的 98% 以上。其中包括舟山一个地市级海岛地区和长海（辽宁）、长岛（山东）、崇明（上海）、定海、普陀、岱山、嵊泗、玉环、洞头（浙江）、平潭、东山（福建）、南澳（广东）等 12 个海岛县（区）和 191 个海岛乡镇（孙琛和黄仁聪，2008）。

新中国成立初期，海岛因地理位置封闭，交通不便，海岛居民主要依靠捕鱼、晒盐为生，经济处于贫穷落后的状态。改革开放后，在政策引导下，以山东长岛、浙江舟山地区为龙头，我国海岛积极发展耕海牧渔、海港运输、海岛旅游等，海岛经济得到迅猛发展。1980 年我国海岛县的 GDP 为 12.05 亿元，人均GDP 为 473.5 元，到 2008 年 GDP 达到 1 101.4 亿元，人均 GDP 达 37 017 元，分别增长 91 倍和 78.2 倍（张耀光，2012）。特别在进入 21 世纪后，随着国家海洋开发战略的实施，海岛作为海洋开发的先遣地和海外经济通向内陆的"岛桥"，其建设与开发进一步加快，陆岛通道建设快速推进，海岛水产养殖业稳步发展，海岛旅游业、海岛临港工业逐步成为海岛经济的新支柱。据报道，现有开发强度比较高的海岛有厦门岛、舟山岛、海南岛、台湾岛等，中开发强度的海岛有大榭岛、崇明岛等，其余大部分海岛目前开发强度还处于较低状态（姚幸颖等，2012）。

1. 陆岛通道建设

制约海岛经济发展的瓶颈是陆岛交通，因此，陆岛通道建设成为目前我国沿海及海岛经济发展中涌现的一股热潮。陆岛通道建设包括港口码头、客货船舶、车辆轮渡、跨海桥梁、海底隧道和连陆海堤等。

海岛的深水岸线资源使其成为港口建造的良址。例如，浙江舟山港已成为国家一类开放港口，位于浙江嵊泗县的大、小洋山深水港目前是海岛县中最大的港口，其集装箱吞吐量占上海港集装箱吞吐量的 1/3。

相比港口码头，使海岛的交通更为便捷的还是连陆海堤和岛陆桥隧通道工程等的建设。我国早期的陆岛工程主要是连陆海堤工程，包括厦门 1956 年建的集美海堤、福建东山岛 1960 年建成的八尺门海堤、浙江玉环岛的漩门海堤等；广东省东海岛、海陵岛、三灶岛、高栏岛也都修建了并陆海堤。海堤连接海岛和大陆，解决了海岛交通问题，为海岛经济发展提供了有利条件。然而，连陆海堤仅适用于离大陆很近、水深较浅的海峡。并且，海堤隔绝海峡，改变了原有的海流与水动力条件，往往造成周围海域水环境和资源的不良改变。例如，厦门集美海堤建成后，造成了厦门港的淤积和文昌鱼资源的衰退。为此，厦门市在 2008 年又修建了厦门-集美跨海大桥，打通海堤，以图恢复原有的生态环境。

福建八尺门海堤由于堤下无涵洞，东山湾和诏安湾的海水不能互通。加上近年来网箱养殖发展、投饵量增多和人们生产生活废弃物的排放，使得八尺门海域海水日趋富营养化，东山湾城镇建设和临港工业的加速发展，也给东山湾的海洋环境带来了巨大的压力。2005 年，福建省修建了东山岛跨海大桥，取代了八尺门海堤的重要交通要道作用。2010 年，福建漳州市启动海堤贯通工程，打通了八尺门海堤。

20 世纪 90 年代后，随着我国经济实力的增强及海洋工程技术的发展，跨海大桥建设取代了连陆海堤工程，21 世纪开始海底隧道的建设，包括 1995 年建成的广东汕头市海湾大桥、1995 年建成的浙江象山蛳门港大桥、香港 1998 年建成的港九-大屿山的青马大桥、1999 年建成的浙江舟山本岛至朱家尖跨海大桥、2001 年修建的宁波北仑大榭岛大桥、2002 年修建的上海东海大桥、福建省于 2005 年修建的东山岛跨海大桥、2006 年完成的温州洞头大小门连岛工程、厦门 2008 年兴建的厦漳跨海大桥、2008 年建成的杭州湾跨海大桥、2009 年建成的宁波至舟山跨海大桥、2010 年建成的福建平潭跨海大桥、2011 年建成的青岛胶州湾跨海大桥等。

目前，我国正在建设的跨海桥梁工程主要有广东南澳岛连陆跨海大桥和港珠澳大桥等。港珠澳大桥跨越珠江口伶仃洋海域，是连接香港、珠海及澳门的大型跨海通道。大桥主体工程采用桥隧组合方式，大桥主体工程全长约 29.6 千米，海底隧道长约 6 千米。已于 2009 年 12 月 15 日开工建设，将于 2015~2016 年完成工程（樊丽欣，2009）。建设内容包括珠澳大桥主体工程、香港口岸、珠海口岸、澳门口岸、香港接线及珠海接线（图 7-1）。

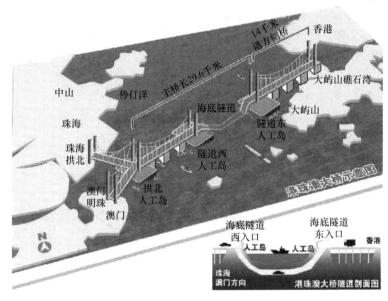

图 7-1　港珠澳大桥设计图

资料来源：樊丽欣，2009

此外，尚有许多陆岛通道工程项目正处于规划中，如琼州海峡跨海工程及渤海海峡跨海通道等。

琼州海峡跨海工程：琼州海峡跨海工程是纳入"十二五"时期国家研究建

设的交通重点工程之一，拟在雷州半岛与海南岛之间建跨海大桥，分公路和铁路上下两层，实现环北部湾陆路通道的无缝对接。该工程计划于"十三五"期间开工建设，预计 2020 年建成通车。

渤海海峡跨海通道工程：项目规划全长约 130 千米，计划以桥、隧混合工程连接大连旅顺和烟台，从而把辽东半岛与山东半岛相连，进而形成纵贯我国南北从黑龙江到海南 10 省（自治区）、一市的东部铁路、公路交通大动脉。2010 年 1 月开始了前期论证工作。

2. 海岛渔业

渔业是我国海岛的传统经济形式，我国 12 个海岛县都是渔业重点县，191 个海岛乡镇中，绝大部分仍以渔业为主导产业（孙琛和黄仁聪，2008）。

据有关资料显示，自新中国成立以来，我国的海洋渔业发展很快，其中海岛渔业产量占海洋渔业总产量的 20% 以上。但由于近海渔业资源不断衰退，国家采取"伏休"、"双控"等措施实行渔业资源保护，捕捞业的发展极为有限。海岛渔业调整为大力发展水产养殖业。我国海岛县海水养殖在海洋水产业中的比重由 1990 年占海洋水产业的 22.4%，上升到 2008 年的 33.0%，上升了 10.6 个百分点，海水养殖产量由 1992 年的 23 万吨发展到 2008 年的 104.34 万吨，年平均递增率近 10%（孙琛和黄仁聪，2008）。

辽宁长海县獐子岛在发展海水养殖中着力开展"五个一工程"，即一头海参（刺参）、一枚鲍（盘鲍）、一个贝（扇贝）、一条鱼（黄条鲕鱼）、一棵菜（羊栖菜），进行参、贝、鲍、鱼、藻养殖综合开发。1980 年养殖产量仅 3 152 吨，到 2005 年达到 21 796 吨，25 年增长了近 7 倍，年平均递增 8.04%（张耀光等，2009）。

山东省长岛县是渔业大县。近年来提出了渔业"双百万"规划，拟建设 100 万亩生态渔业基地，营造 100 万亩海底森林，并发展多品种、立体化养殖。目前长岛县生态养殖规模达到近 60 万亩，其中底播增殖 39 万亩，筏式养殖 20 万亩。2008 年，全县实现水产品产量 30.1 万吨，产值 34.3 亿元，分别比 2002 年翻一番和两番（长岛县海洋与渔业局，2010）。

浙江舟山渔场是我国最大的渔场，也是全国最大的河口性产卵场，渔场总面积约 10 万平方千米，年捕获量在 100 万吨以上。近岸有鱼类 328 种，虾类 60 种，蟹类 15 种，具有经济价值的品种有 100 多种（楼东等，2005）。

3. 海岛工业

在长期的历史发展中，海岛由于受自然、资源、经济及技术等条件的制约，绝大多数中小型海岛经济以渔业为主，辅以少量的种植业。只有少数面积较大，自然条件优越，人口在万人以上的海岛才有相应的海岛工业，主要是水产品加工业、渔具制造业、渔船修造业等。改革开放以来，我国海岛县（市）的经济结构也在逐步转变，由传统的渔业经济为主转向以工业和服务业为主的结构。进入

21 世纪以来，海岛第二产业发展加快，成为海岛经济的主要增长源，至 2003 年超过第三产业成为海岛产业结构的主导（图 7-2）。同时，海岛工业的结构也在发生改变，从传统的水产品加工业、渔具业、渔船修造业等发展为现代的海洋精细化工业、海洋生物资源加工利用业、海洋石油石化、海水综合利用等多种行业并存的多元化海岛工业。

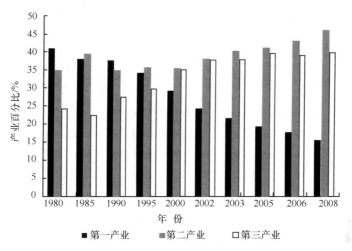

图 7-2　我国海岛区县产业结构总体变化趋势

2009 年，为了应对全球金融危机和振兴行业经济，国家提出将石化、钢铁、造船、火电、核电等多个重点行业逐步向沿海集聚和转移。其中很大一部分就落到了海岛上，如首都钢铁厂搬迁到河北曹妃甸，上海的造船工业搬迁到崇明岛、长兴岛。浙江省舟山市造船工业飞速发展，日本七大修船企业已在秀山岛开发大型船坞，今后作为"船舶修船业基地"为上海、宁波、舟山等港口服务。2008 年 2 月，我国第一座海岛核电站于福建宁德开始动工修建，已于 2012 年投产。

海岛的风能发电也是目前海岛工业开发的方向之一。我国海岛的风力资源丰富，大多数海岛平均风速在 5 米/秒，年平均有效风速时数在 6000 小时以上。我国的辽宁长兴、浙江嵊泗和大陈、福建海坛、广东南澳和横琴、山东长岛、上海崇明等岛上都兴建了大型风电场。其中，南澳岛风电工业已成为南澳县三大支柱产业之一，是亚洲第一大海岛风力电场，2009 年风力发电占全县电力生产的99.7%（张耀光，2011）。

4. 海岛旅游

海岛地区具备丰富的自然资源和人文资源，发展旅游业具有得天独厚的优势。自 20 世纪 70 年代中期，一些海岛得到大规模开发，海南岛、普陀岛等一些岛屿成为著名的旅游胜地。近几年，海岛旅游业作为海岛经济的重要组成部分，发展十分迅速，建立了多个国家级的旅游景点（表 7-3），海岛地区接待游客人数每年以高达 20% ~ 30% 的速度递增，海岛旅游已成为许多海岛县的支柱产业。据统计，各海岛县的旅游收入和接待游客的总人数 2001 ~ 2010 年呈现不断上涨的趋势，其中 2008 年 12 个海岛县旅游总收入为 145.05 亿元，接待游客总人数为 2424.48 万人，旅游收入占 GDP 的比重为 13.68% 。尤其是普陀和南澳县的旅游收入甚至分别达到了占 GDP 的 44.4% 和 27.8% （表 7-4）。

表 7-3　我国 12 个海岛县旅游开发特色

沿海省（直辖市）	海岛县	旅游开发特色
辽宁大连	长海县	国家级海岛森林公园、国家级海钓基地
山东烟台	长岛县	国家重点风景名胜区、"海上仙山"、"蓬莱仙岛"
上海	崇明县	东平国家森林公园、东滩湿地公园
浙江舟山	普陀区	国家海岛森林公园 "朱家尖"
	嵊泗县	国家级列岛风景名胜区
	岱山县	省级风景名胜区
	定海区	浙江省首批历史文化名城
浙江台州	玉环县	大鹿岛风景区、三门湾蛇蟠岛风景区
浙江温州	洞头县	百岛县，集绝壁奇礁、海上运动、渔乡风情于一体
福建福州	平潭县	海坛国家重点风景名胜区
福建漳州	东山县	风动石、南门湾、东山屿、马銮湾、宫前湾等景区
广东汕头	南澳县	青澳湾、宋井风景区、海上渔村、黄花山林场

表 7-4　中国海岛县 2008 年旅游业发展情况

海岛县	GDP/亿元	旅游收入/亿元	接待游客人数/万人	旅游收入占 GDP 的比重/%
长海	34.63	3.6	81.4	10.4
长岛	34.96	6.9	150	19.7
崇明	137.7	2.8	113	2
嵊泗	55.86	8.82	135.05	15.7
岱山	84.19	8.38	130.25	10
普陀	152.3	67.65	990.78	44.4
定海	197.83	16.81	260.4	8.5
玉环	221.73	16.41	203.95	7.4
洞头	30.41	6.41	160.15	21.08
平潭	52.56	1	20	1.9
东山	51.1	4.27	118	8.4
南澳	7.12	1.98	61.5	27.8
合计	1 060.39	145.03	2 424.48	13.68

在海岛旅游业的开发中，海岛兴建了大量的旅游及配套设施，包括宾馆、停车场、交通集散中心、服务中心、旅游景点建设等，如到 2008 年年末舟山普陀区已建有星级宾馆 26 家，嵊泗县建有星级宾馆 6 家。温州洞头县 2010 年度启动了 57 个服务业重大项目，总投资 312 亿元，主要包括东港奥博休闲中心、洞头国际大酒店、洞头金海岸开元度假村等。其中，东港奥博休闲中心游艇俱乐部已开工建设，将建有水上泊位、陆地干仓、游艇维修仓、度假酒店、配套会馆、船舶驾驶操作培训基地及其他辅助设施等。崇明县于 2010 年实施了旅游功能性项目和配套服务设施"扩容增量"工程，包括西沙湿地二期、明珠湖北入口景区等 22 个项目竣工投用，使全县旅游接待容量扩大一倍。

5. 其他海岛开发工程

由于海洋油气开采的发展及国家石油储备安全的需要，许多海岛发展成为石油储备基地。例如，舟山的岙山岛是我国海岛石油储备基地之一，将在现有 158 万吨储油罐区的东侧再建 50 座总罐容量为 500 万吨的储油工程，并铺设"岙山—册子岛—镇海"原油输送管道工程，管线总长 90 千米，其中海底部分长 44.7 千米。此外在洞头列岛建设了液化石油气中转储运基地，并建有 15 万吨位石化转运码头，30 万吨沥青加工，20 万吨油库及 4 万吨的液体化工库（张耀光，2011）。

五、无居民海岛开发现状

我国的无居民海岛约有 9600 个。众多的无居民海岛是我国领土的重要组成部分，具有重要的社会、经济、政治和军事价值。散布远疆的无居民海岛既是划分我国海洋领土的重要标志，也是我国重要的国防前沿阵地。此外，许多无居民海岛远离大陆，岛上保持原始生态环境，有良好的植被，可供鸟类、蛇类及其他珍稀动物栖息生存，具有优良的科研和旅游价值。有些无居民岛及其邻近海域还蕴藏着丰富的渔业、矿物和油气资源。

由于历史原因，我国对无居民岛屿的认识不足，海岛立法滞后，缺乏全国性的海岛开发与保护的统一规划，无居民海岛长期处于无人监管的局面，造成无居民海岛的开发秩序混乱，利用方式处于盲目随意和简单粗放的状态。急功近利的开发方式对海岛周围资源和环境造成了一定的负面影响，污染和损害海岛生态环境的事件频发，海岛周围海域赤潮增多，部分海岛的资源环境已经遭到破坏。至 2003 年《无居民海岛保护与利用管理规定》出台后，国家才开始实行无居民海岛功能区划和保护与利用规划制度。

据统计，全国目前已经利用的无居民海岛有 1900 多个。其中，特殊用途海岛 1020 个，公共服务用岛 365 个，旅游娱乐用岛 73 个，农林牧渔业用岛 340 个，工业、仓储、交通运输用岛 49 个，可再生能源、城乡建设等其他用岛 80 多个（国家海洋局，2012）。

　　福建厦门市至 2003 年，17 座无人岛中有 13 座得到一定程度开发，主要用于渔业及旅游业开发。其中大兔屿岛为建造海堤和别墅，在岛上劈山取石，破坏了海岛地形地貌及植被；鸡屿和鳄鱼屿的红树林滩地被围垦成为虾、蟹养殖地；同安湾中的鳄鱼屿与大离埔屿周围浅海养殖过密，这些无序开发导致无居民海岛生态破坏加重（黄发明和谢在团，2003）。2004 年，厦门市出台了《厦门市无居民海岛保护与利用管理办法》，并于当年 11 月实施，对无居民海岛的保护与开发加强了管理。随后，厦门市又编制《厦门市无居民海岛保护与利用控制性详细规划》，为宝珠屿、大兔屿、小兔屿、猴屿、土屿、鳄鱼屿和大离埔屿等面积在 2000 平方米以上具有适度利用功能的无居民海岛，编制了详细的控制性规划。

　　广东省有无居民海岛 1387 个，占全省海岛总数的 96.9%。目前，广东无居民海岛开发得还较少，开发以粗放式为主，主要包括海洋渔业、海岛旅游、港口交通运输及临港工业、矿产开采等，大部分海岛仍处于待开发状态。其中惠州市至 2009 年，开发无人岛 11 座，主要用于发展渔业及旅游业。深圳市有无人岛 39 座，至 2009 年，对孖洲岛、大铲岛、小铲岛和内伶仃岛等 4 座岛屿进行了不同程度的开发。孖洲岛被开发为造船基地。大铲岛用于开发港口和临港工业，并修建了前湾燃气电厂。小铲岛被纳入西部港区发展蓝图且被定位为危险品储存基地。目前有关方面正在规划大铲岛和小铲岛连岛方案，计划建设港区发展临海工业。内伶仃岛则由于自然条件优越和伶仃洋水产资源丰富，早已成为渔民的开发聚居点。1988 年内伶仃岛被列为国家级自然保护区，与福田红树林统称为"内伶仃岛-福田自然保护区"。1988 年，国务院批准在岛的东南海域设置海洋倾废区，导致周围海域水深明显变浅（罗艳等，2009）

　　浙江舟山市共有岛屿 1390 个，是我国唯一以群岛组成的地级市。其中无人岛 1292 个，总面积 64.7 平方千米。20 世纪 80 年代以来，由于经济社会发展战略的调整，为促进渔民转产转业，舟山市政府开始实施"大岛建，小岛迁"的发展战略，将 57 个住人小岛的居民陆续向大岛迁移，占全部住人岛的 55.34%。目前已有 16 个岛成为了"无人岛"。2008 年 9 月舟山市政府对无人岛重新进行了功能分类。分类后，仅有 300 多个无人岛符合开发条件，其余的均属于保护类和保留类海岛。2005 年舟山市的无人岛只有 38 个已被开发，利用类型主要有：海水养殖、农业种植；放养山羊、土鸡及野生动物；修造船；水产养殖科研基地；油气等危险品仓储、垃圾填埋及堆放基地；旅游观光、休闲度假；礼佛和儒家文化场地；石料开采等。除后门山（已更名"情人岛"）、洛伽山等个别岛屿外，大多局限于粗放开发，单纯利用，层次不高，手段落后，效益低下。开发的盲目性较大，有的甚至破坏了自然环境和海洋资源（黄旭，2005）。

　　广西共有岛屿 624 座，其中无人居住岛屿 616 座，很多无人岛已进行了开发，主要用于旅游、围海养殖及农林种植等（李承亮，2009）。

2011 年 4 月 12 日，国家海洋局集中公布了我国第一批开发利用无居民海岛名录，名录涉及沿海 8 个省（自治区），共计 176 个无居民海岛（图 7-3）。其中辽宁 11 个，山东 5 个、江苏 2 个、浙江 31 个、福建 50 个、广东 60 个、广西 11 个、海南 6 个。海岛开发主导用途涉及旅游娱乐、交通运输、工业、仓储、渔业、农林牧业、可再生能源、城乡建设、公共服务等多个领域。有使用需求的单位和个人可提出用岛申请，并按照政府编制的海岛保护和利用规划，对拟开发的海岛编制详细的开发利用具体方案，经专家论证并经政府部门批准后方可取得最高 50 年的无居民海岛使用权。无居民海岛的开发采取有偿使用制度，而企业和个人缴纳使用金的多少将参照其开发活动对生态的影响来确定，从而保障海岛生态环境在开发利用中得到保护。

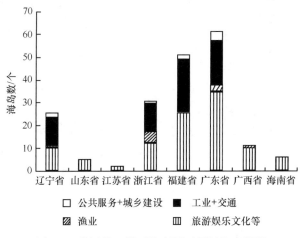

图 7-3　我国第一批开发利用无居民海岛情况

六、人工岛开发现状

随着沿海地区人口不断集聚和城市化、工业化进程的加快，沿海地区通过围填海工程向大海要地的开发利用不断升温。2008 年国家海洋局公布《关于改进围填海造地工程平面设计的若干意见》，要求转变围填海造地的设计理念，改进围填海工程的平面设计方式，由海岸向海延伸式转变为多突堤式和人工岛式。近年来，海上人工岛作为海域空间资源开发利用的用海类型，正在被油气开采、交通运输和旅游等行业广泛采用。2007 年国家海洋局公布《关于加强海上人工岛建设用海管理的意见》，提出严格控制人工岛建设的数量和密度，从严限制人工岛建设的用海范围和位置，强化对人工岛用海方案的审查，实施对人工岛建设和使用的全过程管理，加强对油气开采人工岛的废弃管理等。

2008 年竣工的江苏南通的洋口港人工岛是中国首座海外人工岛（图 7-4）。建成的人工岛面积为 1.44 平方千米，高度为海拔+10 米，将建成为长江口北翼大型石化和能源工业港（朱承志，2008）。

图 7-4　建设中的洋口港人工岛

资料来源：朱承志，2008

全国首个"生态型人工岛"——漳州双鱼岛于 2010 年 2 月 5 日动工，这是国务院批准的首例经营性用海项目，也是国务院审批通过的第一个离岸式人工岛项目，将建成我国第一个人工制造的娱乐、休闲、生态型的度假岛屿。人工岛规划面积 2.2 平方千米，造岛工程预计投资约 30 亿元人民币，工期为 3 年。

2009 年 4 月 19 日，胡锦涛总书记视察山东时提出："要大力发展海洋经济，科学开发海洋资源，培育海洋优势产业，打造山东半岛蓝色经济区。"2009 年 8 月，山东省制定了《山东半岛蓝色经济区集中集约用海专项规划（2009—2020 年）》并上报国家海洋局，拟在山东沿海建设"九大十小"集中集约用海区。规划到 2020 年，"九大十小"集中集约用海区规划海陆总面积约 1500 平方千米，包括近岸陆地 800 平方千米，集中集约用海 700 平方千米。其中，龙口湾临港高端制造业聚集区一期（龙口部分）区域建设用海规划于 2010 年 5 月获国家海洋局批复。

"集中集约用海"是将传统的分散用海方式转变为在适宜海域实行集中连片适度规模开发，并改变传统的粗放用海方式，拓展离岸人工岛群空间架构，提高单位岸线和用海面积的投资强度，从而占用最少的岸线和海域，实现最大的经济效果。2010 年 5 月获批的烟台龙口人工岛群，批准用海面积 44.29 平方千米，其中填海面积 35.23 平方千米，是我国批准建设的最大海上人工岛群。此次工程将建成 7 个岛,整体造型酷似"锦鲤",7 个岛依次构成了"鱼嘴"、"鱼眼"、"鱼身"等部位,7 岛之间采用跨海铁路桥或公路桥的方式相连接。该项目于 2011 年 1 月开工,预计到 2014 年完成填海造岛,到 2020 年前后完成产业布局。这个人工岛群规划布局了高端产业新区、度假旅游新区、总部基地新区、绿色生态新区、低碳经济新区、创新城市新区等"六个新区",设计了 10 万 ~ 15 万吨的深水港区和通港铁路,作为整个临港高端产业聚集区的物流平台,并规划了 10 平方千米作为陆地配套区,将形成容纳 10 万人就业、30 万人居住的"海上城市"(刘彦鹏等,2010)。

受特定的潮流环境影响,江苏沿海中部形成了约 25 000 平方千米的呈辐射状的海底沙丘群,造就了世界上规模最大的辐射沙脊群——南黄海辐射沙脊群。江苏计划对南黄海辐射沙脊群进行综合利用,一方面增加土地面积,另一方面解决江苏缺乏大型优良海港的发展瓶颈。规划在位于江苏盐城大丰和东台的两处名为"东沙"和"高泥"的沙洲,建立两个面积约为 1000 平方千米的超大型人工岛。该项目拟于 2020 年建成,目前正在进行前期的论证工作。

正在兴建的"港珠澳大桥"工程包括 4 座人工岛(香港口岸、珠澳口岸及海底隧道东、西出入口人工岛)的修建。珠海拱北湾南侧的珠澳口岸人工岛采用砂、泥、土三种材料作为回填料。人工岛地面标高为 5 米,填海后经地基处理加固后交工面标高为 4.5 米,能防御珠江口 300 年一遇的洪潮。香港国际机场东面则兴建一座面积约 1.30 平方千米的人工岛,作为港珠澳大桥的口岸。目前,海岛隧道的东、西人工岛主体工程均已宣布完工。

1998 年 7 月建成的香港的赤腊角国际机场就位于大屿山以北的人工岛上,面积为 12.5 平方千米。人工岛包括原赤腊角岛、榄洲及填海所得土地。香港还计划用每年产生的 750 万吨建筑废料在长洲以南修建一个由废料建成的人工小岛,面积约 7 平方千米。但该方案遭到了环保团体和民众的反对。他们认为兴建人工岛挖掘淤泥等工序会造成泥沙淤积,影响海产数量,严重打击渔业,还会使航道收窄,影响航海安全等。

人工岛已成为目前沿海地区填海造地的新发展方向,其建设、开发与保护是目前海岛管理的新内容。人工岛建设与开发将会给海洋生态环境造成何种影响,有待于密切观察和研究。

第二节 我国海岛开发工程对生态环境的影响

海岛是"集陆地、湿地和海洋生态系统特征于一体,与大陆隔离,周围存在岛屿效应,生物多样性丰富,生物区系独特"的特殊生态系统(石洪华等,2009)。与陆地相比,海岛的地理环境独特,面积狭小,生态环境较为封闭,生态结构较为单一,生物多样性程度较低,适应性差,环境容量较小,因此海岛的生态系统十分脆弱，容易遭受破坏，而且破坏后很难恢复，耗资巨大。据估计完成我国海岛整治修复的资金缺口大概要数百亿到近千亿元（梁嘉琳，2012）。

一、《海岛保护法》实施以前，海岛开发对生态环境的影响

在《海岛保护法》实施以前，我国缺乏统一的海岛开发与保护规划，进行开发的单位和个人海岛意识不强，海岛开发比较随意盲目，给生态环境造成了较大破坏。填海连陆及炸岛炸礁使许多海岛人为消失，海岛的脆弱生态环境受损严重，岸线蚀退，植被退化，水土流失，海洋生物多样性丧失，海岛沿岸水体污染问题突出。无序开发活动已在很大程度上破坏了海岛生态系统结构的稳定性和生态服务功能的可持续性，对海岛地区生态安全构成了严重的威胁，并在一定程度上制约了海岛经济的发展，进而影响到整个海岛地区社会的稳定。

（一）填海围垦及炸岛炸礁，致使大量海岛人为消失

《海岛保护法》实施之前，许多岛屿开发处于原始和粗放型状态，炸岛炸礁、填海连岛等严重破坏海岛的事件时有发生，致使海岛数量不断减少。"908"专项调查数据显示我国海岛消失数量达806个。与20世纪90年代相比，浙江省海岛数量减少了217个，减少数量占原海岛总数的7%；辽宁减少48个，减少了18%；河北减少60个，减少了46%；福建减少83个，减少了22%；广东减少300多个，减少了21%（张娜，2011）。

部分海岛的消失是由于海岸带侵蚀或泥沙淤积与大陆岸线连接等自然因素，但更主要的还是人为因素。造成海岛人为消失的原因主要包括以下几个方面。

（1）填海围垦使岛礁与陆地相连。20世纪50~60年代，我国沿海地区掀起围海造田热潮，80年代后期又兴起围海养殖热潮。一些离岸较近的海岛，被大规模围填后与大陆相连，导致海岛四周不再环水，造成海岛的消失（或称注销）。据统计，海南岛近岸海域原有231个海岛，后因修建围垦工程、新建堤岸、护岸填海等，导致不少海岛与陆地直接相连而消失。目前海南岛近岸海域仅有180个小岛，消失的海岛约占原来海岛总数的22%。青岛的白马岛、燕儿岛、赶岛、堵门子石等无居民海岛也因围垦与陆地相连，失去了海岛特征（王小波，2010）。

（2）炸岛炸礁等使岛屿被淹，如山东海阳县的泥岛、福建泉州湾白屿岛、厦门镜台屿等。泥岛位于山东海阳县大山所虎角山东南马河港口门西南侧，面积约5000平方米。20世纪末期，当地人因在虎角山附近修建渔港和码头需要石料，于是炸岛取石，目前泥岛在高潮期全部被淹，已不属于海岛。福建白屿岛和厦门镜台屿也是由于人为炸岛、非法采石，造成了海岛在高潮期被淹消失。

（二）海岛开发粗放，严重破坏脆弱的海岛生态环境

随着沿海人口的不断增加和海洋开发强度的加大，海岛也面临着巨大的开发

压力。《海岛保护法》实施以前，由于缺乏统一的海岛开发与保护规划，盲目开发利用使海岛生态环境受到破坏。许多有居民海岛加速发展的城镇化、工业化进程占据了大面积的海岛土地，加大了对海岛环境的污染和破坏，使得海岛植被被毁，地表水土流失加剧，裸岩石砾地面增加，岛上的珍贵动植物资源，环岛海域的鱼、虾、贝、藻和蟹等水产资源，有的已处于濒危和形不成生产能力。无居民岛屿的开发则更为混乱，炸岛、炸礁、滥采、滥挖海岛资源，使得海岛资源被非科学、非合理地甚至是被灭绝性地利用，海岛生态环境遭受巨大损害。

1. 对红树林的影响

在海南岛、广西、广东和福建等省的沿海岛屿中分布着大量珍贵的红树林。但由于海岛的红树林是一个相对封闭的无人管理区，毁坏的速度和面积比沿岸红树林的破坏更加迅速，造成了海岛红树林的严重退化。例如，厦门鸡屿和鳄鱼屿的红树林滩地被围垦成为虾、蟹养殖地；1998 年，广东惠州市盐洲岛白沙村附近的红树林在遭受人为破坏仅剩余 6.67 公顷后，该地区才被定为红树林保护区（王小波，2010）。在海南岛文昌、澄迈、儋州、临高、万宁等市（县），由于海岛渔民砍伐红树林当柴烧，采集红树林果实喂牲口，砍伐红树林架设渔网、渔具，挖捕贝类等原因，岛屿红树林破坏尤为突出（欧阳统等，1999）。

2. 对珊瑚礁的影响

中国是世界重要珊瑚礁国家之一。珊瑚礁主要分布在台湾岛和海南岛的沿岸，以及南海诸岛的 128 个以环礁为主要类型的礁区，总面积约 3 万平方千米（张乔民等，2006）。受到人为影响，海岛珊瑚礁遭受的破坏非常严重。主要表现在以下几个方面。

（1）受采挖、炸鱼、船只抛锚、潜水等物理破坏。炸鱼等破坏性捕鱼方式一次就毁掉直径 3~5 米、面积十余平方米的珊瑚礁。炸鱼后混浊的水质能使珊瑚虫窒息而死，并且影响珊瑚虫共生藻的光合作用及珊瑚虫食源微生物的生长。这种情况在西、中、南沙群岛周围海域十分普遍，尤以永兴岛、东岛、筐仔岛、珊瑚岛、晋卿岛等地比较严重。专家估计一个直径几米的珊瑚礁破坏后要恢复原貌需几十年甚至上百年（李颖虹等，2004）。而掠夺性开采也造成珊瑚礁资源的大量破坏，如西瑁洲岛的居民对沿岸周围珊瑚礁进行掠夺性挖掘，一是用于盖房、铺路，二是制作珊瑚工艺品出售，三是烧制石灰，制作石块棺木（欧阳统等，1999）。

（2）水质污染导致珊瑚生长环境被破坏。造礁珊瑚对生长环境有严格要求，需要在水质清洁和水流畅通的环境中才能正常生长。但随着海岛养殖业和滨海旅游的兴起，陆地和港口活动输入的泥沙增多，污染物排放加剧，导致水环境恶化。例如，海水水质监测和研究发现，三亚河口和三亚港海水营养盐、重金属和有机物严重超标，呈现被污染的状况。水质污染与沿岸养殖场和餐馆的分布、排污时间及排污量有密切关系，也是造成海南三亚鹿回头的中部和南部岸礁区珊瑚死亡的主要原因（施祺等，2007）。

（3）过度捕捞法螺导致珊瑚礁受损严重。法螺是珊瑚"杀手"长棘海星的天敌，长棘海星不仅会捕食活的珊瑚虫，也会对珊瑚礁进行腐蚀。在海南三亚地区，随着法螺被过度捕捞，长棘海星大肆泛滥。甘泉岛海域的大片珊瑚礁群正是由于长棘海星的暴发，而变成了堆堆白骨（江志坚和黄小平，2010）。

3. 对海岛植被和鸟类的影响

许多海岛有丰富的植被，是多种野生动物和鸟类的栖息地。但受到人类破坏性的开发活动影响，许多海岛的植被急剧衰退，森林覆盖率大大下降，水土流失严重，生态环境恶化，生物资源减少，有些物种已濒临灭绝。例如，海南三亚的西瑁洲岛在 20 世纪 70 年代还有较大面积的原始天然林，绿化面积占全岛的 60%，但乱砍滥伐，树木逐年消失，使该岛水土流失严重，平均每年土壤被蚀深达 0.3~0.4 厘米，大量有机质被带走，土地变得更加贫瘠。西瑁洲岛上原有几百只猕猴，由于树林消失和乱捕滥杀，现已剩下不足 10 只，濒临绝迹。另外，树木的消失也使该岛失去阻挡风暴的防护林体系，每次台风一来就给该岛带来一次灾难。大洲岛原是燕窝的主要产地，但林木被砍伐，植被遭破坏，金丝燕也越来越少（江志坚和黄小平，2010）。

南海西沙群岛是西太平洋重要的鸟类聚集区，鸟类有 60 种之多。在 20 世纪岛屿开发和建设的过程中，西沙群岛岛屿生态环境遭到了严重的破坏和改变，导致许多岛屿海鸟活动绝迹，目前仅在甘泉岛、东岛等少数岛屿还有大量海鸟聚集（赵三平，2006）。

福建海岛由于长期受人类的开发活动和恶劣自然条件的影响，植被遭受严重破坏，急剧衰退，森林覆盖率只有 26%。东山岛东南岸段的森林覆盖率已由原来的 40% 下降到 15%，琅岐岛的森林覆盖率不及 10%。一些海岛树种单一，如湄洲岛树种仅有木麻黄，大练岛仅有黑松和相思树。森林覆盖率的降低，加剧了水土流失，如西洋和嵛山岛林地土壤中，中、强度水土流失的面积分别占各岛屿林地面积的 95.7% 和 83.3%（徐晓群等，2010）。

厦门大兔屿的开发利用项目为了建造海堤和别墅，在岛上劈山取土石，破坏了海岛地形地貌及植被。舟山桥梁山岛、东肯山岛、双连山、北策岛、二洲岛、牛头岛、海狗石礁等因石料开采，山体被挖空，海岛生态景观破坏严重（王小波，2010）。

4. 对海岛渔业资源的影响

海岛潮间带及近岛海域是鱼、虾、蟹、贝等海洋生物生长、肥育和繁殖的优良场所，海洋水产资源丰富。根据全国海岛资源综合调查的结果，海岛周围海域中的游泳生物共记录有鱼类 1126 种、大型无脊椎动物 291 种。然而，自 20 世纪 80 年代以来的围海造地、建港、石油开采等沿海开发活动使潮间带不断萎缩，海域污染严重，大量物种消失。

　　例如，1986 年于辽宁庄河蛤蜊岛修建的大堤改变了海岛周围水动力环境，泥沙淤积，贝类生境遭到破坏（王小波，2010）。文昌鱼是珍稀名贵的海洋野生头索动物，列为中国二类重点保护对象，我国仅产于厦门、青岛和烟台沿海。厦门市文昌鱼保护区受沿岸筑堤围堰、海岸工程、海区采砂、排污排废及水产养殖等的影响，区内沉积物颗粒变细，使文昌鱼分布区面积缩小、文昌鱼数量减少（徐晓群等，2010）。山东长岛是有名的"中国海带、扇贝、鲍鱼之乡"。船舶含油废水和周边地区石油开采污染等也对长岛海洋生物多样性构成了威胁。据调查，1992 年长岛县大黑山岛西部由油业等污染造成大面积扇贝死亡，损失达 3000 多万元（周红英等，1998）。

　　因为资源过度开采，南沙和西沙海域的生物多样性也受到严重威胁。南沙群岛常可见到开采后成堆的砗磲空壳，一些稀有种类，如唐冠螺、法螺等已消失不见，虎斑宝贝、蜘蛛螺、水字螺等已濒临绝迹。西沙群岛各岛屿的潮间带为珊瑚礁盘，是各种贝类的天然摇篮。据渔民反映 20 世纪 60～70 年代每个岛退潮后都能拾到各种贝类，其中贝类的"皇后"——美丽的虎斑宝贝（国家二级保护动物）就有 10 多个品种。目前有 40% 的贝类已经很难找到了，虎斑宝贝更是十分稀少（江志坚和黄小平，2010）。

（三）海岛开发排污入海，沿岸水体污染严重

　　随着海岛的工业、养殖业及旅游业的开发，对岛陆及其周围海域环境也造成了严重的污染。工业废水和居民及游客生活污水的排放、石油开采及船舶泄漏的油污、生活垃圾及兴建旅游设施等产生的建筑垃圾，以及海水养殖业的发展，使海岛周围海域水体污染逐渐加重，同时港口建设及围填海等又导致海域环境容量减少，进一步导致海岛邻近水体污染加剧（孙元敏等，2010）。据调查，由于公共设施落后，我国乡镇级有居民海岛仅 3 个有污水处理设备，其余海岛只能采取污水直接排海的处理方式，多数海岛垃圾处理仍然采取原始的填埋方式，少数海岛的工业废水也向海水直排，造成海岛及其周边海域重金属污染严重，鱼虾大量死亡，海水恶臭，大气能见度低（梁嘉琳，2012）。随着近海养殖产业规模的不断扩大，1985～2000 年海水网箱数增加了 10.4 倍。养殖过程中产生的残饵、粪便和代谢废物也给海岛和周围海域的环境造成了污染（徐晓群等，2010）。

　　在南亚热带海岛，如紫泥岛、内伶仃岛、桂山岛、厦门岛和特呈岛等海域，近 20 年来富营养化水平总体呈上升趋势，其主要原因是流域污染、城市污水和

海水养殖污染（孙元敏等，2010a）。广东省南澳岛因违规占海作为垃圾填埋场超过3公顷，而且绝大部分没有任何防渗漏措施，海面上到处漂浮白色垃圾、玻璃瓶等。同时，大量生活污水直排入海，海水养殖规模不断扩大，旅游业的迅猛发展和围海造地工程项目的实施，加剧了近海污染，无机氯超标情况严重（帅红等，2002）。

在海南岛，由于周围海域捕鱼船只较多，而且95%以上的较大型船舶未设有油水分离器，不能对压舱水、机舱水和洗舱水等含油污水进行处理，而直接向海洋排放，对海岛周围水域环境影响很大。特别是西瑁洲、东瑁洲、东屿岛、北港岛、大洲岛，以及小青洲、神岛等有人居住的海岛或对岸设有港口的海岛海面污染较为严重（江志坚和黄小平，2010）。西沙群岛海岛近岸海域的主要污染来自于渔船和运输船舶排放的含油废水和跑冒滴漏的油类（杨文鹤，2000），石油开发钻井时使用润滑剂而引入 Ba、Cr、Pb 等产生的重金属污染，靠近海岸的一些家庭珊瑚加工作坊向海滩排放漂白液，以及生活污水直接向近海排放等（江志坚和黄小平，2010）。

在厦门湾，自20世纪50年代以来，港口建设、围垦筑堤等活动，造成海域纳潮量大幅减少，仅西海域就减少了60%，海洋自净能力大大减弱。温州大门跨海大桥及大、小门岛填海工程也会造成大桥主桥墩的上、下游形成狭长的淤积带（庄小将等，2010）。浙江舟山近年来进行了东港开发区围海工程、六横小郭巨围海工程、钓浪围海工程等大型围海工程的开发。围海造地使海水潮差变小，潮汐的冲刷能力降低，内湾的纳潮量和环境容量降低，海水的自净能力减弱。加上围海造陆的陆地主要用于修造船舶、临港海运业和其他临港工业，各种污染物较多，尤其是各种污水、油污直接排入大海，致使污染物排放入海后不易稀释扩散，舟山海域沿岸内湾水质恶化，无机氮含量严重超标，污染海域面积增大（谢挺等，2009）。

（四）海岛开发利用不当，自然灾害风险加剧

海岛作为人类和海洋之间的缓冲地带，是阻挡台风侵袭陆地的"生态屏障"。海岛地区大规模的开发建设，使得地质灾害日渐突出。很多工程开挖坡脚、采石、爆破等活动改变坡体原始平衡状态，会导致崩塌等自然灾害的突然发生。挖掘后废弃的采石场等未经治理可能导致水土流失加剧，易形成风沙灾害。过度开采地下水也将引起海水倒灌等灾害的发生（韩秋影等，2005）。

有调查观察到，海南琼山县东寨港东堤红树林绝大部分被岛民砍光，失去了抵御台风、阻挡海潮冲击的屏障，导致堤坝被台风带来的海浪冲毁，受灾严重。海岛居民对珊瑚礁进行掠夺式的采挖，主要用于盖房、铺路、制作成工艺品出售等，岛礁受到严重破坏，造成海滩岸线的侵蚀后退，有的甚至挖掘到岛基，直接威胁着岛礁的存在（孙元敏等，2010）。

二、当前海岛开发的潜在生态安全风险

《海岛保护法》于2010年3月1日的实施是我国海岛开发、管理与保护的一道分水岭。《海岛保护法》对有居民海岛和无居民海岛的生态保护进行了严格规定。为了确保《海岛保护法》的贯彻实施，全国各级海洋主管部门相继发布了各级海岛政策法规，编制了地方性海岛保护规划，并开展了海岛执法等工作，对海岛的开发与保护有了较为全面的管理。但由于海岛保护法实施时间较短，海岛保护的宣传、贯彻、执法、管理上仍然还存在诸多问题，海岛开发还存在潜在的生态安全风险。

1. 人工岛建设工程存在潜在生态安全风险

国家海洋局2007年4月发布的《关于加强海上人工岛建设用海管理的意见》指出："建设人工岛、尤其连陆人工岛，会改变周边海域的水动力环境，从而导致海洋生物、海水交换和海底地形地貌等发生改变。一定海域内建设过多过密的人工岛，甚至会对海洋生态环境造成灾难性后果。"

人工岛建设还面临地面沉降风险。例如，美国宇航员在国际空间站拍摄的照片显示，迪拜人工岛群呈现出日益"缩紧"下沉的趋势，互相挤在一起并在逐渐靠近，且整体工程正在缓慢地沉入水中（中国新闻网，2010）。

2. 海岛旅游季节性超出环境容量

海岛旅游季节性突出，旅游旺季时，海岛接纳的游客数量很容易超出海岛自身的环境容量。过多的游客会加剧海岛的污染，干扰海岛特有动物的繁衍、栖息和生存，从而影响海岛的生态环境健康，甚至导致海岛特有资源的逐渐消失。同时，密集的游客还会造成严重的交通、饮食、居住、治安管理等的安全压力，降低应对突发自然灾害的应急响应能力。

3. 偏僻海岛及边远小岛建设重视不足

偏僻海岛是指远离人口集中居住的大岛或远离海上主要交通要道的海岛。偏僻海岛地理位置独特：一方面，具有重要的资源、生态、科研价值；另一方面，在维护国家海洋权益中占有重要战略地位。作为海防前哨、边陲要地，偏僻海岛是国家领土不可分割的一部分，在我国的空防和海防预警体系中发挥着不可替代的作用。但偏僻海岛基础设施建设落后，产业不发达，居民生产生活条件艰苦，致使海岛居民流失严重。自20世纪90年代以来，凡有能力迁移的人口已基本迁移到了大陆或条件相对较好的大岛上，致使偏僻海岛居民大量减少，给我国海洋权益维护造成了潜在威胁（邵桂兰等，2011）。

此外，浙江舟山市由于经济社会发展战略的调整，为促进渔民转产转业，开始实施"大岛建，小岛迁"发展战略，将57个住人小岛的居民陆续向大岛迁移，占全部住人岛的55.34%。青壮年大多进城务工经商、读书就业，另谋生计。但却有相当部分老年人因年老体弱、生活拮据、难以承受和适应城镇的生活及消费，无奈选择了留守或重返小岛生活。至2009年年底，已有16个边远小岛无常住人口，其余41个边远小岛常住人口中绝大部分是生活困难户和老年人。但因各级政府对基础设施建设投入削减，原有公共基础设施破损老化，留守居民在交通、医疗、水电、粮油、文化等方面都得不到保障，生存质量明显下降（张晓鸥，2011）

第三节　我国海岛开发管理中的主要问题

1. 特殊海岛保护不力，国防安全受到威胁

我国长期以来"重陆轻海"的思想严重，特别是在《海岛保护法》实施以前，一方面，对海岛资源的价值认识不足，认为海岛资源是自然形成，在海岛资源的利用和管理中执行的是资源无价和无偿或低价使用的政策；另一方面，对海岛的主权意识不够强，造成了对特殊海岛的保护不力。在20世纪80年代以前，我国在南沙群岛有很多机会可以收复被越南占据的海岛，如北子岛、南子岛等，也有机会通过在永暑礁、美济礁上人工构建机场、种植园，发展风光电力，增强我国守卫南沙群岛的军事后备力量。但一直到1994年《联合国海洋法公约》生效，我国已经错失了在南沙群岛收复领土主权的先机与优势，使得我国的领海安全面临巨大的威胁。目前，我国已经认识到了海岛对于我国海洋领土主权的重要性，正努力通过和平谈判和友好协商，推动与周边海上邻国逐步解决海岛主权争端和海域划界问题。此外，我国公布的77个领海基点中，有50%以上位于无居民海岛上，在《海岛保护法》实施之前大多数尚处于无人管理状态（高战朝，2005）。近年来还发现，一些具有特殊用途的海岛缺乏保护措施，存在安全隐患，部分海岛已遭到严重破坏（杨邦杰和吕彩霞，2009）。

2. 一些涉界海岛权属不清，其开发与保护存在争议

沿海地区涉界海域的海岛，由于历史原因，少部分无人岛，尤其是远离海岸的岛屿和新生的沙洲海岛，在行政管理归属上，省（直辖市）与省之间、市（地级市）与市之间、县（县级市）与县之间存在争议，给海洋开发保护管理和执法造成相当大的困难。若解决不当，轻者不利于对这些争议岛屿的开发与保护，重者可能引发双方的冲突与纠纷。例如，山东省与江苏省之间对"前三岛"（车牛山岛、达山岛、平岛）归属存在争议，甚至于1997年4月26日产生了争

斗和渔业纠纷，爆发了"4·26事件"，还引起了国务院的重视。目前事态虽然平息，但"前三岛"的行政归属仍至今不明。山东省与河北省之间对贝壳堤岛也存在争议。浙江省与福建省对"七星岛"也存在旷日持久的争议。江苏省盐城市和连云港市对开山岛也有争议（王小波，2010）。

3. 无居民海岛开发存在较多问题

我国民间和地方对离大陆近、资源较为丰富的无居民海岛一直有小规模、不定期、无计划的开发利用，但长期处于无人监管的局面，开发秩序混乱。2003年7月1日《无居民海岛保护与利用管理规定》的实施，国家才开始实行无居民海岛功能区划和保护与利用规划制度，沿海地区对无居民海岛的开发进一步加强，同时也涌现出了较多的问题。

（1）开发与保护规划滞后，管理亟待完善。国家于2003年开始实行无居民海岛功能区划和保护与利用规划制度，但许多地区的规划滞后。例如，广东省于2008年启动《广东省海岛保护规划》编制工作，2011年3月才通过审查。《广西壮族自治区海岛保护规划》直至2011年10月才通过评审。规划滞后也影响到管理和执法的范围和力度，并且多头管理现象也制约了无人岛开发与保护的管理。

（2）开发缺乏科学规划，资源利用效率低下。在《中华人民共和国海岛保护法》实施之前，对无人岛屿的开发基本缺乏宏观规划与整体论证，大多局限于单项开发，对资源的综合利用尚处于空白，不同资源存在过度开发或开发不足的问题。

（3）开发随意性大，生态破坏严重。长期以来，由于缺乏监管，海岛保护意识淡薄，对海岛常常进行破坏性使用，擅自炸岛取石、炸鱼毁礁、开山取石的现象屡屡发生，海岛生态环境破坏严重。

（4）基础建设落后，灾害风险较高。大多数无人岛缺乏淡水、电力、燃料、通信，必须依靠岛外经济体系的支持才能维持。这就决定了大多数无人岛低产、高耗、开发风险大。而且台风、海啸等灾害也会对海岛开发产生一定的不利影响。例如，据最近52年的气象资料统计，影响舟山的台风年平均为4.1次，造成不同程度灾害的台风年平均为1.2次。自然灾害会影响无人岛的开发，带来安全隐患。

第四节　国际海岛开发管理经验

由于世界各国对海岛的认定标准不一致，还有的国家从未公布过海岛数量，目前难以确知世界上的海岛总数。据估计，世界上的海岛约有20多万个，总面积达996.35万平方千米，约占全球陆地总面积的1/15（开健辑，2002）。太平洋的海岛最多，面积约为440万平方千米，约占世界岛屿总面积的45%；北冰洋的海岛面积约为 400 万平方千米，约占 41%；大西洋中的海岛面积约为 90 万平方千米，约占 9%；印度洋中的海岛面积约为 40 万平方千米，仅占 5% 左右（王明舜，2009）。

从已统计或估计的情况看，拥有海岛最多的国家是位于太平洋和印度洋之间的印度尼西亚，拥有海岛 1.7 万个左右，其中有大约 6000 个海岛上有人居住。其他海岛数量在 1000 个以上的国家还有挪威、菲律宾、中国、芬兰、英国、古巴、日本、越南、韩国、希腊、马来西亚、马尔代夫等。

随着《联合国海洋法公约》的生效，以及世界范围内人口、资源、环境问题的日渐凸显，世界各国对海洋权益、资源、空间的争夺日趋激烈，各沿海国家纷纷从国家发展战略、海洋立法、海洋管理和海上力量等方面加紧了对海洋的控制，而海岛正是由于特殊的价值地位成为各国开发与争夺的焦点。

一、日本和韩国对海岛的开发与管理

日本是位于亚洲大陆东岸外的太平洋岛国，其领土由北海道、本州、四国、九州四个大岛和 6800 多个小岛组成。日本非常注重海岛的振兴与开发，20 世纪中后期出台了《孤岛振兴法》，要求编制日本孤岛振兴计划，加强基础设施建设和生活环境的保护；还制定了《小笠原诸岛振兴开发特别措施法》和《奄美群岛振兴开发特别措施法》，设立开发许可制度。通过相关立法，迅速采取有力措施，改善诸如小笠原诸岛、奄美群岛的基础条件，消除其落后状态，振兴其经济发展，提高岛民生活水平。在这些特别法及其实行令中，规定了对岛屿交通、电力和通信设施的建设，对港口、林地和农地的治理，对灾害的预防，对居民的教育、保健、医疗和文化等方面福利的保障，并对旅游观光事项的开发等内容，详细规定了对各开发建设项目，国库所负担与补助的比例。虽然法令中也提到对自然环境的保护，但这是出于防止公害事项的考虑，并不作为重点内容加以规定（唐伟等，2009）。2007 年，日本出台了涉及海岛管理的《海洋基本法》和《海洋建筑物安全水域设置法》。《海洋基本法》规定，鉴于孤岛在海洋资源开发利用、海洋环境保护等诸多方面的作用，国家应采取必要措施，建立为海洋资源开发利用服务的设施，保护周边海域自然环境，保障当地居民的生活措施（王小波，2010）。此外，日本还特别重视对其争夺海洋领土具有重要意义的岛礁的开发与建设。例如，日本的冲之鸟礁，20 世纪 80 年代日本政府在这个礁盘上建了人工设施，近几年还派人登上礁盘，在上面设立主权标志，经常派科学家去考察，把这个地区划归日本地方政府管理，命名为 "冲之鸟岛"。计划通过人工措施使其增高扩大，使其最终成为一个岛，然后以此为基线申请 200 海里的经济专属区（王小波，2010）。

拥有 3200 多个岛屿的韩国于 1986 年制定、1999 年修订了《韩国岛屿开发促进法》，要求编制指定岛屿开发计划，改善基础设施建设，保护自然环境。为了加强无人岛屿及其周边海域的生态保护和管理，韩国于 2006 年出台了《无人岛屿保护和管理法》，设立专门机构，即无人岛屿管理委员会，对无人岛屿的保护和利用、开发政策及有关事项进行审议；将无人岛屿划分为绝对保护、准保护、可利用、可开发无人岛屿四种类型。其中，绝对保护和准保护无人岛屿限制从事新建建筑物、取土、采石、毁坏树木、投弃废弃物、毁坏地质、地形和自然遗迹等活动，可开发无人岛屿要求制订开发计划和 10 年无人岛屿综合管理计划，并每隔 10 年进行一次无人岛屿综合性实况调查（王小波，2010）。

二、欧美国家对海岛的管理

美国、澳大利亚和加拿大等国，由于经济比较发达，已不单纯追求海岛经济的发展，对海岛往往采取保护优于开发的模式。常常由政府制定岛屿保护与管理的法律、法规和管理计划，而由政府和民间组织共同努力实施，以保护海岛生态系统免遭破坏，这种模式是典型的保护模式。对于一些具有珍稀动植物品种，生态系统又比较脆弱的岛屿，往往制定了专门的岛屿管理规划。例如，美国德克萨斯州的山姆洛克岛的管理计划和佛罗里达州威顿岛的保护方案、澳大利亚的罗特内斯特岛管理计划和加拿大的艾尔克岛国家公园管理计划等（唐伟等，2009）。

美国注重通过立法加强对海岛的开发与保护工作，有关海岛的法律包含在其海岸带的有关法律中，如《美国 1972 年联邦海岸带管理法》（*Coastal Zone Management Act of* 1972（USA），CZMA）、《美国 1978 年外大陆架土地法修正案》（*Outer Continental Shelf Lands Act Amendments of* 1978）、《美国康涅狄格州海岸带管理条例》（*Connecticut Coastal Management Manual*，1979 年 7 月 1 日实施）等均有海岛的有关条款（唐伟等，2009）。

法国 1989 年 9 月 20 日颁布的《城市化法典》第 89~694 号法令在第四章有关海滨的特殊条款中，规定沿海的沙丘、荒原、海滩、小岛……无人岛屿……因从它们构成海滨自然文化遗产的优秀景点或具有特色的景点之时起就对维持生态平衡体现出必不可少的生态价值，必须受到保护（唐伟等，2009）。

三、马尔代夫海岛开发模式

马尔代夫是坐落在印度洋上的群岛国家，由 26 组自然环礁、1190 个珊瑚岛组成，其中有 199 个岛屿有人居住，有 991 个荒岛，以海岛旅游闻名于世。旅游业、船运业和渔业是马尔代夫经济的三大支柱，工业仅有小型船舶修造厂、海鱼和水果加工、编织、服装加工等工业。近年来经济一直保持 8% 左右的平稳增长。2003 年，全国 GDP 为 6.44 亿美元，人均 GDP 约 2260 美元。近年来，旅游业已超过渔业，成为马尔代夫第一大经济支柱产业，旅游收入对马尔代夫 GDP 的贡献率多年保持在 30% 左右（邢晓军，2005）。

马尔代夫海岛旅游业的成功，首先得益于其有完善的发展规划。马尔代夫在海岛开发过程中特别重视海岛规划，政府进行规划设计时充分考虑单一岛屿的整体性及与其他海岛的关联性，以规划指导开发，使得各岛风格鲜明，互相映衬而不雷同。

马尔代夫的海岛旅游开发推行"四个一"模式，即一座海岛及周边海域只允许一个投资开发公司租赁使用；一座海岛只建设一个酒店或度假村；一座海岛突出一种建筑风格和文化内涵；一座海岛配套一系列功能齐备的休闲娱乐及后勤服务等设施，如天然的海水浴场、迷人的海底世界及令人享受的海上乐园等，致力于营造悠闲的度假胜地来吸引海外游客。

马尔代夫对海岛开发实行严格的审查和批准制度，海岛上所有建筑都必须经旅游部门批准才能建设。为控制环境容量和保护海岛生态环境，马尔代夫海岛开发采用"三低一高"的原则，即低层建筑、低密度开发、低容量利用、高绿化率。另外，马尔代夫政府还为每一个度假岛屿制定了严格的环境控制措施，如严格控制树木砍伐，要有适当的废物处理系统，禁止游客到海上、珊瑚礁和海滩上采集珊瑚、贝壳甚至岩石，禁止游客用鱼叉或枪支捕鱼，游客不能在岛上喧哗、吵闹，切勿随地扔垃圾等。

四、太平洋岛屿国家的开发与管理

在太平洋中分布着 22 个岛屿国家，其土地覆盖面积仅有 55 万平方千米。不同岛屿国家之间的土地面积相差很大，最大的岛国是位于南太平洋的巴布亚新几内亚，面积稍大于日本。而其他绝大多数国家都非常小。瑙鲁、皮特克恩、托克劳等的面积甚至不超过 27 平方千米（Koshy et al. , 2008）。

面对全球气候变化和经济、政治和社会的快速发展，太平洋岛国正处于一个十字路口——既要追求社会经济的增长，同时又希望保留当地的传统文化。对于这些海岛型国家而言，海岛的生态安全尤为重要。海岛是他们生存和发展的所有基础，维护海岛安全就是维护国家安全。由于这些岛国的海陆比值非常高（如基里巴斯的海域面积为 355 万平方千米，超过其土地面积的 5000 倍），其发展严重依赖海岸带和海洋资源。

传统农业仍然是太平洋国家生存和取得收入的主要来源。旅游业是许多海岛的经济支柱。然而，绝大多数海岛没有足够的资源来维持季节性膨胀的人口。季节性密集人口和由此带来的社会经济因素对海岛形成了巨大的冲击。渔业是太平洋岛屿中增长最快的经济行业，拥有得天独厚的渔业资源，供应着全球超过一半的金枪鱼。但近年来由于过度捕捞、农药使用及工业活动，太平洋的渔业资源也在快速衰退。此外，关键湿地生境，包括珊瑚礁、红树林、海草床等生态系统中的食物链很容易受到人类生活的影响，浮游植物生产力降低，鱼类的食物来源受限，从而影响渔业生产力。巴布亚新几内亚、斐济和瓦努阿图等多个国家已经报告了几种鱼类的数量自从 20 世纪 90 年代初以来不断下降。

为了实现其可持续发展，南太平洋地区于 1982 年召开了人类环境大会，于 1995 年设立了太平洋区域环境计划秘书处。太平洋岛国在其有限的手段和资源条件下，采取了相应的步骤去构建政策框架和措施，并通过签署全球和区域性的多边环境协定，促使其加强对海岛的保护。例如，大多数独立国都签署了联合国海洋法公约（United Nations Convention on the Law of the Sea，UNCLOS）、联合国气候变化框架公约（UN Framework Convention on Climate Change，UNFCCC）、生物多样性公约（Convention on Biological Diversity，CBD）、京都协议书（Kyoto Protocol）及巴巴多斯行动纲领（Barbados Programme of Action，1994）等。

在具体方法上，为了提高海岛的供水能力，太平洋国家致力于加强水资源管理，实现高效储水及水资源的合理分配，并加强了水资源回收利用及海水淡化的应用。在渔业资源保护上，主要采用传统的保护措施。造成太平洋地区金枪鱼资源衰退的主要原因是来自其他国家渔船的盗捕行为。据统计，在平均约 1000 艘在西太平洋从事金枪鱼捕捞的渔船中，只有不到 100 艘是当地的渔船。因此，太平洋国家正在与相关的国家就整个区域金枪鱼的渔业保护问题进行谈判。在海洋生态系统的保护上，一些太平洋国家采取"授权于民"的方法，允许居民收回他们对当地海域的法律控制权，使他们能运用传统知识、习惯及法律等来保护渔业资源和生物多样性（Koshy et al.，2008）。

第五节　对策与建议

一、实施海岛分类管理，加强海岛开发生态安全论证

海岛具有不同的地理位置、自然环境、生态特征及资源特色，在开发利用中不能采用统一模式搞"一刀切"，而应根据其自身的特点，进行分类，实施海岛分类分级管理。

依据其地理位置、生态环境特点及其开发利用现状，可将海岛分为严格保护、适度开发和保护开发三大类型。

1. 严格保护

因地理位置、生态系统具有特殊重要意义，或者因以往粗放型开发业已造成生态环境严重受损的海岛，应予以严格保护，加强有利于环境的建设，限制经济开发利用活动。

（1）自然生态类型：包括国家级自然保护区、海洋特别保护区，以及国家级、省级风景名胜区的核心区及缓冲区内的海岛。该类型岛屿可适当发展生态旅游业。

（2）国防军事类型：包括领海基点岛屿及具有特殊军事用途的岛屿。应开展我国领海基点海岛的专项调查，建立领海基点国家档案，开展领海基点的日常性监督管理。严禁在岛上从事一切破坏活动，对受到破坏的领海基点标志及保护范围内的地形地貌，应当及时修复，保证我国海洋主权权益不受损害。

（3）公益公共类型：包括科研用途海岛及建有各种测量标志、观测台站、验潮站及导航设施的海岛。对特殊科研用区和监测导航设施区域，要特别进行保护。

（4）资源匮乏类型：对粗放型开发方式造成海岛生态环境受损严重的岛屿，应停止开发，加强生态恢复。

2. 适度开发

部分偏远的海岛，至今未有任何开发利用活动的，可归入适度开发类。部分近岸的海岛已有开发利用活动，尚未对海岛生态造成恶劣影响的，也可归入适度开发类。对于该类海岛，应在进一步开发前做好详细的开发与保护规划，加强海岛开发生态安全论证。海洋行政管理部门应加强监督检查，及时采取措施，严防出现过度开发利用的后果。

3. 保护开发

部分离岸较近、交通便利的海岛由于开发利用较早，目前多已开发过度，对周围环境和生态造成严重影响和破坏，这些海岛可归入保护利用类。对于该类海岛，应当采取"先保护后利用"的原则，制订生态环境保护与修复规划，采取措施进行整治，并定期监督检查，以期海岛生态和周围海域环境得以恢复。

二、加强海岛开发研究，制定相应的标准与管理措施

我国海岛开发工作起步较晚，相应的研究还很薄弱。应该针对海岛开发的生态安全管理进行立项研究，吸取国内外海岛开发中有关生态安全管理的经验与教训，为制定海岛开发相应的标准与管理措施奠定基础。同时，还应加强海洋矿产资源探测与开发技术、海水淡化利用技术、海洋可再生能源技术、海岛清洁生产技术、海岛重大自然灾害监测预警技术、海岛动态监视监测技术、海岛生态功能修复技术等的研究与开发，为海岛可持续发展提供科学技术支撑。

海岛地区应立足海岛的资源环境特色，科学规划并发展海岛生态型渔业、旅游业等特色产业，在海岛工业中推行循环经济和清洁生产，实行海岛生态环境综

合治理。可以考虑建立一批海岛可持续开发示范区，采取以点带面，以局部推动全局的治理模式，带动我国海岛的特色开发与保护，增强可持续发展能力，为实现海岛的生态、环境、经济、社会的全面提升及和谐发展发挥示范作用。

三、增加海岛资金投入，加强海岛基础建设

国家应加强海岛基础设施建设，提高中央财政性建设资金用于海岛的比例，逐步加大对海岛交通、淡水、能源、通信等基础设施的投入，全面改善海岛投资环境。同时调整产业布局，充分依靠周边发达经济区域，带动海岛地区发展。逐步扩大海岛对外开放力度，推进市场资金向海岛流动。对于无居民海岛的开发，应对有利于海岛生态建设的项目予以政策扶持和一定的财政补贴。特别对于具有重要国防和军事意义的海岛，更应加大建设力度，增强我国海上防卫的后备力量。

四、加强海岛监管执法，建立生态安全监测预警系统

应加大海岛巡航执法检查力度，建立健全海岛定期巡航制度，利用卫星遥感、航空遥感、地面监视监测等手段，结合定期海岛调查工作，对我国海岛生态环境实行全覆盖、高精度的监视监测，严厉打击破坏海岛生态环境的行为，加强对海岛生态环境的保护力度。建立地理信息管理系统及风暴潮、海岛陆地与海域生态环境的监测预警与应急响应系统，保障海岛开发的社会生产与生态安全。

主要参考文献

《全国海岛资源综合调查报告》编写组.1996.全国海岛资源综合调查报告.北京：海洋出版社.

长岛县海洋与渔业局，2010.长岛县100万亩生态养殖基地情况简介.http：//hyyyj.changdao.yantai. gov.cn/content/gzdt/index_ show.jsp？id=2311 ［2012-07-09］.

陈彬，俞炜炜.2006.海岛生态综合评价方法探讨.台湾海峡，(4)：566-571.

樊丽欣.2009.港珠澳大桥昨日开建.http：//www.hbqnb.com/news/html/hqchinanewssimple/2009/1216/ 091216726377385215219.html ［2013-06-25］.

冯天驷.1999.我国海洋资源及其管理对策.中国地质矿产经济.(3)：21-25.

高战朝.2005.领海基点岛屿管理概况.海洋信息，(2)：27-28.

国家海洋局.2012.全国海岛保护规划.http：//www.chinanews.com/gn/2012/04-19/3832043.shtml ［2013- 06-25］.

韩秋影，黄小平，施平.2005.我国海岛开发存在的问题及对策研究.湛江海洋大学学报，25 (5)： 7-10.

黄发明，谢在团.2003.厦门市无居民海岛开发利用现状与管理保护对策.台湾海峡，(4)：531-536.

黄旭.2005.对舟山市无居民海岛保护与利用的调查和建议.海洋信息，(1)：19-20.

江志坚，黄小平.2010.我国热带海岛开发利用存在的生态环境问题及其对策研究.海洋环境科学，

29（3）：432-435.

开健辑.2002. 天上星星有几多, 世上岛屿知几何. 海洋世界,（6）：48.

李承亮.2009. 广西海岛保护与开发利用管理措施探讨. 南方国土资源, 4：35-36.

李颖虹, 黄小平, 岳维忠.2004. 西沙永兴岛环境质量状况及管理对策. 海洋环境科学, 23（1）：50-53.

梁嘉琳.2012. 我国海岛生态告急. 港口经济,（3）：24.

刘彦鹏, 王彤, 张杨.2010. 龙口开建最大人工岛群填海 35.23 平方千米. http：//www. jiaodong. net/news/
　　system/2010/08/09/010923233. shtml［2013-06-25］.

楼东, 等.2005. 海岛地区产业演替及资源基础分析——以舟山群岛为例. 经济地理, 25（4）：483-487.

罗艳, 等.2009. 深圳市无居民海岛的开发与管理. 海洋开发与管理,（8）：55-58.

马志远.2008. 城市化压力下的海岛生态系统健康评价. 国家海洋局第三研究所硕士学位论文.

欧阳统, 等.1999. 海南省海岛环境质量调查研究报告——陆域篇//海南省海洋厅, 海南省海岛资源综合调查
　　领导小组办公室. 海南省海岛资源综合调查研究专业报告集. 北京：海洋出版社, 877-1048.

任淑华, 蔡克勤.2010. 舟山海岛旅游资源的开发评价与旅游业可持续发展研究. 北京：海洋出版社.

邵桂兰, 王飞, 李晨.2011. 我国偏僻海岛战略性开发利用研究. 全国商情：经济理论研究,（8）：3-4.

沈汝发.2009. 中国将编制全国海岛保护规划. http：//news. ifeng. com/mainland/200911/1108 _ 17 _
　　1425601. shtml［2013-06-25］.

沈文周.1995. 我国海岛开发的历史演变. 海洋开发与管理,（2）：67-71.

施祺, 等.2007. 海南三亚鹿回头造礁石珊瑚生长变化与人类活动的影响. 生态学报, 27（8）：3316-3323.

石洪华, 等.2009. 典型海岛生态系统服务及价值评估. 海洋环境科学, 28（6）：743-748.

帅红, 夏北成, 吴仁海.2002. 海洋生态系统对其海岛之服务功能初探——以广东省南澳岛为例. 广州环境
　　科学, 17（4）：43-46.

孙琛, 黄仁聪.2008. 海岛渔业发展与新渔村建设. 渔业经济研究,（1）：20-23.

孙元敏, 等.2010a. 南亚热带海岛周边海域富营养化评价及原因分析. 海洋通报, 29（5）：572-576.

孙元敏, 等.2010b. 海岛资源开发活动的生态环境影响及保护对策研究. 海洋开发与管理,（6）：85-89.

唐伟, 等.2009. 国内外海岛生态系统管理对比研究. 海洋开发与管理, 26（9）：6-10.

王明舜.2009. 中国海岛经济发展模式及其实现途径研究. 中国海洋大学博士论文.

王小波, 夏小明.2009-04-17. 海岛开发与保护的博弈——从浙江省海岛开发现状看无居民海岛保护与开
　　发. 中国海洋报.

王小波.2010. 谁来保卫中国海岛. 北京：海洋出版社.

王在峰, 徐敏, 包蓉.2011. 基于保护对象的海岛特别保护区范围划定技术. 南京师范大学学报（自然科学
　　版）. 34（1）：107-113.

王忠.2003. 规范海岛开发秩序, 保护海岛生态环境. 海洋开发与管理,（5）：41-43.

吴桑云, 刘宝银.2008. 中国海岛管理信息系统基础. 北京：海洋出版社.

吴姗姗.2011. 我国海岛保护与利用现状及分类管理建议. 海洋开发与管理,（5）：40-44.

谢挺, 胡益峰, 郭鹏军.2009. 舟山海域围填海工程对海洋环境的影响及防治措施与对策. 海洋环境科学,
　　28（1）：105-107.

邢晓军.2005. 马尔代夫海岛开发考察. 海洋开发与管理,（2）：41-43.

徐晓群, 等.2010. 海岛生态退化因素与生态修复探讨. 海洋开发与管理,（3）：40-43.

杨邦杰, 吕彩霞.2009. 中国海岛的保护开发与管理. 中国发展, 9（20）：10-14.

杨文鹤.2000. 中国海岛. 北京：海洋出版社.

姚幸颖, 孙翔, 朱晓东.2012. 中国海岛生态系统保护与开发综合权衡方法初探. 海洋环境科学, 31（1）：
　　114-119.

张娜.2011. 我国海岛正以惊人速度消失, 已达 806 个. http：//gb. cri. cn/27824/2011/03/24/5187s3196424htm

〔2013-06-25〕．

张乔民，等．2006．中国珊瑚礁分布和资源特点//提高全民科学素质、建设创新型国家——2006中国科协年会论文集（下册）．

张晓鸥．2011．渔农村边远小岛养老服务状况调研报告．http：//www.zsdx.gov.cn/Library/003100000002471. html〔2013-06-25〕．

张耀光，刘锴，刘桂春．2009．海洋渔业产业发展模式研究——以大连獐子岛渔业集团为例．经济地理，29（2）：244-248．

张耀光．2011．中国海岛县产业结构新演进与发展模式．海洋经济，1（5）：1-7．

张耀光．2012．中国海岛县经济测度与综合实力演变．海洋经济，2（1）：34-41．

赵三平．2006．南海西沙群岛海鸟生态环境演变．中国科学技术大学硕士学位论文．

中国新闻网．2010．美宇航局照片显示迪拜惊世人工岛缩水下沉．http：//news.163.com/10/0202/13/ 5UH5TTNO000120GU.html〔2013-07-04〕．

周红英，李广炎，周涛．1998．保护生物多样性，实现海岛可持续发展．山东环境，（4）：5-6．

周珂，谭柏平．2008．论我国海岛的保护与管理——以海岛立法完善为视角．中国地质大学学报（社会科学版），8（1）：37-43．

朱承志．2008．为中国南黄海镶嵌一颗耀眼明珠——来自中交二航人工岛项目的报告．http：//www.zgsyb. com/GB/Article/ShowArticle.asp？ArticleID=24614〔2013-06-25〕．

庄小将，等．2010．温州大门跨海大桥及大、小门岛填海工程实施后流场及冲淤变化的数值研究．海洋学研究，28（3）：43-51．

Koshy K, Mataki M, Lal M. 2008. Sustainable development —a pacific islands perspective：a Report on Follow up to the Mauritius 2005, Review of the Barbados Programme of Action. Published by the UNESCO Cluster Office for the Pacific States.

彩　　图

彩图 2-5　厦门同安湾海岸

资料来源：王颖，2012

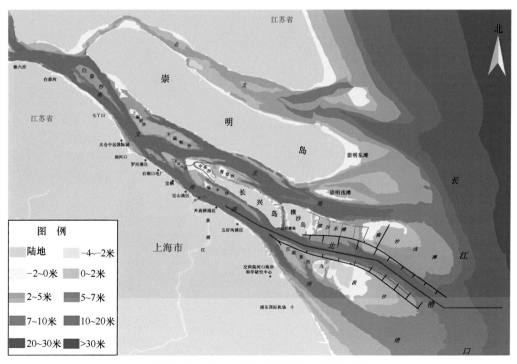

彩图 4-1　长江口深水航道整治工程示意图

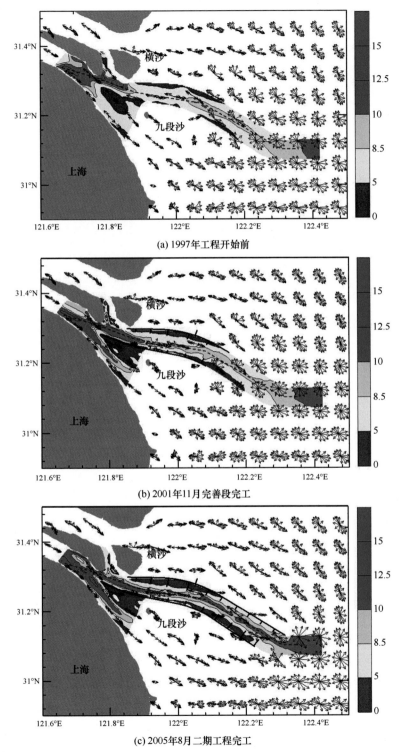

(a) 1997年工程开始前

(b) 2001年11月完善段完工

(c) 2005年8月二期工程完工

彩图 4-4　整治工程前后北槽及其邻近海域的流态

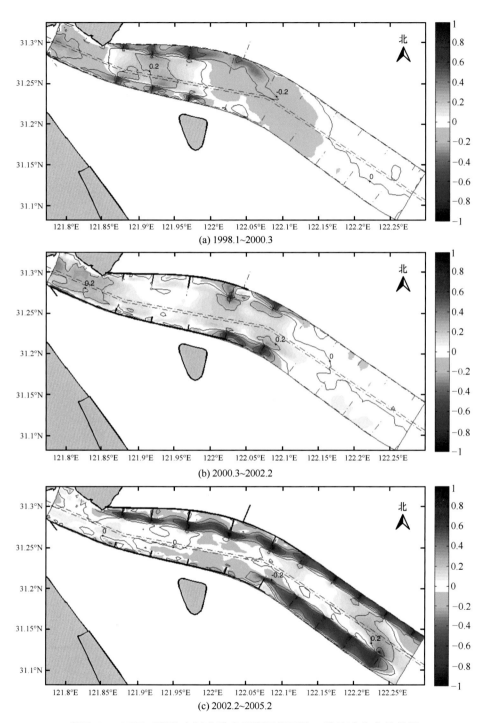

(a) 1998.1~2000.3

(b) 2000.3~2002.2

(c) 2002.2~2005.2

彩图4-5　不同工程节点间北槽半月潮周期平均二维流速分布的差异

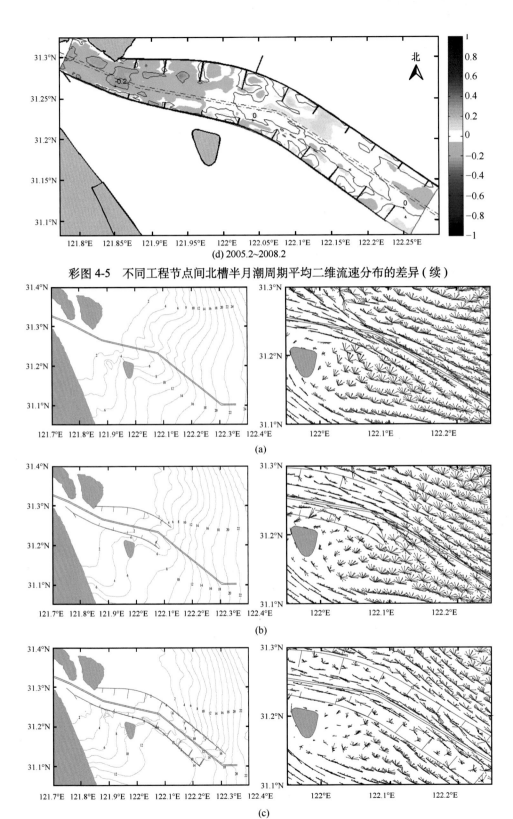

(d) 2005.2~2008.2

彩图 4-5　不同工程节点间北槽半月潮周期平均二维流速分布的差异（续）

(a)

(b)

(c)

彩图 4-6　半月潮周期平均中层盐度分布（左）和对应的大潮期间中层流速玫瑰图（右）

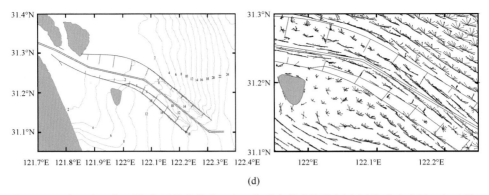

(d)

彩图 4-6　半月潮周期平均中层盐度分布（左）和对应的大潮期间中层流速玫瑰图（右）（续）

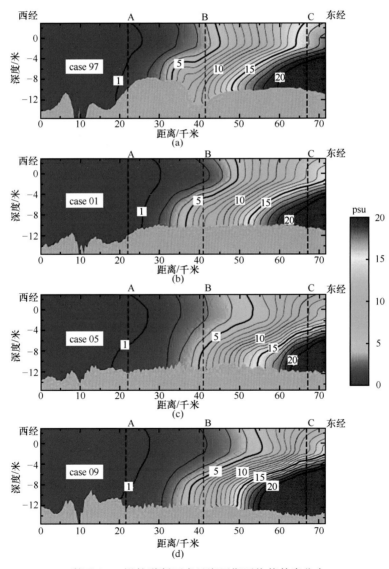

彩图 4-7　沿航道断面半月潮周期平均值盐度分布

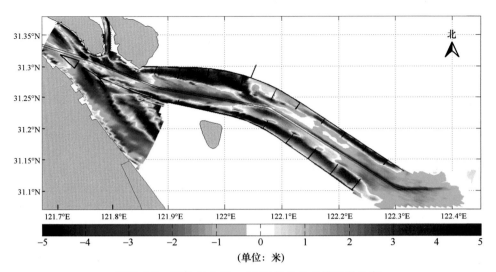

（单位：米）

彩图 4-8　1998 年 1 月～2008 年 2 月北槽冲淤分布

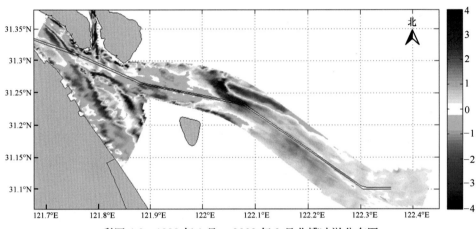

彩图 4-9　1998 年 1 月～2000 年 3 月北槽冲淤分布图

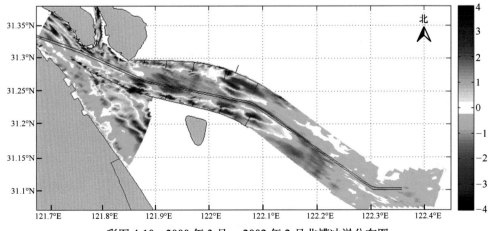

彩图 4-10　2000 年 3 月～2002 年 2 月北槽冲淤分布图

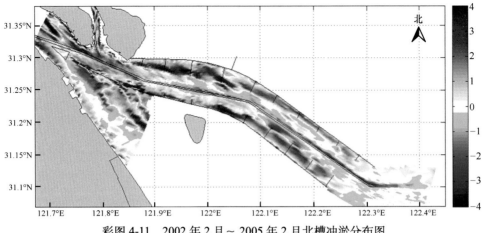

彩图 4-11　2002 年 2 月～ 2005 年 2 月北槽冲淤分布图

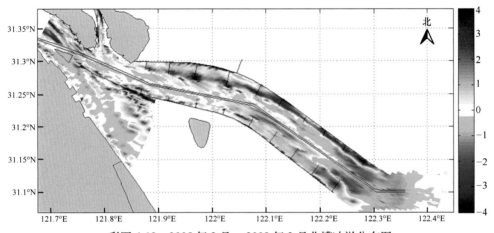

彩图 4-12　2005 年 2 月～ 2008 年 2 月北槽冲淤分布图

彩图 5-4　山东莱州湾的围海养殖

资料来源：百度地图

彩图 5-5　山东荣成桑沟湾的海带筏式养殖

注：船上为收获的海带

彩图 5-6　山东荣成天鹅湖因封港养护而淤积

注：荣成湾内深蓝色部分为连片的海带筏式养殖区

资料来源：Google earth